工业和信息化部“十二五”规划教材

SOPC技术与应用

SOPC JISHUYUYINGYONG

康维新　主编
潘大鹏　刘柏森　副主编

HEUP 哈爾濱工程大學出版社

内容简介

SOPC是目前在IT行业被广泛应用的技术之一，本书主要介绍了SOPC技术、设计与应用。全书共分7章，第1章介绍SOPC技术；第2章Nios Ⅱ体系结构，比较详细地介绍了Nios Ⅱ处理器的内部架构；第3章Avalon总线规范，介绍了Avalon总线架构和各种Avalon总线传输时序；第4章SOPC开发流程及开发平台，依托设计实例详尽地介绍了Quartus Ⅱ，Nios Ⅱ DE两种软件的操作流程；第5章SOPC的硬件描述语言，介绍了两种硬件描述语言VHDL，Verilog HDL，并配有大量例程；第6章SOPC用户定制方法，介绍了用户定制指令、外设的方法，C2H技术以及外设HAL驱动开发方法；第7章SOPC开发实例，以基于FPGA的车路协同智能路侧系统的设计与实现为例，系统地介绍了如何将SOPC技术用于生产实际。

本书面向实际、图文并茂。既可作为高等院校电子工程、通信工程、自动化、计算机科学与技术等专业的本科、研究生教材，也可作为从事嵌入式开发的科研人员的参考资料。

图书在版编目(CIP)数据

SOPC技术与应用/康维新主编. —哈尔滨：哈尔滨工程大学出版社，2015.7(2019.1重印)
ISBN 978-7-5661-1098-5

Ⅰ. ①S… Ⅱ. ①康… Ⅲ. ①微处理器-系统设计-高等学校-教材 Ⅳ. ①TP332

中国版本图书馆CIP数据核字(2015)第170517号

出版发行 哈尔滨工程大学出版社
社　　址 哈尔滨市南岗区南通大街145号
邮政编码 150001
发行电话 0451-82519328
传　　真 0451-82519699
经　　销 新华书店
印　　刷 黑龙江龙江传媒有限责任公司
开　　本 787mm×1 092mm 1/16
印　　张 15.5
字　　数 405千字
版　　次 2015年7月第1版
印　　次 2019年1月第3次印刷
定　　价 37.00元

http://www.hrbeupress.com
E-mail:heupress@hrbeu.edu.cn

前　言

SOPC 是目前在 IT 行业被广泛应用的技术之一，随着其不断地扩展，SOPC 已经成为最热门的新技术。近年来相关教材偏少，现有的教材较多为 2004 和 2006 年版本。由于 SOPC 新技术快速更新和升级，以及高校教学需求的扩展和延伸，产生了新的教材需求，对新技术内容、适用层面、结构形式等方面都有了更高的要求。因此编写一部适用本科生及研究生的内容新颖、实用的教材，对促进现代工业技术发展及信息化建设人才培养具有重要的积极意义。

本教材在参考和借鉴国内相关教材的基础上，重新进行了编写与扩展，在内容上具有以下三方面特点。

一是对 SOPC 技术内容进行了更新，对 Cyclone 和 Stratix 两个系列的高端、中端和低功耗与低成本的第四代与第五代新技术及特点进行了表述。新技术特点突出、概念和理论鲜明。

二是全书由技术基础、应用开发和开发实例三个部分构成，共分七章。全书系统地介绍了 SOPC 系统的设计方法并重点介绍了 SDRAM 和 FLASH 的使用方法，同时介绍了硬件描述语言，以满足学生的底层驱动程序编写需求。整体结构及相应内容编排更合理，逻辑清晰，满足了不同层面的教学需求。

三是具体地阐述了技术应用方法与实例，以设计需求为出发点逐层向学生展示 SOPC 的设计流程，并对部分实例提供了部分程序源代码，这对不同开发平台和不同芯片系列的开发应用有启示和参考价值。

全书由哈尔滨工程大学康维新教授担任主编，由哈尔滨工程大学潘大鹏讲师和黑龙江工程学院刘柏森副教授担任副主编。本书第 1 章、第 2 章、第 3 章由康维新编写；第 4 章由潘大为编写；第 5 章由潘大鹏编写；第 6 章、第 7 章由刘柏森编写。欢迎各位专家和读者为本书提出宝贵意见和建议。

编　者

2015 年 3 月

目　录

第1章　SOPC 技术概述

1.1　概　　述

数字集成电路是将元器件和连线集成于同一半导体芯片上而制成的数字逻辑电路或系统。1947 年 12 月 23 日，世界上第一个晶体管在美国贝尔(Bell)实验室问世，其标志着人类开始进入半导体时代。1958 年，德州仪器公司制造出第一块集成电路，虽然它仍然很原始，但却是半导体工业发展的一个重要里程碑。自集成电路发明以后，集成电路芯片的发展基本上遵循了 INTEL 公司创始人之一的 Gordon E. Moore 在 1965 年预言的摩尔定律，即每隔 3 年集成度增加 4 倍。在集成电路(IC)发展初期，电路设计都是从器件的物理版图设计入手；后来出现了集成电路单元库(Cell - Lib)，使得集成电路设计从器件级进入逻辑级，极大地推动了 IC 产业的发展。20 世纪 90 年代初，在一片硅芯片上已可做出 400 万个晶体管。目前集成度比较高的 FPGA 也是数字集成电路的一种，其内部可集成 7 万多个逻辑单元，由数百万个晶体管构成。可编程逻辑器件(PLD)的复杂度已经能够在单个可编程器件内实现整个系统，完整的单芯片系统(SOC)概念是指在一个芯片中实现用户定义的系统。在系统设计复杂度不断提高及新产品市场周期不断缩短的压力下，把 FPGA 及微处理器的核心内嵌在同一芯片上，构建成为一个可编程的 SOC 系统体系框架结构，建成所谓的可编程芯片系统(SOPC，System on a Programmable Chip)，从而为系统设计者提供了又一灵活快捷的设计方法与途径。

1.1.1　嵌入式系统

在许多领域中广泛应用的嵌入式计算机系统，简称嵌入式系统。嵌入式系统是指以应用为中心(适应系统对功能、可靠性、成本、体积、功耗等的严格要求)、以计算机技术为基础、软件硬件可裁剪的专用计算机系统。目前，通用计算机系统追求高速、海量的数值计算，技术发展方向是总线速度的无限提升和存储容量的无限扩大；而嵌入式计算机系统追求对对象的智能化控制，技术发展方向是与对象系统密切相关的嵌入性能、控制能力和控制的可靠性。

由于早期的嵌入式系统是基于通用微型计算机操作使用的，因此应用领域受到很大限制。嵌入式系统的真正发展是在微处理器问世以后。1971 年 11 月，INTEL 公司将算术运算器和控制器电路进行集成，推出了世界上第一片微处理器 INTEL4004。从此，嵌入式系统进入了独立发展的单片机时代，其以器件形态迅速进入传统电子技术领域。

在现今的数字系统设计中，以“嵌入式微控制器 + FPGA”为核心的体系结构，因其具有强大的处理能力和灵活的工作方式而被广泛采用。嵌入式微控制器的优势在于将微处理器内核与丰富多样的外围接口设备紧密结合，在提供强大的运算、控制功能的同时，降低了系统成本和功耗，因而适合作为数字系统的控制核心；FPGA 的优势在于超高速、丰富的逻辑资源以及用户可灵活配置的逻辑功能，适用于逻辑接口功能多种多样、灵活可变的场合。将二者结合形成优势互补，适用于大多数复杂数字系统的设计。

1. 嵌入式系统的行业特点

(1)嵌入式系统是计算机技术、半导体技术、电子技术与各个行业具体应用紧密结合的产物,其行业特点是技术密集、资金密集、高度分散、不断创新。

(2)通用计算机行业是技术高效垄断的行业。比如,占整个行业90%的PC产业中,80%采用INTEL的8X86体系结构;芯片基本出自INTEL,AMD等几家公司;操作系统和文字处理,微软占80%~90%。

(3)通用计算机工业的基础是由INTEL和微软垄断的工业;嵌入式系统工业的基础是以应用为中心的"芯片"设计和面向应用的软件开发。

2. 嵌入式系统的产品特点

(1)嵌入式系统是面向用户、面向产品、面向应用的,不会独立于应用而发展;嵌入式处理器的功耗、体积、成本、可靠性、速度、处理能力、电磁兼容性等均受应用要求的制约。

(2)嵌入式系统的硬件和软件都必须高效率设计,量体裁衣,去除冗余。

(3)嵌入式系统与具体应用有机结合在一起,产品一旦进入市场,具有较长的生命周期;各个行业的嵌入式产品很少发生突然性跳跃,因此,嵌入式系统的软件更强调可继承性和技术衔接性。

3. 嵌入式系统的硬件平台

(1)8位/16位微处理器:80C51内核单片机、AVR单片机、PIC单片机、TI的MSP系列微处理器、DSP芯片等,前/后台程序模式或简单的操作系统模式(μC/OS,TinyOS等),板级嵌入式系统。

(2)32位微处理器:ARM,MIPS架构微处理器(龙芯)等,前/后台程序模式或操作系统模式(μC/OS,Linus,WinCE等),板级嵌入式系统。

(3)SOPC技术:硬核ARM处理器或可配置软核NiosⅡ微处理器+FPGA,前/后台程序模式或操作系统模式(μC/OS,Linus,WinCE等),软件、硬件完全可配置,芯片级嵌入式系统。

1.1.2 SOC与SOPC

20世纪下半叶以来,微电子技术迅猛发展,集成电路设计和工艺水平有了很大提高,单片集成度已达上亿个晶体管。如何利用这一近乎无限的晶体管集成度,就成了电子工程师的一项需要研究课题。在这种背景下,片上系统SOC应运而生。

片上系统SOC单芯片集成系统级、多元化的功能模块,构成一个包括以下内容的能够处理各种信息的集成系统:CPU、存储器、硬件加速单元(DSP、浮点协处理器等)、通用I/O(GPIO)、UART接口和模数混合电路(放大器、比较器、A/D、D/A、射频电路、锁相环等),甚至延伸到传感器、微机电和微光电单元。

SOC系统就是微处理器IP(如ARM公司的RISC架构的ARM核)加上一些外围IP整合而成的。如果把CPU看成是大脑,则SOC就是包括大脑、心脏、眼睛和四肢的系统。SOC是嵌入式系统发展的必然。由于PCB板上IC芯片之间连线、时延以及PCB板的可靠性和尺寸等限制了系统的性能,因此基于IC互联的嵌入式系统(见图1.1)已经不能满足现代电子系统对整机性能的要求。

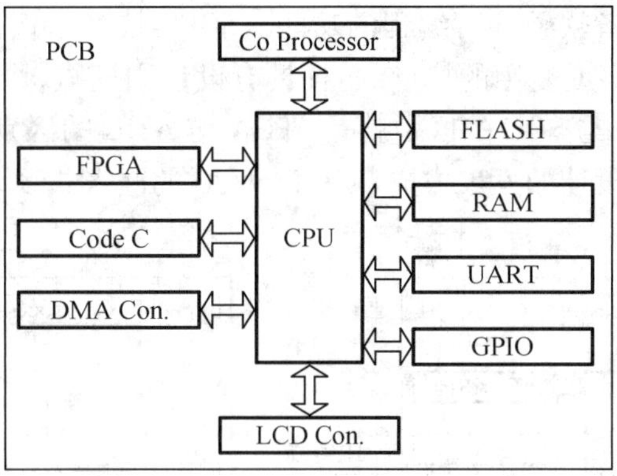

图 1.1 基于 IC 互联的嵌入式系统

SOC 是嵌入式系统发展的必然结果。SOC 以 IP 核为基础,以硬件描述语言作为系统功能和结构的描述手段,借助于以计算机为平台的 EDA 工具,将一个完整产品的功能集成在一个芯片或芯片组上。SOC 全盘考虑整个系统,解决了系统的时延、可靠性、尺寸等问题,可以实现更高的系统性能。SOC 的出现是电子系统设计领域内的一场革命,其影响将是深远和广泛的。基于 SOC 的嵌入式系统如图 1.2 所示。

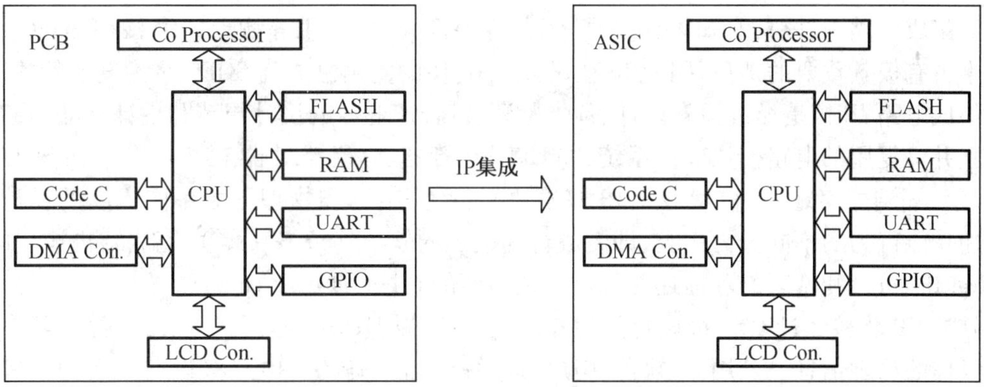

图 1.2 基于 SOC 的嵌入式系统

从系统集成的角度看,SOC 是以不同模型的电路集成、不同工艺的集成作为基础支撑的。所以,要实现 SOC,首先必须重点研究器件的结构与设计技术、VLSI 设计技术、工艺兼容技术、信号处理技术、测试与封装技术等,这就需要规模较大的专业设计队伍、较长的开发周期和高昂的开发费用。由于涉及大量集成电路后端设计和微电子技术的专门知识,因此设计者在转向 SOC 的过程中也要面临巨大困难,如难以被中小企业、研究院所和大专院校采用。

SOC 面临上述诸多困难的原因在于 SOC 技术是基于超大规模专用集成电路实现的,因此整个设计过程必须实现完整的定制或半定制集成电路设计流程。美国 Altera 公司在 2000 年提出了片上可编程系统(SOPC,system on programmable chip)技术。SOPC 是一种灵活、高效的 SOC 解决方案。其将处理器、存储器、I/O 接口、硬件加速器等系统需要的功能模块集成到一个 FPGA 器件上,从而构成一个可编程的片上系统。由此可以看出,SOPC 实际上是 FPGA 与 SOC 技术融合的产物。SOPC 是可编程系统,具有灵活的设计方式,可裁剪、可扩充、可升级,并具备软硬件可编程的功能。SOPC 技术不仅保持了 SOC 以系统为中心、基于 IP 模块多层次、高度复用的特点,而且具有设计周期短、风险投资小和设计成本低的优点。由此可见,SOPC 与 SOC 的区别就是 FPGA 与 ASIC 的区别。SOPC 是 SOC 发展的新阶段,代表了当今电子设计的发展方向。基于 SOPC 的嵌入式系统如图 1.3 所示。

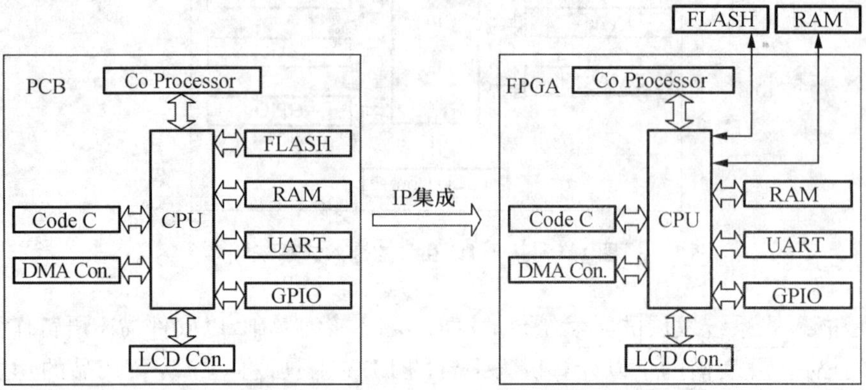

图 1.3　基于 SOPC 的嵌入式系统

IP(Intellectual Property)是知识产权的简称,SOC 和 SOPC 的设计均以集成电路 IP 核为基础。集成电路 IP 核具有知识含量高、工艺容差性大、可复用等特点。IP 核在 SOPC 系统设计中占有极其重要的地位,因此 IP 核设计及 IP 核的复用已成为 SOPC 技术发展的关键所在。集成电路 IP 核是经过预先设计、预先验证、符合产业界的设计规范和设计标准、具有相对独立并可复用的电路模块或子系统,如 CPU、运算器、协议控制器、转换器等。在 SOPC 设计中,每一个组件都是一个 IP 核。IP 核模块有行为、结构和物理三级不同程度的设计,对应描述功能行为的不同分为三类,即完成行为描述的软核(soft IP core)、完成结构描述的固核(firm IP core)和基于物理描述并经过工艺验证的硬核(hard IP core)。

软核:IP 软核经过 RTL 级设计优化和功能验证,以 HDL 文本形式提交给用户但不含有任何具体的物理信息。利用 IP 软核,用户可以综合出正确的门电路级设计网表,并可以进行后续的结构设计,具有很大的灵活性;借助于 EDA 综合工具可以很容易地与其他外部逻辑电路集成,根据各种不同半导体工艺,设计成具有不同性能的器件。IP 软核也称为虚拟组件(VC,Virtual Component)。

硬核:IP 硬核是基于半导体工艺的物理设计,已有固定拓扑布局和具体工艺,并已经过工艺验证,具有可保证的性能。IP 硬核一般以电路物理结构掩模版图和全套工艺文件的形式提供给用户。

固核:IP 固核的设计程度介于软核和硬核之间,除了完成软核所有的设计外,还完成了门级电路综合和时序仿真等设计环节。IP 固核一般以门级电路网表的形式提供给用户。

1.2　支持 SOPC 的可编程逻辑器件

Altera 公司的可编程逻辑器件主要包括:Cyclone,Stratix,Arria,HardCopy,Max 等系列的可编程逻辑器件,如图 1.4 所示。并不是所有 Altera 公司的 FPGA 都支持 SOPC 技术,目前主要有 Stratix,Cyclone,Arria 等系列的 FPGA 支持 SOPC 技术。

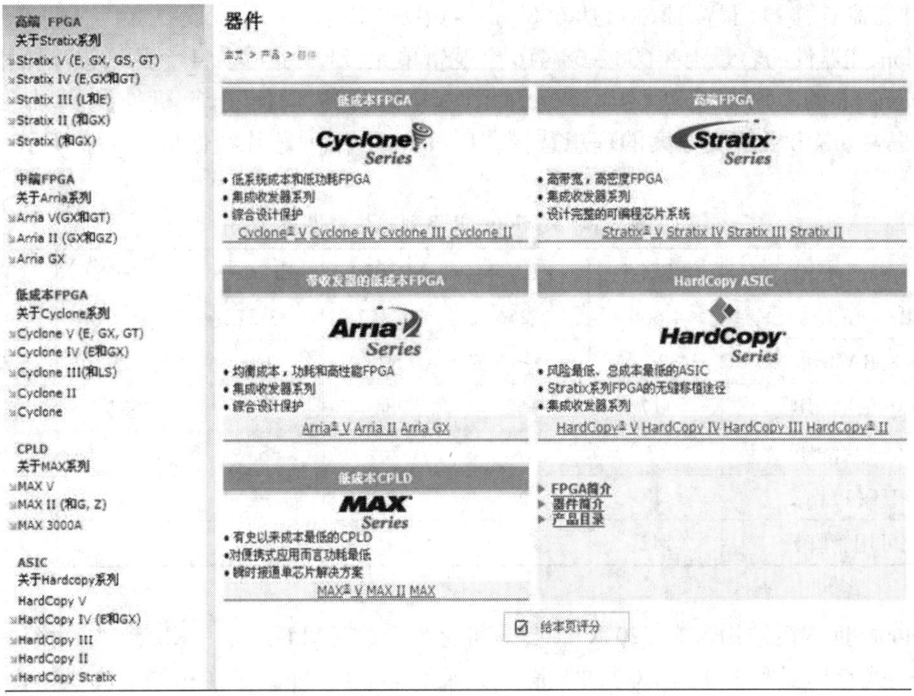

图 1.4　Altera 公司的可编程逻辑器件

1.2.1　Cyclone 器件

Cyclone 是 Altera 公司于 2002 年 12 月份推出的。Cyclone 系列器件是基于 1.5 V，0.13 μm及全铜 SRAM 工艺生产的。Cyclone 系列 FPGA 容量为 2 910～20 060 个逻辑单元(LE)，拥有 288 KB 的 RAM。Cyclone 系列 FPGA 最大的特点是低成本，Cyclone 系列 FPGA 是成本敏感、大批量应用的最佳方案，用户大批量应用的价格与 ASIC 是相当的。消费类、通信、计算机外设、工业和汽车等低成本大批量应用市场都可以使用 Cyclone 系列 FPGA。Cyclone 系列芯片特性表如表 1.1 所示。

表 1.1　Cyclone 系列芯片特性表

特性	EP1C3	EP1C4	EP1C6	EP1C12	EP1C20
逻辑单元(LEs)	2 910	4 000	5 980	12 060	20 060
M4K RAM 块	13	17	20	52	64
RAM 总量/KB	59	77	90	234	288
锁相环(PLLs)	1	2	2	2	2
最大可用管脚数	104	301	185	249	301

Cyclone Ⅱ是 Altera 公司在第一代 Cyclone 系列的基础上开发的第二代 FPGA 系列器件。采用了全铜层 90 nm 低 k 绝缘 1.2 V SRAM 工艺设计。

Cyclone Ⅱ DSP 支持包括：多达 150 个的 18×18 乘法器、1.1 Mb 的片内嵌入式存储器、外部存储器高速接口(最高速率可达 668 Mb/s)、DSP IP 内核。

Cyclone Ⅱ器件的容量为 4 608 ~68 416 个逻辑单元(LE),最多为 4 个的增强型锁相环。

Cyclone Ⅱ的应用领域和 Cyclone 系列相似,是消费类、通信、计算机外设、工业和汽车、视频处理等终端市场解决方案的理想选择。Cyclone Ⅱ系列芯片特性如表 1.2 所示。

表 1.2 Cyclone Ⅱ系列芯片特性表

特性	EP2C5	EP2C8	EP2C20	EP2C35	EP2C50	EP2C70
逻辑单元(LEs)	4 608	8 256	18 752	33 216	50 528	68 416
M4K RAM 块	26	36	52	105	129	250
RAM 总量/KB	117	162	234	473	581	1 125
嵌入式乘法器	13	18	26	35	86	150
锁相环(PLLs)	1	2	2	4	4	4
最大可用管脚数	142	182	315	475	450	622

Cyclone Ⅲ体系结构含有 120 K 垂直排列的逻辑单元(LE)、以 9 Kb (M9K)模块排列的 4 Mb 嵌入式存储器和 200 个 18×18 b 嵌入式乘法器。Cyclone Ⅲ在布局上提供丰富的存储器和乘法器资源,包括 200 K 逻辑单元、8.2 Mb 嵌入式存储器和 396 个嵌入式乘法器。Cyclone Ⅲ系列芯片特性如表 1.3 所示。

表 1.3 Cyclone Ⅲ系列芯片特性表

特性	EP3C5	EP3C10	EP3C16	EP3C25	EP3C40	EP3C55	EP3C80	EP3C120
逻辑单元(LEs)	5 136	10 320	15 408	24 624	39 600	55 856	81 264	119 088
M9K RAM 块	46	46	56	66	126	260	305	432
RAM 总量/KB	414	414	504	594	1 134	2 340	2 745	3 888
嵌入式乘法器	23	23	56	66	126	156	244	288
锁相环(PLLs)	2	2	4	4	4	4	4	4
最大可用管脚数	182	182	346	215	535	377	429	531

Cyclone Ⅳ拓展了 Cyclone FPGA 系列的领先优势,为市场提供成本最低、功耗最低并具有收发器的 FPGA。Cyclone Ⅳ系列含有两种型号:集成了 3.125 Gb/s 收发器的 Cyclone Ⅳ GX FPGA 以及 Cyclone Ⅳ E FPGA,在降低成本的同时提高带宽的需求。Cyclone Ⅳ系列芯片特性如表 1.4、表 1.5 所示。

表 1.4 Cyclone Ⅳ GX FPGA 系列芯片特性表

特性	EP4CGX15	EP4CGX22	EP4CGX30	EP4CGX50	EP4CGX75	EP4CGX110	EP4CGX150
逻辑单元(LEs)	14 400	21 280	29 440	49 888	73 920	109 424	149 760
M9K RAM 块	60	84	120	278	462	610	720

表 1.4(续)

特性	EP4CGX15	EP4CGX22	EP4CGX30	EP4CGX50	EP4CGX75	EP4CGX110	EP4CGX150
RAM 总量/KB	540	756	1 080	2 502	4 158	5 490	6,480
嵌入式乘法器	0	40	80	140	198	280	360
PCIe Hard IP 模块	1	1	1	1	1	1	1
锁相环(PLLs)	3	4	4	8	8	8	8
收发器 I/O	2	4	4	8	8	8	8
最大可用管脚数	72	150	290	310	310	475	475

表 1.5 Cyclone Ⅳ E FPGA 系列芯片特性表

特性	EP4CE6	EP4CE10	EP4CE15	EP4CE22	EP4CE30	EP4CE40	EP4CE55	EP4CE75	EP4CE115
逻辑单元(LEs)	6 272	10 320	15 408	22 320	28 848	39 600	55 856	75 408	114 480
M9K RAM 块	30	46	56	66	66	126	260	305	432
RAM 总量/KB	270	414	504	594	594	1 134	2 340	2 745	3 888
嵌入式乘法器	15	23	56	66	66	116	154	200	266
锁相环(PLLs)	2	2	4	4	4	4	4	4	4
最大可用管脚数	179	179	343	153	532	532	374	426	528

Cyclone Ⅴ FPGA 实现了业界最低的系统成本和功耗,与前几代产品相比,总功耗降低了 40%,具有高效的逻辑集成功能。Cyclone Ⅴ系列芯片特性如表 1.6、表 1.7、表 1.8、表1.9、表1.10 和表 1.11 所示。

表 1.6 只提供逻辑的 Cyclone Ⅴ E FPGA 系列芯片特性表

特性	5CEA2	5CEA4	5CEA5	5CEA7	5CEA9
逻辑单元(KLEs)	25	49	77	149.5	301
M10K RAM 块	176	308	446	686	1 220
RAM 总量/KB	1 760	3 080	4 460	6 860	12 200
存储器逻辑阵列模块 (MLAB)/(KB)	196	303	424	836	1 717
嵌入式乘法器	50	132	300	312	684
精度可调数字信号处理 (DSP)模块	25	66	150	156	342
锁相环(PLLs)	4	4	6	7	8
最大可用管脚数	224	224	240	480	480
存储器控制器	1	1	2	2	2

表1.7　具有3.125 Gb/s收发器的Cyclone V GX FPGA系列芯片特性表

特性	5CGXC3	5CGXC4	5CGXC5	5CGXC7	5CGXC9
逻辑单元(KLEs)	35.5	50	77	149.5	301
M10K RAM 块	135	250	446	686	1 220
RAM 总量/KB	1 350	2 500	4 460	6 860	12 200
MLAB/Kb	291	295	424	836	1 717
嵌入式乘法器	114	140	300	312	684
精度可调 DSP 模块	57	70	150	156	342
PCI Express(IP)模块	1	2	2	2	2
分段式 PLL	4	6	6	7	8
最大可用管脚数	208	336	336	480	560
存储器控制器	1	2	2	2	2

表1.8　具有6.144 Gb/s收发器的Cyclone V GT FPGA系列芯片特性表

特性	5CGTD5	5CGTD7	5CGTD9
逻辑单元(KLEs)	77	149.5	301
M10K RAM 块	446	686	1 220
RAM 总量/KB	4 460	6 860	12 200
MLAB/Kb	424	836	1 717
嵌入式乘法器	300	312	684
精度可调 DSP 模块	150	156	342
PCI Express(IP)模块	2	2	2
分段式 PLL	6	7	8
最大可用管脚数	336	480	560
存储器控制器	2	2	2

表1.9　具有基于ARM的硬核处理器系统（HPS)和逻辑的Cyclone V SE SOC FPGA系列芯片特性表

特性	5CSEA2	5CSEA4	5CSEA5	5CSEA6
逻辑单元(KLEs)	25	40	85	110
自适应逻辑模块（ALM)	9 434	15 094	32 075	41 509
M10K RAM 块	140	270	397	557
RAM 总量/KB	1 400	2 700	3 970	5 570
MLAB/Kb	138	231	480	621
嵌入式乘法器	72	168	174	224
精度可调 DSP 模块	36	84	87	112
FPGA PLL	5	5	6	6

表 1.9(续)

特性	5CSEA2	5CSEA4	5CSEA5	5CSEA6
HPS PLL	3	3	3	3
FPGA 用户 I/O 最大数量	145	145	288	288
HPS I/O 最大数量	181	181	181	181
FPGA 硬核存储器控制器	1	1	1	1
HPS 硬核存储器控制器	1	1	1	1
处理器内核	一个或两个	一个或两个	一个或两个	一个或两个

表 1.10 具有基于 ARM 的 HPS 和 3.125 Gb/s 收发器的 Cyclone V SX SOC FPGA 系列芯片特性表

特性	5CSXC2	5CSXC4	5CSXC5	5CSXC6
逻辑单元(KLEs)	25	40	85	110
自适应逻辑模块（ALM）	9 434	15 094	32 075	41 509
M10K RAM 块	140	270	397	557
RAM 总量/KB	1 400	2 700	3 970	5 570
MLAB/Kb	138	231	480	621
嵌入式乘法器	72	168	174	224
精度可调 DSP 模块	36	84	87	112
收发器最大数量	6	6	9	9
PCIe 硬核 IP 模块	2	2	2（1）	2（1）
FPGA PLL	5	5	6	6
HPS PLL	3	3	3	3
FPGA 用户 I/O 最大数量	145	145	288	288
HPS I/O 最大数量	181	181	181	181
FPGA 硬核存储器控制器	1	1	1	1
HPS 硬核存储器控制器	1	1	1	1
处理器内核	两个	两个	两个	两个

表 1.11 具有基于 ARM 和 5 Gb/s 收发器的 Cyclone V ST SOC FPGA 系列芯片特性表

特性	5CSTD5	5CSTD6
逻辑单元(KLEs)	85	110
自适应逻辑模块（ALM）	32 075	41 509
M10K RAM 块	397	557
RAM 总量/KB	3 970	5 570
MLAB/Kb	480	621
嵌入式乘法器	174	224

表1.11(续)

特性	5CSTD5	5CSTD6
精度可调 DSP 模块	87	112
收发器最大数量	9	9
PCIe 硬核 IP 模块	2	2
FPGA PLL	6	6
HPS PLL	3	3
FPGA 用户 I/O 最大数量	288	288
HPS I/O 最大数量	181	181
FPGA 硬核存储器控制器	1	1
HPS 硬核存储器控制器	1	1
处理器内核	两个	两个

1.2.2 Stratix 器件

Stratix FPGA 是 Altera 的第一代 Stratix 系列器件。Stratix 系列器件是 Altera 公司的大规模高端 FPGA,于 2002 年推出,采用 0.13 μm 的工艺,1.5 V 内核供电,容量为 10 570 ~ 79 040个逻辑单元(LE),具有多达 7 M 位的 RAM。Stratix 器件具有多达 22 个 DSP 块和多达 176 个 18×18 b 嵌入式乘法器,具有多种高性能的 I/O 接口、层次时钟结构和多达 12 个锁相环。第一代 Stratix FPGA 是军用和航空航天领域所选用的 FPGA,在这些应用中需要较宽的工作温度范围。Stratix 系列芯片特性如表 1.12 所示。

表 1.12　Stratix 系列芯片特性表

特性	EP1S10	EP1S20	EP1S25	EP1S30	EP1S40	EP1S60	EP1S80
逻辑单元(LEs)	10 570	18 460	25 660	32 470	41 250	57 120	79 040
M512 RAM 块	94	194	224	295	384	574	767
M4K RAM 块	60	82	138	171	183	292	364
M-RAM 块(4 K×144 b)	1	2	2	4	4	6	9
RAM 总量/b	920 448	1 669 248	1 944 576	3 317 184	3 423 744	5 215 104	7 427 520
DSP 块	6	10	10	12	14	18	22
嵌入式乘法器	48	80	80	96	112	144	176
锁相环(PLLs)	6	6	6	10	12	12	12
最大可用管脚数	426	586	706	726	822	1,022	1,203

Stratix Ⅱ器件于 2005 年推出,在 Stratix 架构的基础上, Stratix Ⅱ器件做了一些适合于 90 nm 工艺的改进,采用 1.2 V、90 nm、9 层金属走线、全铜 SRAM 工艺制造。在 Stratix 基础上,Stratix Ⅱ器件增加了新的特性:采用了全新的逻辑结构——自适应逻辑模块(ALM);增加了源同步通道的动态相位校准(PDA)电路和支持新型外设存储器接口;采用了 128 位

AES 密钥对配置文件加密。Stratix Ⅱ系列 FPGA 的等效逻辑单元(LE)高达 179 400 个,嵌入式存储器达到 9 M 位,最大可用管脚数达到 1 173 个,高度优化的数字信号处理模块中 18×18b 式乘法器数量达到 384 个。Stratix Ⅱ系列芯片特性如表 1.13 所示。

表 1.13 Stratix Ⅱ系列芯片特性表

特性	EP2S15	EP2S30	EP2S60	EP2S90	EP2S130	EP2S180
自适应逻辑模块	6 240	13 552	24 176	36 384	53 016	71 760
等效逻辑单元(LEs)	15 600	33 880	60 440	90 960	132 540	179 400
M512RAM 块(32×36 b)	104	202	329	488	699	930
M4K RAM 块(128×36 b)	78	144	255	408	609	768
M－RAM 块(4 K×144 b)	0	1	2	4	6	9
RAM 总量/b	419 328	1 369 728	2 544 192	4 520 448	6 747 840	9 383 040
DSP 块	12	16	36	48	63	96
嵌入式乘法器(18×18 b)	48	64	144	192	252	384
增强锁相环(Enhanced PLLs)	2	2	4	4	4	4
快速锁相环(Fast PLLs)	4	4	8	8	8	8
最大可用管脚数	366	500	718	902	1 126	1 170

Stratix Ⅲ FPGA 为基站、网络基础设施和高级成像设备提供了高性能和高度集成功能。Stratix Ⅲ 器件具有可编程功耗技术、可选内核电压(0.9 V 或者 1.1 V)、配备 Quartus Ⅱ PowerPlay 功耗分析和优化工具。因此 Stratix Ⅲ 器件具有最低的静态和动态功耗,比前代 FPGA 低 50%。

Stratix Ⅲ器件具有增强 DSP 模块,方便实现了信号处理算法;经过优化的内部存储器,改进了信号完整性存储器接口;具有高性能外部存储器接口;改进了布线体系结构;灵活的 I/O 支持最新的外部存储器标准。因此 Stratix Ⅲ 器件支持高速内核以及高速 I/O,并且具有业界最佳的信号完整性。

Stratix Ⅲ系列芯片特性如表 1.14、表 1.15 所示。

表 1.14 Stratix Ⅲ L 系列芯片特性表

特性	EP3SL50	EP3SL70	EP3SL110	EP3SL150	EP3SL200	EP3SE260(1)	EP3SL340
自适应逻辑模块	19 000	27 000	42 600	56 800	79 560	101 760	135 200
等效逻辑单元(LEs)	47 500	67 500	106 500	142 000	198 900	254 400	338 000
寄存器	38 000	54 000	85 200	113 600	159 120	203 520	270 400
M9K 存储器模块	108	150	275	355	468	864	1 144
M144K 存储器模块	6	6	12	16	24	48	48
嵌入式存储器/b	1 836	2 214	4 203	5 499	7 668	14 688	17 208
MLAB/b	594	844	1 331	1 775	2 486	3 180	4 225
嵌入式乘法器(18×18 位)	216	288	288	384	576	768	576

表 1.15　Stratix Ⅲ E 系列芯片特性表

特性	EP3SE50	EP3SE80	EP3SE110	EP3SE260
自适应逻辑模块	19 000	32 000	42 600	101 760
等效逻辑单元(LEs)	47 500	80 000	106 500	254 400
寄存器	38 000	64 000	85 200	203 520
M9K 存储器模块	400	495	639	864
M144K 存储器模块	12	12	16	48
嵌入式存储器/Kb	5 328	6 183	8 055	14 688
MLAB/Kb	594	1 000	1 331	3 180
嵌入式乘法器(18×18 b)	384	672	896	768

Stratix Ⅳ 40 nm FPGA 借助 40 nm 的优势以及成熟的收发器和存储器接口技术，并具有优异的信号完整性。Stratix Ⅳ FPGA 具有以下功能：680 K 逻辑单元（LE）、22.4 Mb 嵌入式存储器和 1 360 个 18×18 乘法器。

2 个速率等级优势，以及业界最先进的逻辑和布线体系结构。

8.5 Gb/s 的 48 个高速收发器，以及 1 067 Mb/s（533 MHz）DDR3 存储器接口。

PCI Express 硬核知识产权（IP）Gen1（2.5 Gb/s）和 Gen2（5.0 Gb/s），4 个 ×8 模块，实现了全端点或者根端口功能。

Stratix Ⅳ FPGA 系列包括以下三种器件型号：

Stratix Ⅳ GT（基于收发器）FPGA：具有 530 K 逻辑单元（LE）和 48 个全双工基于 CDR 的收发器，速率达到 11.3 Gb/s。

Stratix Ⅳ GX（基于收发器）FPGA：具有 530 K 逻辑单元（LE）和 48 个全双工基于 CDR 的收发器，速率达到 8.5 Gb/s。

Stratix Ⅳ E（增强型器件）FPGA：具有 820 K LE，23.1 Mb RAM，1 288 个 18×18 b 乘法器。

Stratix Ⅳ系列芯片特性如表 1.16、表 1.17、表 1.18 所示。

表 1.16　Stratix Ⅳ GT FPGA 系列芯片特性表

特性	EP4S40G2	EP4S40G5	EP4S100G2	EP4S100G3	EP4S100G4	EP4S100G5
等效逻辑单元(LEs)	228 000	531 200	228 000	291 200	353 600	531 200
自适应逻辑模块	91 200	212 480	91 200	116 480	141 440	212 480
寄存器	182 400	424 960	182 400	232 960	282 880	424 960
M9K 存储器模块	1 235	1 280	1 235	936	1 248	1 280
M144K 存储器模块	22	64	22	36	48	64
嵌入式存储器/Kb	14 283	20 736	14 283	13 608	18 144	20 736
MLAB/Kb	2 850	6 640	2 850	3 640	4 420	6 640
嵌入式乘法器(18×18 b)	1 288	1 024	1 288	832	1 024	1 024
PCI Express 硬核	2	2	2	4	4	2/4（4）

表 1.17　Stratix Ⅳ GX FPGA 系列芯片特性表

特性	EP4SGX70	EP4SGX110	EP4SGX180	EP4SGX230	EP4SGX290	EP4SGX360	EP4SGX530
等效逻辑单元(LEs)	72 600	105 600	175 750	228 000	291 200	353 600	531 200
自适应逻辑模块	29 040	42 240	70 300	91 200	116 480	141 440	212 480
寄存器	58 080	84 480	140 600	182 400	232 960	282 880	424 960
M9K 存储器模块	462	660	950	1 235	936	1 248	1 280
M144K 存储器模块	16	16	20	22	36	48	64
嵌入式存储器/Kb	6 462	8 244	11 430	14 283	13 608	18 144	20 736
MLAB/Kb	908	1 320	2 197	2 850	3 640	4 420	6 640
嵌入式乘法器(18×18 b)	384	512	920	1 288	832	1 040	1 024
PCI Express 硬核	1	2	2	2	2	2	4

表 1.18　Stratix Ⅳ E FPGA 系列芯片特性表

特性	EP4SE230	EP4SE360	EP4SE530	EP4SE820
等效逻辑单元(LEs)	228 000	353 600	531 200	813 050
自适应逻辑模块	91 200	141 440	212 480	325 220
寄存器	182 400	282 880	424 960	650 440
M9K 存储器模块	1 235	1 248	1 280	1 610
M144K 存储器模块	22	48	64	60
嵌入式存储器/Kb	14 283	18 144	20 736	23 130
MLAB/Kb	2 850	4 420	6 640	10 163
嵌入式乘法器(18×18 b)	1 288	1 040	1 024	960

Stratix Ⅴ FPGA 集成28.05 G和14.1 Gb/s收发器，与前一代器件相比，收发器功耗降低了50%。具有1 066 MHz的6×72 DDR3存储器接口，PCI Express Gen3，Gen2，Gen1硬核知识产权(IP)支持。内核和收发器中的嵌入式HardCopy模块和集成硬核IP，增强了关键数据通路元件，避免了系统瓶颈。Stratix Ⅴ系列芯片特性如表1.19所示。

Stratix Ⅴ GT FPGA，提供28.05 G收发器，适用于需要超宽带和超高性能的应用。

Stratix Ⅴ GX FPGA，集成14.1 Gb/s收发器，适用于高性能、宽带应用。

Stratix Ⅴ GS FPGA，集成14.1 Gb/s收发器，适用于高性能精度可调数字信号处理(DSP)应用。

Stratix Ⅴ E FPGA，在高性能逻辑架构上提供952K逻辑单元，适用于ASIC原型开发。

表 1.19　Stratix Ⅴ E FPGA 系列芯片特性表

特性	Stratix Ⅴ E FPGA	Stratix Ⅴ GS FPGA	Stratix Ⅴ GX FPGA	Stratix Ⅴ GT FPGA
高性能自适应逻辑模块(ALM)	359 200	262 400	359 200	234 720
精度可调 DSP 模块 (18×18 b)	704	3 926	798	512

表 1.19(续)

特性	Stratix Ⅴ E FPGA	Stratix Ⅴ GS FPGA	Stratix Ⅴ GX FPGA	Stratix Ⅴ GT FPGA
M20K 存储器模块	2 640	2 567	2 660	2 560
收发器 (1)	—	14.1(Gb/s)/48	14.1(Gb/s)/66	28.05(Gb/s)/4 12.5(Gb/s)/32

1.2.3 HardCopy 器件

HardCopy 就是利用 FPGA 开发工具,成功实现 FPGA 器件上的 SOPC 系统通过特定的技术直接向 ASIC 转化。HardCopy 克服了传统 ASIC 设计中普遍存在的问题:开发周期长、一次性成功率低、有最少投片要求、设计软件工具繁多且昂贵、开发流程复杂等。

1.3 SOPC 设计与开发工具介绍

Quartus Ⅱ 是 Altera 公司的综合性 PLD/FPGA 开发软件,支持原理图,VHDL,VerilogHDL 以及 AHDL(Altera Hardware Description Language)等多种设计输入形式,可以完成从设计输入到硬件配置的完整 PLD 设计流程。

Quartus Ⅱ可以在 XP,Linux 以及 Unix 上使用,除了可以使用 Tcl 脚本完成设计流程外,还提供了完善的用户图形界面设计方式。其具有运行速度快、界面统一、功能集中、易学易用等特点。

Quartus Ⅱ支持 Altera 的 IP 核,包含了 LPM/MegaFunction 宏功能模块库,使用户可以充分利用成熟的模块,简化了设计的复杂性,加快了设计速度。它对第三方 EDA 工具的良好支持,也使用户可以在设计流程的各个阶段使用熟悉的第三方 EDA 工具。

此外,Quartus Ⅱ 通过和 DSP Builder 工具与 Matlab/Simulink 相结合,可以方便地实现各种 DSP 应用系统;支持 Altera 的片上可编程系统(SOPC)开发,集系统级设计、嵌入式软件开发、可编程逻辑设计于一体,是一种综合性的开发平台。

2004 年,Altera 正式推出了 Nios Ⅱ系列 32 位 RISC 嵌入式处理器。Nios Ⅱ系列软核处理器是 Altera 的第二代 FPGA 嵌入式处理器。Altera 的 Stratix,Cyclone 系列 FPGA 全面支持 Nios Ⅱ处理器。Nios Ⅱ集成开发环境(IDE)是 Nios Ⅱ系列嵌入式处理器的基本软件开发工具。所有软件开发任务都可以在 Nios Ⅱ IDE 下完成,包括编辑、编译和调试程序。Nios Ⅱ IDE提供了一个统一的开发平台,用于所有 Nios Ⅱ处理器系统。仅仅通过一台 PC 机、一片 Altera 的 FPGA 以及一根 JTAG 下载电缆,软件开发人员就能够往 Nios Ⅱ 处理器系统写入程序,并且可以与 Nios Ⅱ处理器系统进行通信。

第 2 章　Nios Ⅱ 体系结构

2.1　Nios Ⅱ处理器的特点

嵌入式处理器内核是 SOPC 技术的核心。在 SOPC 系统中，可以用软核处理器或硬核处理器作为嵌入式处理器。目前市场上使用最多的 SOPC 系统软核处理器是 Altera 公司的 Nios 与 Nios Ⅱ。

Nios Ⅱ嵌入式处理器是 Nios 处理器的升级版本，与 Nios 处理器采用相同的指令集。Nios Ⅱ处理器是一种 RISC 处理器，其主要特性如下：

(1) Nios Ⅱ处理器采用流水线技术、单指令流的 32 位通用 RISC 处理器；

(2) 提供全 32 位的指令集、数据总线和地址总线；

(3) 提供 32 个通用寄存器；

(4) 提供 32 个外部中断源；

(5) 提供结果为 32 位的单指令 32 × 32 乘除法；

(6) 提供专用指令计算结果为 64 位和 128 位的乘法；

(7) 可以定制单精度浮点计算指令；

(8) 单指令桶形移位寄存器；

(9) 对各种片内外设的访问及与片外外设和存储器的接口；

(10) 硬件辅助的调试模块，在 IDE 环境下，可完成开始、停止、断点、单步执行、指令跟踪等基本调试和高级调试功能；

(11) 基于 GNU C/C + + 工具集和 Eclipse IDE 的软件开发环境；

(12) ALTERA 公司的 SignalTap Ⅱ逻辑分析仪，实现对指令、数据、FPGA 设计中的逻辑信号进行实时分析；

(13) 所有 Niso Ⅱ处理器均兼容的指令系统；

(14) 高达 218DMIPS 的性能。

2.2　Nios Ⅱ处理器的体系结构

Nios Ⅱ处理器是一种软核处理器，可配置性是其最大特点。不同类型的 Nios Ⅱ处理器性能如图 2.1 所示，Nios Ⅱ处理器的体系结构如图 2.2 所示。

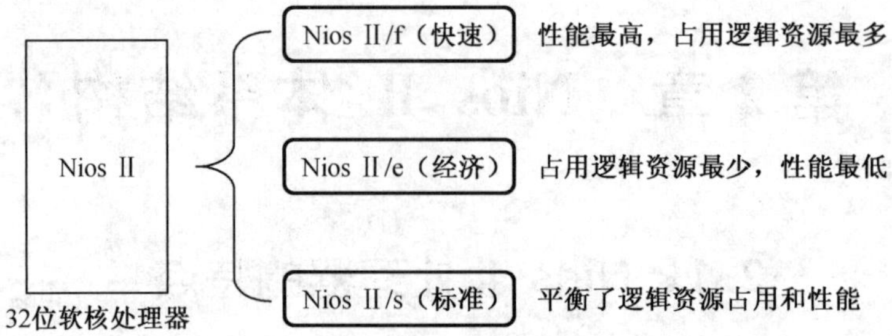

图 2.1　不同类型 Nios Ⅱ 处理器的性能差别

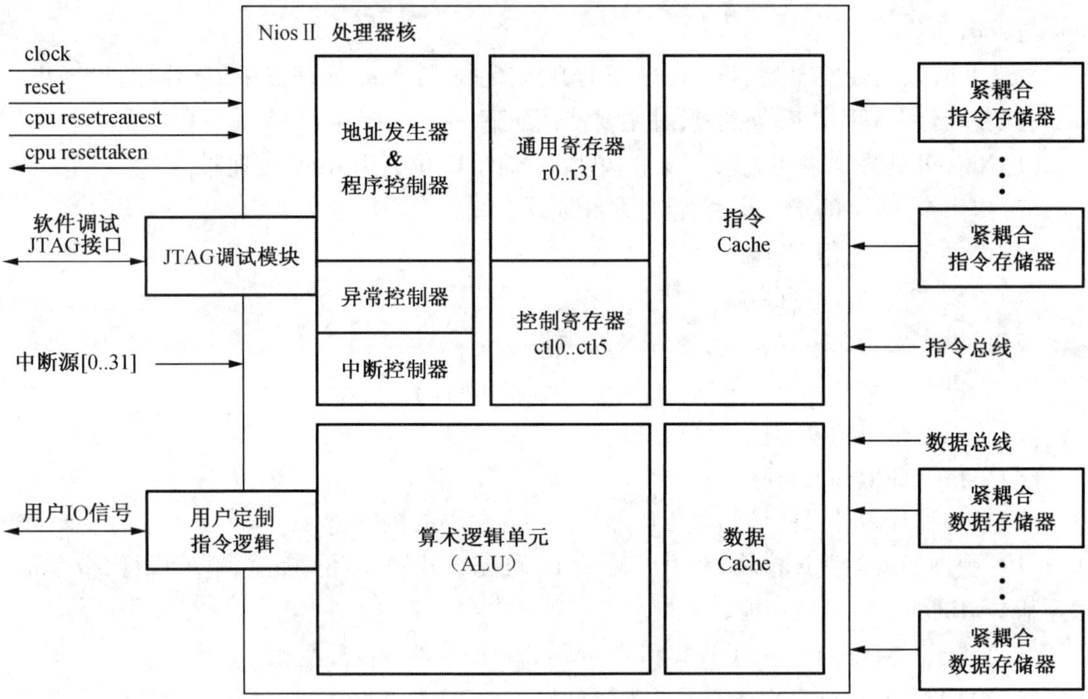

图 2.2　Nios Ⅱ 处理器的体系结构

2.2.1　算术逻辑单元

Nios Ⅱ处理器的算术逻辑单元(ALU)对通用寄存器的数据进行操作,每条指令都取出一个或两个操作数,然后向目的寄存器返回结果。表 2.1 列出了 Nios Ⅱ处理器的 ALU 所支持的基本操作,所有其他操作都是这些基本操作的组合。

表 2.1　Nios Ⅱ 处理器的运算符

种类	描述
算术运算	ALU 支持有符号和无符号数的加、减、乘、除
关系运算	支持有符号和无符号数的等于、不等于、大于等于和小于(= = ,! = , > = , <)关系运算
逻辑运算	支持 AND,OR,NOR 和 XOR 逻辑运算

表 2.1(续)

种类	描述
移位运算	支持移位和循环移位运算,每条指令中可以将数据移位和循环移为 0 ~ 31 位,支持算术右移、左移和逻辑右移、左移,还支持循环左、右移位

未实现指令:有些 Nios Ⅱ处理器核未提供硬件乘除法器的实现。在这种情况下,处理器只能用下列操作来实现乘法和除法指令:mul,muli,mulxss,mulxsu,mulxuu,div,divu。这是一种软件实现的方法。这类用于软件实现的指令称为未实现指令,其原理是当处理器遇到未实现指令时,处理器会产生一个异常,异常处理程序调用服务子程序,用软件来实现乘法或除法指令。Nios Ⅱ处理器对未实现指令的处理对程序员是透明的。

用户定制指令:Nios Ⅱ处理器的 ALU 直接与用户定制指令逻辑相连,定制指令对定制指令逻辑提供底层访问。CPU 中是否包含定制指令在系统创建时指定。定制指令实现的功能与设计相关。C 函数和汇编宏对定制指令进行访问,其实现对程序员是透明的,所以大部分软件开发者不直接使用定制汇编指令。

浮点指令:Nios Ⅱ支持符合 IEEE STD754—1985 规范的单精度浮点指令,浮点指令以用户定制指令的方式实现。

2.2.2　通用寄存器

Nios Ⅱ处理器定义了 32 个 32 位通用寄存器,具体寄存器功能如表 2.2 所示。

表 2.2　Nios Ⅱ处理器中的通用寄存器

寄存器	助记符	功能	寄存器	助记符	功能
r0	zero	清零	r16		子程序要保存的寄存器
r1	at	汇编的临时变量寄存器	r17		子程序要保存的寄存器
r2		函数返回值(低 32 位)	r18		子程序要保存的寄存器
r3		函数返回值(高 32 位)	r19		子程序要保存的寄存器
r4		传递给函数的参数	r20		子程序要保存的寄存器
r5		传递给函数的参数	r21		子程序要保存的寄存器
r6		传递给函数的参数	r22		子程序要保存的寄存器
r7		传递给函数的参数	r23		子程序要保存的寄存器
r8		调用者要保存的寄存器	r24	et	为异常处理保留(1)
r9		调用者要保存的寄存器	r25	bt	为程序断点保留(2)
r10		调用者要保存的寄存器	r26	gp	全局指针
r11		调用者要保存的寄存器	r27	sp	堆栈指针
r12		调用者要保存的寄存器	r28	fp	帧指针
r13		调用者要保存的寄存器	r29	ea	异常返回地址(1)
r14		调用者要保存的寄存器	r30	ba	断点返回地址(2)
r15		调用者要保存的寄存器	r31	ra	函数返回地址

注:(1)该寄存器在用户模式下不可使用;

(2)该寄存器在用户模式或管理模式下均不可使用,只能在 JTAG 调试模式下使用。

某些寄存器另有汇编程序能够识别的名字。zero 寄存器(r0)总是返回 0,对 r0 写操作无效。ra 寄存器(r31)保存过程调用的返回地址,且 call 和 ret 指令隐含地访问它。C 和 C++编译器遵守一个共同的过程调用约定,给寄存器 rl ~ r23,r26 和 r28 赋予特定意义。对某些寄存器,例如 et(r24),bt(r25),ea(r29)和 ba(r30)的访问只有在某些执行模式下才允许。

2.2.3 控制寄存器

Nios Ⅱ处理器定义了 6 个 32 位控制寄存器,具体寄存器功能见表 2.3 所示,其中 31 ~ 2,1 和 0 均表示寄存器的各个比特位。

表 2.3 Nios Ⅱ处理器中的控制寄存器

寄存器	名字	bit 位意义: 31 ~ 2	1	0
ct10	status	保留	U	PIE
ct11	estatus	保留	EU	EPIE
ct12	bstatus	保留	BU	BPIE
ct13	ienable	中断允许位		
ct14	ipending	中断发生标志位		
ct15	cpuid	唯一的处理器标识号		

这些控制寄存器有汇编程序能够识别的名字。控制寄存器的读/写访问只能在超级用户模式(Supervisor Mode)采用专用的控制寄存器读/写指令(rdctl 和 wrctl)实现。

status 寄存器控制着整个处理器的状态,处理器的中断使能位 PIE 位为 0 时,处理器禁止外部中断;为 1 时,允许外部中断,但中断是否有效还取决于 ienable 寄存器的值。操作模式位 U 位为 1 时表示用户模式,为 0 表示超级用户模式。从第 3 位到第 32 位作为保留没有被定义。

如果在程序运行过程中发生了异常,那么在处理器异常期间,estatus 寄存器起到了备份 status 寄存器的功能。status 寄存器中 PIE 位和 U 位的值,分别由 estatus 寄存器中仅有的两位:EPIE 和 EU 分别保存着。由此可见,estatus 寄存器起到了在处理器异常期间保护现场的功能,异常发生前 CPU 所处的状态就可以通过 estatus 寄存器来判断。在异常被处理之后,estatus 寄存器的内容被复制回 status 寄存器,这样系统就恢复到异常发生前的状态。

在处理器处理跳出,进入程序调试模式时,bstatus 寄存器保存 status 寄存器的值。status 寄存器中 PIE 位和 U 位的值,分别由 bstatus 寄存器中仅有的两位:BPIE 和 BU 分别保存,以便于处理器随后可以恢复跳出发生前的状态。

ienable 寄存器控制着外部硬件中断。ienable 寄存器有 32 位对应着 Nios Ⅱ处理器支持的 32 个外部中断源的使能位。如果第 n 位值为 1,就表示与其相对应的输入信号 irqn 可以发起中断请求;如果 ienable 寄存器的值为 0,则表明外部硬件中断被禁止。

处理器正在处理的中断由 ipending 寄存器来表示。如果 ipending 寄存器的第 n 位为 1,则表示相应的输入信号 irqn 有效,而且 ienable 寄存器中相应的第 n 位也为 1。对 ipending 寄存器进行写操作,其结果是未被定义的。

若系统中有多个处理器，每个处理器的 cupid 寄存器中都保存着一个作为处理器唯一标识的静态数值。此静态数值在系统生成时就已经确定了，对其进行写操作是无效的。

2.3 Nios Ⅱ处理器的存储器和 I/O 结构

Nios Ⅱ处理器的存储器和 I/O 接口主要包含如下几部分：指令主端口、指令高速缓存、数据主端口、数据高速缓存、紧耦合指令或数据存储器端口，如图 2.3 所示。

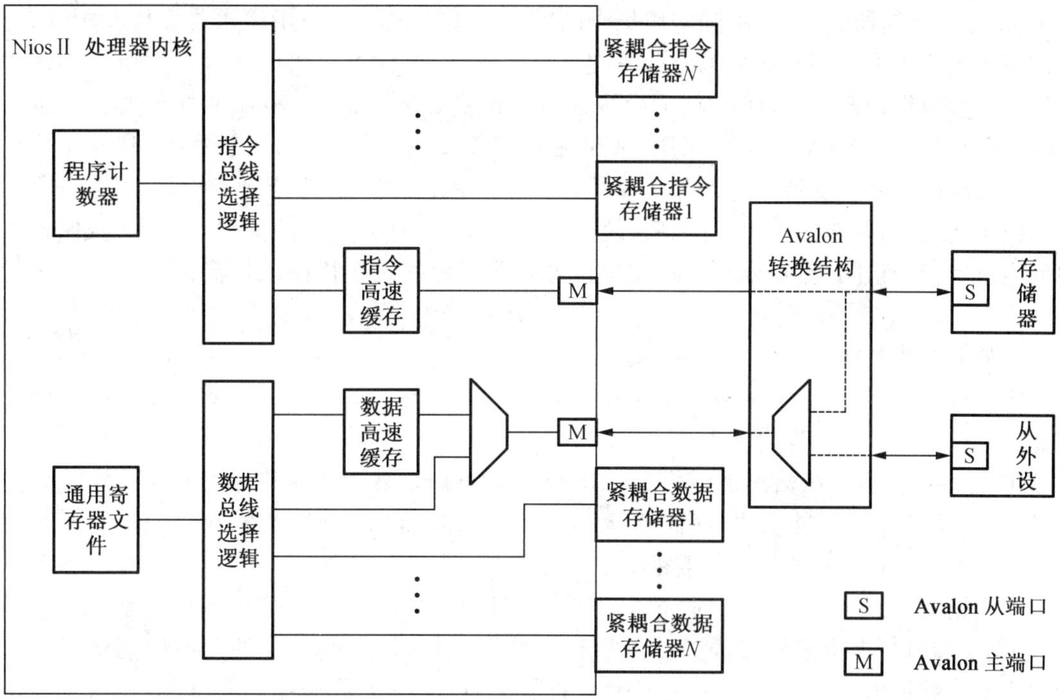

图 2.3 Nios Ⅱ处理器的存储器和 I/O 结构

Nios Ⅱ体系结构采用哈佛结构，指令总线和数据总线分开。指令总线和数据总线均为遵循 Avalon 主端口规范的主端口。数据主端口可连接存储器和外设，指令主端口只连接存储器。Nios Ⅱ体系结构提供映射为存储器的 I/O 访问。数据存储器和外设都被映射到数据主端口的地址空间。Nios Ⅱ体系结构采用小端方式，高字节放高地址，低字节放低地址。Nios Ⅱ通过支持片内高速缓存来改善访问低速存储器的平均取指速度。Nios Ⅱ通过支持紧耦合存储器实现低延迟的片上存储器访问。

由于 Nios Ⅱ系统具有可配置的特性，因此，系统的存储器和 I/O 端口也是可配置的，每一个具体的 Nios Ⅱ系统的存储器和 I/O 端口配置方案都不一样，但都是通过下列方式来访问存储器和 I/O 端口的。

(1)指令主端口——指令主端口是通过 Avalon 总线模块连接到指令存储器的主端口；

(2)指令高速缓存——Nios Ⅱ处理器核内部用于存放常用指令的高速缓存；

(3)数据主端口——数据主端口是通过 Avalon 总线模块连接到数据存储器的主端口；

(4)数据高速缓存——Nios Ⅱ处理器核内部用于存放常用数据的高速缓存；

(5)紧耦合指令存储器和数据存储器端口——Nios Ⅱ处理器核外部高速存储器的

接口。

1. 指令主端口

Nios 指令总线主端口(Instruction Bus - Master)是 32 位 Avalon 主端口。此主端口仅执行从存储器中读取指令的功能,不支持任何写操作。

指令主端口具有流水线模式,指令主端口总是接收 32 位数据,依靠 Avalon 交换结构的动态总线对齐逻辑屏蔽目标存储器的总线宽度差异。由 SOPC Builder 自动产生的 Avalon 总线,具有动态总线宽度对齐逻辑的功能。因此在 Nios 指令总线主端口上,可以连接 8,16 和 32 位宽的存储器,以满足不同应用场合的需要。指令主端口采用流水线读传输模式,可以在前一次读传输返回有效数据之前发起下一次传输,这样可以将同步存储器所带的流水线延迟的影响降到最小,从而提高了系统运行的最高频率。同时,Nios Ⅱ处理器可以进行预取指令和分支预测,Nios CPU 采用“假设无分支(branch-not-taken)”的预测方法来生成预取指令的地址。由于支持具有操作延迟的存储器,因此使得在使用慢速存储器时对 CPU 的影响减少到最小,并能在整体上提高系统的最高频率;只有分支预测失败时,才会有比较大的延迟发生。当访问慢速存储器时,用户还可以选用片内缓存机制来提高读取指令的平均速度。

2. 数据总线主端口

Nios 数据总线主端口(Data Bus - Master)是 32 位 Avalon 主端口。此主端口执行两个功能:

①当 CPU 执行一个数据加载指令(LD,LDP,LDS)时,从存储器和外设中读取数据。

②当 CPU 执行一个数据存储指令(ST,STP,STS,ST8s,ST8d,ST16s,ST16d,STS8s,STS16s)时,向存储器和外设写入数据。

当数据缓存线大于 4 字节时,数据主端口支持流水线模式;当数据缓存线小于 4 字节时,数据主端口不支持流水线模式。当执行写数据操作时,主端口上的字节使能信号用来指定主端口数据的字节段。对于一个固定的地址而言,由于数据存储器可读可写,外设端口的数据也在不断地变化,而且,在数据主端口对存储器和外设进行操作的同时,也可能有其他的主端口对其执行写操作,因此,这个固定地址中的数据在每个总线时钟周期都可能发生变化。这样一来,在前一次数据传输结束之前就发起下一次数据传输则没有意义。

3. 指令和数据共享的存储器

指令和数据主端口通常共享一个既包含指令又包含数据的存储器。虽然处理器具有单独的指令和数据总线,但从系统外部来看,整个 Nios Ⅱ处理器系统就好像共享指令/数据总线一样。

数据和指令总端口决不会引起阻塞,即一个口阻塞另一个口。为获得最高的性能,在指令和数据主端口共享存储器中,数据主端口应被赋予较高的仲裁优先级。

4. 高速缓存

Nios CPU 中的指令和数据主端口各包含一个可配置的高速缓存机制。根据应用的不同,在高性能存储器访问与最小处理器核之间可进行折中。Nios Ⅱ处理器是否包含指令和数据缓存以及缓存容量的大小均是用户可配置的。有无缓存并不影响程序的功能,但影响处理器取指令和存取数据的速度。

高速缓存是处理器的一个组成部分,缓存管理和协调由软件处理,缓存运行时是一直使能的,可采用软件指令旁路缓存,保证程序执行时间的可预测性。

当使用外部慢速存储器时，高速缓存能改善 Nios Ⅱ处理器系统的平均存储器访问时间。但在访问某些外设端口，由于端口上的数据不断更新，使用数据缓存就会造成数据错误。在这种情况下，Nios Ⅱ的软件提供直接对 I/O 端口进行读写操作的指令，从而绕过高速缓存。

高速缓存改善系统性能的前提：

(1)常规存储位于片外，访问时间比片内长；

(2)最大的对性能关键的循环指令的长度小于指令缓存；

(3)最大的对性能关键的数据块的长度小于数据缓存；

(4)对于数据和代码常驻缓存的场合，采用紧耦合存储器更好。

高速缓存仅仅在 32 位 Nios CPU 系统中才能实现。另外，Nios 缓存机制也仅仅在 Stratix，Stratix GX 和 Cyclone 系列芯片中才能配置。

5. 紧耦合存储器

紧耦合(Tightly Coupled)存储器使用 FPGA 片内 RAM 来实现，用户可以为 Nios Ⅱ系统配置多个紧耦合存储器。每个紧耦合存储器都在 Nios Ⅱ CPU 上有一个独立的主端口，并连接到一个外部存储器上。

紧耦合存储器和其他存储器一样进行地址空间的分配，其地址范围是在系统创建时指定的。软件使用通常的装载和存储指令访问紧耦合存储器，这与访问其他存储器一样。

紧耦合存储器可以存储数据和指令，并提供固定的低延迟的访问速度。与高速缓存相比，紧耦合存储器有以下几个优点：

(1)性能与高速缓存相当；

(2)软件可以保证与系统性能息息相关的数据和代码存放在紧耦合存储器内；

(3)不需要实时缓存开销，如载入、失效和清空等操作。

在某些对性能要求较高的系统中，可以将特定的数据和代码段存放在紧耦合存储器中，最大限度地提高性能。例如，对于产生中断较多的系统，可以将异常处理程序放在紧耦合存储器中，以降低中断延迟；DSP 应用系统中，把数据缓冲区放在紧耦合存储器中可获得最高的数据访问速度。如果应用系统存储容量要求足够小，则完全使用紧耦合存储器存放代码和数据是可能的。复杂的应用系统必须选择部分代码或数据存放在紧耦合存储器中，以获得最高的性价比。

2.3.1　Nios Ⅱ系统的地址映射

存储器和外设的地址映射与设计相关，由设计人员在系统生成时指定；程序员使用宏和驱动程序访问存储器和外设，所以灵活的地址映射对应用程序开发者没有影响。

特别注意复位地址、异常地址以及断点处理(break handler)程序地址这 3 个 CPU 相交的地址。

Nios Ⅱ处理器的数据宽度为 32 位，可以进行字节，半字(16 位)或字(32 位)的读写操作。当存储器中存储的数据采用高地址存放数据的高字节，Nios Ⅱ系统这种存储顺序称为小端；反之，将存储器的低地址存放数据的高字节，这种存储顺序称为大端。Nios Ⅱ系统地址宽度为 32 位，允许对4 GB地址空间进行访问。

2.3.2 Nios Ⅱ系统的寻址方式

Nios Ⅱ体系结构支持下面的寻址方式。

(1)立即数寻址:指令直接给出操作数,在立即数寻址方式中,指令的操作数都是指定的常数。

(2)寄存器寻址:所有的操作数都是寄存器,结果也返回保存在寄存器中。

(3)移位寻址:将寄存器中的值加上一个16位的有符号立即数所得的和作为地址。

(4)寄存器间接寻址:移位量为0的移位寻址,就是将寄存器中的值作为地址,它是移位寻址的一种,只是16位的有符号数为0。

(5)绝对寻址:按照指令中指定的固定地址进行数据寻址。范围有限制的绝对寻址使用带有寄存器r0,其值总是0(它的值始终是0×00)的移位寻址实现,绝对寻址也是移位寻址的一种。

Nios Ⅱ处理器的高速缓存可由软件管理,高速缓存的初始化和清空等操作可由一些软件提供的指令来实现。Nios Ⅱ处理器也提供绕过数据高速缓存的指令,有些Nios Ⅱ系统将地址的最高位作为是否绕过数据高速缓存的标志。在此情况下,Nios Ⅱ处理器的地址宽度变为31位,外部寻址空间也相应地变为2 GB。

由于对包括高速缓存的Nios Ⅱ处理器所编写的程序在不包括高速缓存的Nios Ⅱ处理器上可以正常运行,所有对高速缓存的操作对处理器部没有影响。然而,对不包括高速缓存的Nios Ⅱ处理器所编写的程序,在包括高速缓存的Nios Ⅱ处理器上不一定能够正常运行。所以在不确定采用的Nios Ⅱ处理器是否带有高速缓存的情况下,编写程序时必须假设Nios Ⅱ处理器中包括高速缓存。

2.4 Nios Ⅱ的异常处理

2.4.1 异常

异常是指程序离开正常流程的一种控制上的切换。异常可能由需要立即响应的处理器内部或外部的某一事件引起。异常处理是指对响应异常所进行的处理,并且返回到异常产生之前程序执行的状态。

Nios Ⅱ体系中的异常包括硬件中断与软件异常两种形式,如图2.4所示。

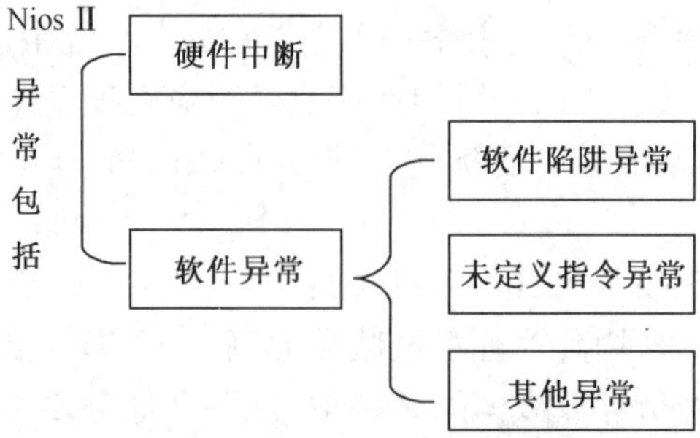

图2.4 Nios Ⅱ体系中的异常种类

(1)硬件中断

Nios Ⅱ体系结构支持32个外部硬件中断,每个中断对应一个独立的中断通道。外设通过处理器32个中断输入通道请求产生硬件中断。

只有当下列3个条件满足时,硬件中断才能产生:

①status 寄存器中 PIE 位为1;

②中断请求输入 irqn 有效;

③ienable 寄存器相应位 n 是1。

一旦产生硬件中断,则 PIE 位为0,禁止进一步的中断。ipending 寄存器(ctl4)的值表明是哪个中断源已提出中断请求。外设要保持中断请求输入 irqn 有效,直到处理器响应中断。

异常子程序确定哪一个提出中断请求的中断源具有最高的优先级,之后转到相应的中断服务子程序(ISR)。中断服务子程序在重新使能 PIE 之前,必须清除该中断源或屏蔽该中断,同时必须保存 estatus 和 ea 寄存器的内容。

2.4.2 软件异常

当程序遇到软件陷阱指令时,将产生软件陷阱异常。软件陷阱在程序需要操作系统服务时常用到,操作系统的异常处理程序判断产生软件陷阱的原因,然后执行相应任务。

当处理器执行未定义指令时产生一个未定义指令异常。异常处理程序首先判断哪个指令产生异常,如果指令不能通过硬件执行,则控制被传递到用软件模拟实现指令操作的异常子程序中。

其他异常类型是为将来系统扩展准备的。

2.4.3 异常处理

产生异常时,Nios Ⅱ的异常处理流程如图2.5所示。

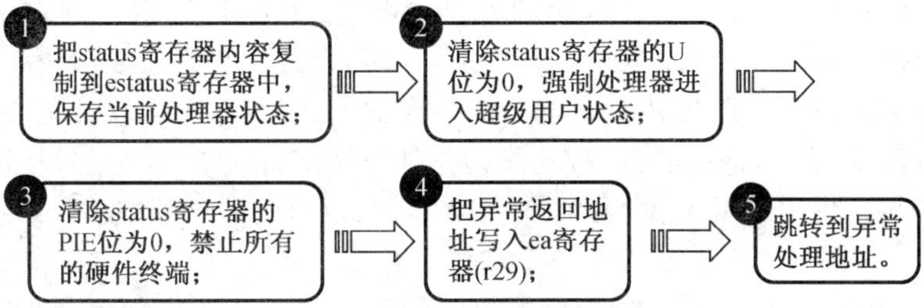

图2.5 Nios Ⅱ的异常处理流程

异常处理地址在系统创建时指定。在运行时,该地址是固定的,且不能由软件改变。软件编程人员不直接访问异常处理地址,可编写程序而不用知道该地址。

异常处理程序必须确定每个异常产生的原因,并转到相应的异常处理子程序中。Nios Ⅱ的异常处理的优先级如图2.6所示。

若异常由外部硬件中断引起,则 estatus 寄存器(ctl1)的 EPIE 位是1,并且 ipending 寄存器(ctl4)的值非0;反之可能是由软件陷阱或未实现指令引起的异常。

可以通过读地址 ea-4 处的指令来区分软件陷阱和未实现指令引起的异常。如果异常是一个软件陷阱,则 ea-4 处的指令应该是 trap。若异常由未实现指令引起的,则 ea-4 处的指令是由软件实现的指令之一。若以上条件均不满足,则异常是不可识别的,异常处理子程序应给出提示信息。

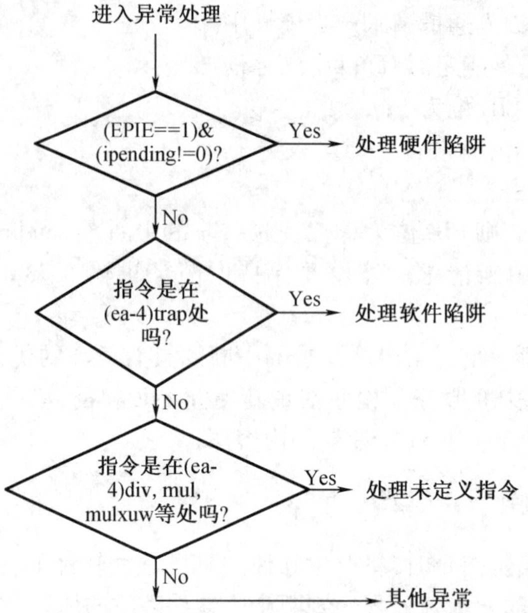

图 2.6　Nios Ⅱ的异常处理的优先级

(1)异常嵌套与返回

①异常嵌套:实现异常嵌套,需在用户 ISR 中打开外部中断允许(PIE = 1)。在处理异常事件的过程中,可以响应由 trap 指令引起的软件陷阱异常和未实现指令异常。在异常嵌套之前,为了确保异常能正确返回,必须保存 estatus 寄存器(ctl1)和 ea 寄存器(r29)。

②异常返回:当执行异常返回指令(eret)后,处理器会把 estatus 寄存器(ctl1)内容复制到 status 寄存器(ctl0)中,恢复异常前的处理器状态,然后把异常返回地址从 ea 寄存器(r29)写入程序计数器。异常发生时,ea 寄存器(r29)保存了异常发生处下一条指令所在的地址。如果异常从软件陷阱异常或未定义指令异常返回,程序须从软件陷阱指令 trap 或未定义指令后继续执行,ea 寄存器(r29)的值为异常返回地址。如果是硬件中断异常,程序必须从硬件中断异常发生处继续执行,须将 ea 寄存器(r29)中的地址减去(ea - 4)作为异常返回地址。

③异常响应时间:Nios Ⅱ的非向量仲裁策略导致 Nios Ⅱ的异常处理延时较大,靠提高 Nios Ⅱ处理器的执行速度弥补该缺点。Nios Ⅱ异常处理性能如表 2.4 所示。

表 2.4　Nios Ⅱ异常处理性能

Nios Ⅱ类型	Max. DMIPS	中断时延	响应时间	异常恢复时延
Nios Ⅱ/e	31	15	485	222
Nios Ⅱ/s	127	10	128	130
Nios Ⅱ/f	218	10	105	62

(2)断点处理与返回

断点是指程序脱离正常流程而发生控制的转移,通常是由 break 指令或 JTAG 调试模块引起的。断点处理是一种软件调试工具实现调试和诊断功能的方式,断点处理类似于异常处理,但断点机制独立于异常处理。在异常处理时是可能发生断点的,可以使用调试工具对异常处理程序进行调试。软件调试工具通过 JTAG 调试模块控制 Nios Ⅱ处理器。在调试模式下,只有调试工具才能控制处理器。

①断点的处理

当处理器执行 break 指令或 JTAG 调试模块提供一个硬件断点时,处理器进入断点处理状态,Nios Ⅱ的断点处理流程如图 2.7 所示。

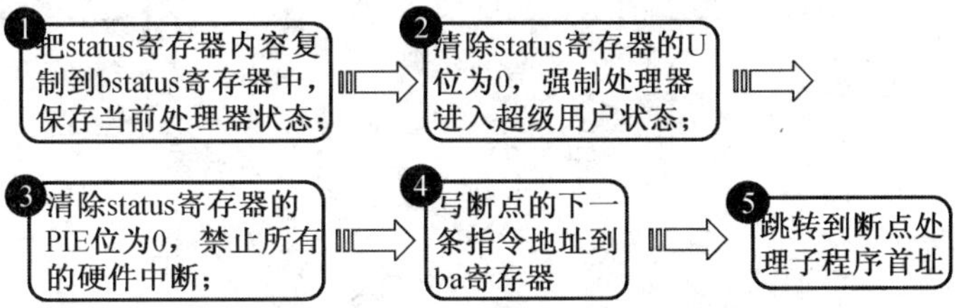

图 2.6 Nios Ⅱ的断点处理流程

②断点返回

当调试工具处理完断点后,执行 bret 指令释放处理器的控制。bret 指令恢复 status 寄存器,并且返回到 ba 寄存器中的地址。

③寄存器的使用

break 处理程序可以使用 bt 寄存器保存其他寄存器的内容。从断点处理子程序返回后,除 bt 寄存器以外的所有寄存器要保证恢复到断点前的状态。

2.5 复位信号

reset:是一个强制处理器核立即进入复位状态的全局硬件复位信号。

cpu_resetrequest:是一个可以让处理器核复位但不影响 Nios Ⅱ系统其他外设的局部复位信号。

CPU 复位后,Nios Ⅱ处理器将执行下列操作:

(1)清除状态寄存器 status,使之为 0×0;

(2)指令 Cache 与程序存储器的关联被置为无效,处理器从固态程序存储器(比如 Flash)中的 reset 地址处取得第一条指令;

(3)从复位地址处开始执行程序。

以下部件的状态在复位后是不确定的:

(1)通用寄存器(除 zero(r0):总是存放 0 值);

(2)控制寄存器(除 status(ctl0),被置为 0×0);

(3)指令和数据存储器;

(4)Cache(除与复位地址关联的指令 Cache);

(5)与 CPU 相连的各外设,各外设复位后的状态要具体参考各外设的手册;

(6)用户指令逻辑在复位后的状态要参看用户指令逻辑的手册或说明。

2.6 Nios Ⅱ处理器的运行模式

Nios Ⅱ处理器有 3 种运行模式:用户模式(User Mode)、超级用户模式(Supervisor Mode)、调试模式(Debug Mode),如图 2.8 所示。

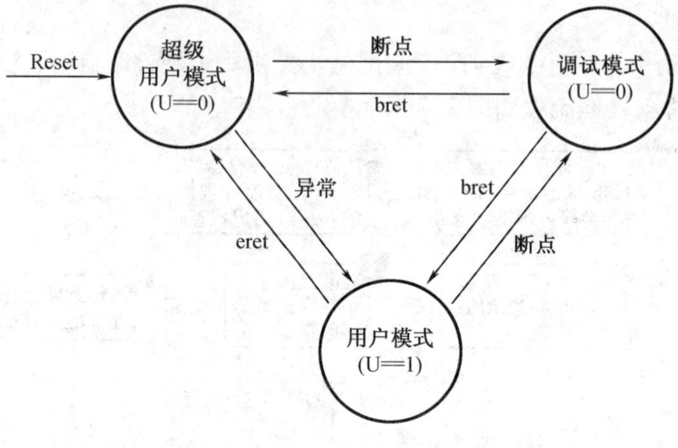

图 2.8　Nios Ⅱ处理器 3 种运行模式切换

Nios Ⅱ系统中的程序一般包括系统程序和应用程序,系统程序包括操作系统和底层的硬件驱动,一般在超级用户模式下运行;应用程序是软件程序员根据应用系统的需要编写的应用代码,一般在系统程序所提供的服务的基础上运行。

Nios Ⅱ处理器复位后,立即进入超级用户模式。在超级用户模式下,status 寄存器的 U 位为 0,bstatus(ctl2)寄存器不可用,两个通用寄存器 bt(r25)和 ba(r30)也不可用,这两个寄存器虽然可以存储数据,但调试模式下可能会改变它们的值。除此之外,处理器的其他功能基本上都是可用的,应用程序可以正常运行。

在用户模式下,status 寄存器的 U 位为 1,处理器的部分功能可用。在用户模式下,控制寄存器和四个通用寄存器 et(r24),bt(r25),ea(r29),ba(r30)不可用,访问这些寄存器将会产生异常,写入这四个通用寄存器中的值将会在超级用户模式和调试模式下被改变。在用户模式下,使用 rdctl,wrctl,bret,eret,initd 和 initi 这些指令都会产生异常。另外在用户模式下,操作系统会监视正在执行的各个任务,增强了系统的可靠性。

在调试模式下,status 寄存器的 U 位为 0,处理器的所有功能都可用。在调试模式下,系统程序和应用程序不能运行。调试模式为调试工具软件专用,以实现各种调试功能,如断点、观察点等。

从超级用户模式进入用户模式可通过 eret(exception return)指令实现。eret 指令将 estatus寄存器的值复制到 status 寄存器,然后将处理器的控制权交给指令的地址存放在 ea 寄存器中的某个指令。Nios Ⅱ处理器复位后,首次进入用户模式,系统程序必须赋给 estatus 寄存器和 ea 寄存器合适的值,然后才能执行 eret 指令。

在用户模式下,若发生了异常,处理器又会返回超级用户模式。每发生一个异常时,处理器都会将 status 寄存器的值复制到 estatus 寄存器,并将其 U 位清零。只要异常程序不改变 estatus 寄存器的值,eret 指令就可以将处理器恢复到发生异常之前的状态。

只有使用调试工具才可以使处理器进入调试模式。Nios Ⅱ处理器进入调试模式后，所有的系统程序和应用程序均不能运行。当 Nios Ⅱ处理器退出调试模式时，总是恢复到进入调试模式之前的状态。

2.7 Nios Ⅱ处理器的性能

不同类型 Nios Ⅱ处理器（经济型、标准型、快速型）的性能对比如表 2.5 所示。

表 2.5 不同类型 Nios Ⅱ处理器的性能

特性		处理器内核		
		Nios Ⅱ/e	Nios Ⅱ/s	Nios Ⅱ/f
性能	DMIPS/MHz	0.15	0.74	1.16
	最大 DMIPS	31	127	218
	最大工作频率（fMAX）	200 MHz	165 MHz	185 MHz
大致尺寸（以 LE 为单位）		<700	<1 400	<1 800
流水线阶数		1	5	6
外部寻址空间		2 GB	2 GB	2 GB
指令总线	高速缓存		512～64 KB	512～64 KB
	存储器流水线访问		可选	可选
	分支预测		静态	动态
	紧耦合存储器		可选	可选
数据总线	高速缓存			512～64 KB
	存储器流水线访问			
	紧耦合存储器			可选
算术逻辑单元	硬件乘法器		3 周期	1 周期
	硬件除法器		可选	可选
	移位器	1 周期每比特	3 周期桶形移位器	1 周期 barrel 移位器
JTAG 调试模块	JTAG 接口、运行控制、软件断点支持	是	是	是
	硬件断点支持	否	是	是
	片外跟踪缓冲区支持	否	是	是
异常处理	集成中断控制器	是	是	是
用户模式支持		否，都在超级模式		
定制指令支持		256	256	256

第 3 章 Avalon 总线规范

3.1 Avalon 总线简介

总线就是计算机系统或通信系统中的一种通信规范以及规范的实现方法。总线的原始定义是指，计算机系统中各种信号线的集合，计算机各部件之间传送数据、地址和控制信息的公共通路，如 8086CPU 总线、单片机总线（Intel\Motorola）、ISA\PC104 总线、PCI 总线。后来总线泛指计算机系统和通信系统中信号线的集合，如现场总线、USB 总线、485 总线等。随着片上操作系统的快速发展，高速片上数据传输对片上总线的要求越来越高，各种片上总线标准不断升级，以应对片内日益膨胀的数据吞吐量要求。

Avalon 总线是 Altera 公司专门为可编程芯片片上系统推出的一套片内总线系统，用于连接 Nios Ⅱ处理器与片内、片外外设。Nios 系统的所有外设都是通过 Avalon 总线与 Nios CPU 相接的，Nios 通过 Avalon 总线与外界进行数据交换。Avalon 总线是一种协议较为简单的片内总线。

3.1.1 Avalon 总线简介

Avalon 总线在 SOPC Builder 中添加外设后会自动生成，并且会随着外设的添加和删减而自动调整，最终的 Avalon 总线结构是针对外设配置而生成的一个最佳结构。对于只使用已经定制好的、符合 Avalon 总线规范的外设构建系统的用户，不需要了解 Avalon 总线规范的细节；对于设计外设的用户，开发的外设必须符合 Avalon 总线规范，否则设计的外设无法集成到系统中。

Aitera 公司提供了 Avalon 的接口规范，供设计者开发自己的外设和更好地使用外设。Avalon 接口规范给出了主从外设间的端口连接关系、通信时序关系、所支持的传输方式。应用 Avalon 总线，设计者不需要了解 Avalon 交换结构的实现细节，只需要掌握 Avalon 同外设相连接的接口规范。

3.1.2 Avalon 总线的特点

（1）简单性：易于理解、使用；

（2）占用资源少：减少对 FPGA 片内资源的占用；

（3）高性能：Avalon 总线可以在每一个总线时钟周期完成一次数据传输；

（4）专用的地址总线、数据总线和控制总线：简化 Avalon 总线模块和片上逻辑之间的接口，Avalon 外设不需要识别数据和地址周期；

（5）强数据宽度支持能力：支持高达 1 024 位的数据宽度，支持不是 2 的偶数幂的数据宽度；

（6）支持同步操作：所有 Avalon 外设的接口与 Avalon 交换架构的时钟同步，不需要复杂的握手/应答机制，简化了 Avalon 接口的时序行为，便于集成高速外设；

（7）支持动态地址对齐：Avalon 总线可以处理具有不同数据宽度的外设间的数据传输，其自动地址对齐功能将自动解决数据宽度不匹配的问题；

（8）开放性：Avalon 总线规范是一个开放的标准，用户可以在未经授权的情况下使用 Avalon 总线接口自定义外设。

3.1.3 Avalon 总线架构与传统总线架构（见图 3.1）

传统总线架构，总线仲裁控制总线主机与总线从机之间通信，某一时刻只有一个主机使用总线，导致带宽瓶颈问题。

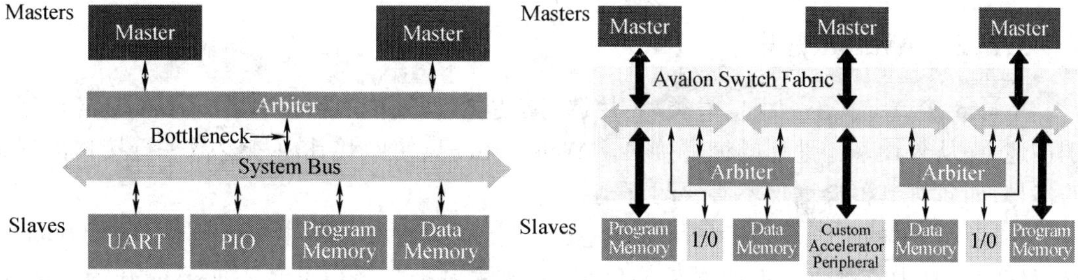

图 3.1 Avalon 总线架构与传统总线架构

Avalon 总线架构采用交换式架构，各个主机均有独立的总线，总线主机只需抢占共享从机，而不是抢占总线，某一时刻可以多个主机与多个从机交换数据。

Avalon 交换架构支持多种系统体系结构，支持用户设计的片外处理器和外设，支持数据总线复用、等待周期产生、外设地址对齐以及高级交换式总线传输。

3.2 Avalon 总线相关基本概念

3.2.1 Avalon 外设

Avalon 外设是 Avalon 存储器映射外设的简称。Avalon 外设包括存储器、处理器、UART、PIO、定时器和总线桥、用户自定义 Avalon 外设等。

1. 主外设

能够在 Avalon 总线上发起总线传输的 Avalon 外设，至少拥有一个 Avalon 主端口，可以拥有从端口。

2. 从外设

只能响应 Avalon 总线传输，不能发起总线传输，至少拥有一个 Avalon 从端口，只能拥有 Avalon 从端口。

Avalon 外设通过 Avalon 交换架构进行数据传输的结构体系如图 3.2 所示。

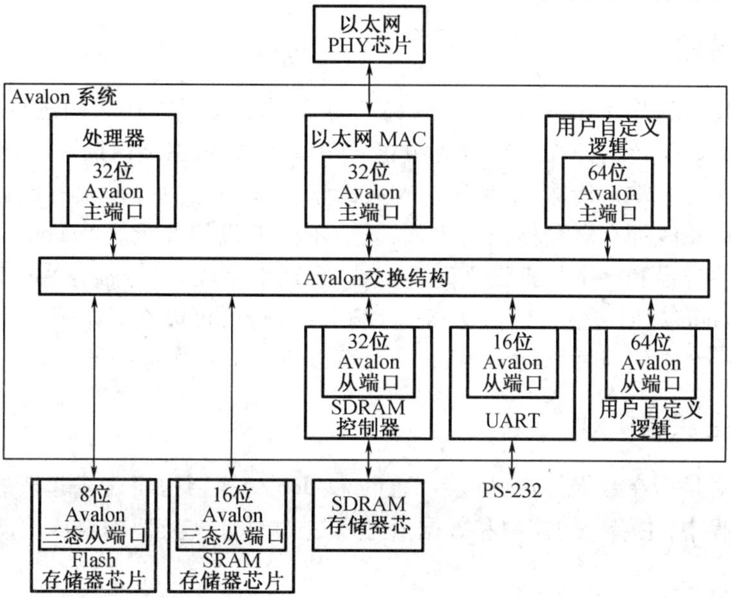

图 3.2 Avalon 外设通过 Avalon 交换架构进行数据传输

3.2.2 Avalon 信号

Avalon 接口定义了一组信号类型:片选、读使能、写使能、地址、数据等。Avalon 信号用于描述主、从外设基于地址的读写接口。Avalon 外设只使用和其内核逻辑进行接口的必需的信号,而省去其他会增加不必要的开销的信号。

Avalon 信号的可配置特性是 Avalon 接口与传统总线接口的主要区别之一。Avalon 外设只使用与其内核逻辑接口所必需的信号,而省去其他信号以避免不必要的开销。例如,ROM 接口只需要地址、数据和片选信号,而高速的存储控制器则需要更多的信号支持流水线的突发传输。

Avalon 的信号类型为其他的总线接口提供了一个超集,例如大多数分离的 SRAM,ROM 和 Flash 芯片上的引脚都能映射成 Avalon 信号类型,这样就能使 Avalon 系统直接与这些芯片相连接。类似地,大多数 Wishbone 的接口信号也可以映射为 Avalon 信号类型,使得在 Avalon 系统中集成 Wishbone 的内核非常简单。

3.2.3 主端口和从端口

Avalon 端口就是由一组 Avalon 信号所组成的、用于 Avalon 总线模块和外设之间进行数据传输的信号接口。Avalon 端口分为主端口和从端口,主端口用来在 Avalon 总线上发起数据传输,目标从端口在 Avalon 总线上响应主端口发起的数据传输。一个 Avalon 外设可能有一个或多个主端口,一个或多个从端口,也可能既有多个主端口,又有多个从端口。

一个主端口并不是与目标从端口直接连接在一起的。所有的 Avalon 端口都是与 Avalon 总线模块相连,Avalon 总线模块在主端口和相应的从端口之间传输信号。在一次数据传输过程中,主端口和 Avalon 总线模块之间的通信过程与目标从端口和 Avalon 总线模块之间的通信过程截然不同,因此,在数据传输过程中,是主端口还是从端口与 Avalon 总线模块之间通信非常重要。

3.2.4 传输

一次数据传输就是指在 Avalon 主/从端口与 Avalon 总线模块之间进行的一次数据读/写操作。Avalon 数据传输分为主端口传输和从端口传输,由主端口向 Avalon 总线模块所发起的数据传输称为主端口传输,由从端口响应的来自 Avalon 总线模块的数据传输称为从端口传输。Avalon 总线拥有多种传输模式,以适应不同外设的要求。Avalon 总线的基本传输模式是在一个主外设和一个从外设之间进行单字节、半字或字(分别为 8 b,16 b 或 32 b)的传输。一次 Avalon 数据传输可以传送高达 128 b 的数据,可以在一个或多个总线时钟周期内完成。在下一个总线时钟周期,Avalon 端口可以进行下一次数据传输。

3.2.5 主从端口对

主从端口对是指在数据传输过程中,通过 Avalon 交换架构相连接起来的主端口和从端口。在传输过程中,主端口的控制和数据信号通过 Avalon 交换架构与从端口相交互。

3.2.6 周期

周期是时钟的基本单位,定义为特定端口的时钟信号的一个上升沿到下一个上升沿之间的时间。完成一次传输至少需要一个时钟周期。

3.3 Avalon 信号

Avalon 接口规范定义了 Avalon 外设的信号类型,根据外设逻辑接口的需求,Avalon 外设可以使用任何类型的 Avalon 信号;根据端口的属性,可将 Avalon 信号类型分为主信号或者从信号,有些信号在主端口和从端口的接口上都存在,但是信号行为是不同的。Avalon 外设可以包含与 Avalon 接口无关的用户自定义的面向应用的信号。

Avalon 信号的描述属性:信号类型、信号可能的宽度、信号方向(从外设角度看)、信号在端口上的必需性、信号的功能及使用描述。

Avalon 从端口基本信号类型如表 3.1 所示。

表 3.1 Avalon 从端口基本信号类型

	信号类型	信号宽度	方向	必需	功能及使用描述
基本信号类型	clk	1	In	No	Avalon 从端口的同步时钟,所有的信号必须与 clk 同步,异步外设可以忽略 clk 信号
	chipselect	1	In	No	Avalon 从端口的片选信号
	address	1 ~ 32	In	No	连接 Avalon 交换架构和从端口的地址线,指定了从外设地址空间的一个字的地址偏移
	read	1	In	No	读从端口的请求信号。当从端口不输出数据时不使用该信号。若使用了该信号,则必须使用 readdata 或 data 信号
	readdata(注)	1 ~ 1 024	Out	No	读传输时,输出到 Avalon 交换架构的数据线。若使用了该信号,则 data 信号不能使用
	write	1	In	No	写从端口的请求信号。当从端口不从 Avalon 交换架构接收数据,不需要该信号。若使用了该信号,必须使用 writedata 或 data 信号,writebyteenable 信号不能使用
	writedata(注)	1 ~ 1 024	In	No	写传输时,来自 Avalon 交换架构的数据线。若使用了该信号,data 信号不能使用
	byteenable	2,4,8,16,32,64,128	In	No	字节使能信号。在对宽度大于 8 位的存储器进行写传输时,该信号用于选择特定的字节段;若使用了该信号,writedata 信号必须使用,writebyteenable 信号不能使用
	writebyteenable	2,4,8,16,32,64,128	In	No	相当于 byteenable 信号和 write 信号的逻辑与操作;若使用了该信号,writedata 信号必须使用,write 和 byteenable 信号不能使用
	begintransfer	1	In	No	在每次传输的第一个周期内有效,使用用法取决于具体的外设

注:如果从端口使用动态地址对齐,信号宽度必须是 2 的幂;

如果从端口同时使用 readdata 和 writedata 信号,这两个信号的宽度必须相等。

Avalon 从端口特殊信号类型如表 3.2 所示。

表 3.2　Avalon 从端口特殊信号类型

	信号类型	信号宽度	方向	必需	功能及使用描述
等待周期信号	waitrequest	1	Out	No	若从端口不能立即响应 Avalon 交换架构，用该信号来暂停 Avalon 交换架构
流水线信号	readdatavalid	1	Out	No	用于具有可变读延迟的流水线读传输 该信号用于标记从端口发出有效 readdata 时的时钟上升沿
突发信号	burstcount	2 ~ 32	In	No	用于突发传输，用来指示每一次突发传输中数据传输的次数，当使用 burstcount 信号时，waitrequest 信号必须一并使用
	beginburst-transfer	1	In	No	在突发数据传输的第一个时钟周期有效，标志突发数据传输开始，其用法取决于外设
流控制信号	redyfordata	1	Out	No	用于具有流控制的传输，外设准备好一次写传输
	dataavailable	1	Out	No	用于具有流控制的传输，外设准备好一次读传输
	endofpacket	1	Out	No	用于具有流控制的传输，向 Avalon 交换架构指示包结束的状态。实现取决于外设
三态信号	data(注)	1 ~ 1 024	InOut	No	三态从端口的双向数据读/写，如果使用了该信号，readdata 和 writedata 不能使用
	outputenable	1	In	No	data 信号的输出使能信号，若该信号无效，三态从端口不能驱动自身的 data 信号，如果使用了该信号，data 信号必须使用
其他信号	irq	1	Out	No	中断请求信号，从外设的中断请求信号
	reset	1	In	No	外设复位信号，该信号有效时，从外设进入确定的复位状态
	resetrequest	1	Out	No	允许外设将 Avalon 系统复位，复位操作立即执行

注：如果从端口使用动态地址对齐，信号宽度必须是 2 的幂。

Avalon 主端口基本信号类型如表 3.3 所示。

表 3.3　Avalon 主端口基本信号类型

	信号类型	信号宽度	方向	必需	功能及使用描述
基本信号类型	clk	1	In	Yes	Avalon 主端口的同步时钟，所有的信号必须与 clk 同步
	waitrequest	1	In	Yes	迫使主端口等待，直到 Avalon 交换架构准备好处理传输
	address	1～32	Out	Yes	从 Avalon 主端口到 Avalon 交换架构的地址线； 该信号表示的是一个字节的地址，但主端口只发出字边界的地址
	read	1	Out	No	主端口的读请求信号。主端口不执行读传输时不需要该信号。如果使用了该信号，readdata 或 data 信号线必须使用
	readdata	8,16,32,64,128, 256,512,1 024（注）	In	No	读传输时，来自 Avalon 交换架构的数据线。当主端口不执行读传输时，不需要该信号。如果使用了该信号，read 信号必须使用，data 信号不能使用
	write	1	Out	No	主端口的写请求信号。不执行写传输时不需要该信号； 如果使用该信号，writedata 或 data 信号必须使用
	writedata	8,16,32,64,128,256,512,1 024（注）	Out	No	写传输时，到 Avalon 交换架构的数据线。当主端口不执行写传输时，不需要该信号；如果使用了该信号，write 信号必须使用，data 信号不能使用
	byteenable	2,4,6,8,16,32,64,128	Out	No	字节使能信号。在对宽度大于 8 位的存储器进行写传输时，该信号用于选择特定的字节段；读传输时，主端口必须置所有的 byteenable 信号线有效

Avalon 主端口特殊信号类型如表 3.4 所示。

表 3.4　Avalon 主端口特殊信号类型

	信号类型	信号宽度	方向	必需	功能及使用描述
流水线信号	readdatavalid	1	In	No	用于具有延迟的流水线读传输。该信号表示来自 Avalon 交换架构的有效数据出现在 readdata 数据线上；如果主端口采用流水线传输，就要求使用该信号
	flush	1	Out	No	用于流水线读传输操作。主端口置 flush 信号有效，以清除所有挂起的传输操作
突发信号	burstcount	2～32	Out	No	用于突发传输。用来指示每一次突发传输中数据传输的次数
流控制信号	endofpacket	1	In	No	用于控制流模式的数据传输。标志一个数据包的结束状态 实现取决于外设

表3.4(续)

	信号类型	信号宽度	方向	必需	功能及使用描述
三态信号	data	8,16,32,64,128,256,512,1 024	In Out	No	三态主端口的双向数据读/写信号 如果使用了该信号,readdata 和 writedata 不能使用
其他信号	Irq	1,32	In	No	中断请求信号。如果 Irq 信号是一个 32 位的矢量信号,那么它的每一位直接对应一个从端口上的中断信号,它与中断优先级没有任何的联系;如果 Irq 是一个单比特信号,那么它是所有从外设的 Irq 信号的逻辑或,中断优先级由 irqnumber 信号确定
	irqnumber	6	In	No	只有在 irq 信号为单比特信号时,才使用 irqnumber 信号来确定外设的中断优先级;irqnumber 的值越小,所代表的中断优先级越高
	reset	1	In	No	全局复位信号,实现跟外设相关
	resetrequest	1	Out	No	允许外设将整个 Avalon 系统复位,复位操作立即执行

Avalon 从端口没有任何信号是必需的。Avalon 主端口必须有三个信号:clk,address,waitrequest。

前面所述的 Avalon 信号类型都是高电平有效的,Avalon 接口规范也提供低电平有效的信号类型,在相应的信号类型名后添加“_n”表示。

Avalon 接口规范没有对 Avalon 外设的信号指定命名规则,Avalon 外设的信号的名字可以与信号类型名相同,也可以遵循系统级的命名规则。

Avalon 接口是一个同步的协议,同步不意味所有的信号都是时序信号,Avalon 外设只对 clk 的边沿敏感,对其他信号的边沿不敏感。Avalon 主端口和从端口都与 Avalon 交换架构提供的时钟 clk 同步,所有的传输都与 Avalon 交换架构的时钟 clk 同步,并在时钟 clk 上升沿启动。Avalon 接口没有固定的或最高的性能。接口是同步的,可以被交换架构提供的任意频率的时钟驱动。最高性能取决于外设的设计和系统的实现。不同于传统的共享总线实现的规范,Avalon 接口没有指定任何的物理和电气特性。

不同的 Avalon 端口具有不同的传输能力, Avalon 接口规范定义了 Avalon 端口支持的一套传输属性,等待周期,固定(只对从端口)或可变;建立和保持时间,只对从端口;流水线,固定或可变的延迟;突发,三态。

Avalon 信号的传输属性:

(1)一个特定的 Avalon 端口可以支持一个或多个传输属性,取决于外设的设计;

(2)使用一个特定的端口属性产生的影响:改变特定信号的行为、需要一个或多个的信号类型来实现该属性;

(3)主从端口对应的主端口和从端口可以有不同的传输属性。Avalon 交换架构同主/从端口通信使用相应端口指定的属性:Avalon 外设可以独立于系统中其他外设进行设计。

3.3.1 Avalon 从端口传输

Avalon 接口从端口传输的类型与特点如图 3.3 所示。

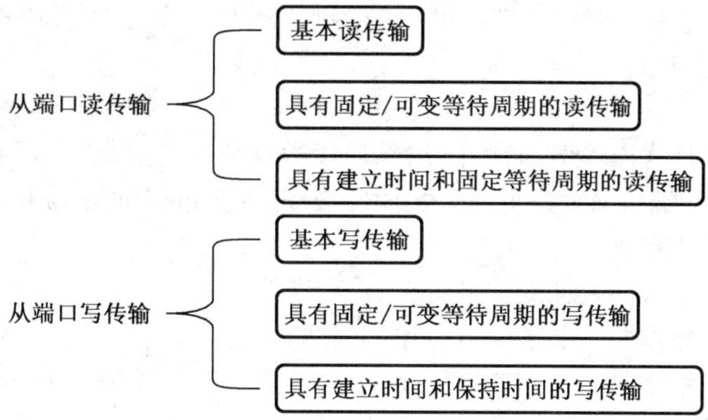

图 3.3 Avalon 接口从端口传输的类型与特点

从端口传输常用的信号

(1)address 信号

Avalon 从端口的 address 信号是字寻址的,为 Avalon 从端口的地址空间指定了一个字的偏移量。根据 Avalon 从端口的 readdata 信号或 writedata 信号的宽度,从端口的地址每次都访问一个完整的数据单元。

(2)readdata,writedata 信号

readdata 和 writedata 是在数据传输中负责传送数据的从端口信号。一个 Avalon 从端口可以使用这两个信号中的一个或两个,也可以一个都不使用。这两个信号的宽度为 1 ~ ,但对于使用动态地址对齐的从端口,这两个信号的宽度只能是 8 b,16 b,32 b,64 b,128 b(2 的整数次幂)。如果一个从端口同时使用 readdata 和 writedata 信号,那么这两个信号的宽度必须相等。

(3)chipselect,read,write 信号

chipselect,read 和 write 信号是 Avalon 从端口的单比特输入信号,用以识别一个新的读传输或写传输的开始。当 chipselect 信号无效时,Avalon 从端口将忽略除 reset 之外所有其他的信号。这三个信号的行为取决于从端口使用的这些信号的不同组合。

①端口使用 chipselect 信号

如果一个端口使用 chipselect 信号,每当 Avalon 总线模块将其置为有效时,端口就必须接受一次数据传输;如果 Avalon 总线模块将其置为无效时,端口就忽略除 reset 之外的其他信号。在与 read 或 write 信号联合使用时,chipselect 信号总是置为有效。

Avalon 从端口使用 chipselect 信号时,read 和 write 信号的行为遵循以下原则:

- 端口单独使用 read 或 write 信号。在这种情况下,read 信号有效,同时也表示 write 信号无效;同理,write 信号有效,同时也表示 read 信号无效。

- 端口同时使用 chipselect,read 和 write 信号。在这种情况下,chipselect 信号有效是 read 信号和 write 信号起作用的前提条件,若 chipselect 信号无效,Avalon 端口忽略除 reset 之外所有来自 Avalon 总线模块的其他信号,read 和 write 信号不起作用。

②Avalon 从端口不使用 chipselect 信号

端口单独使用 read 或 write 信号来开始一次新的数据传输。Avalon 总线将 read 信号或 write 信号置为有效来开始一次新的数据传输，若 read 信号和 write 信号都被置为无效，那么 Avalon 端口将在这个总线时钟周期内处于空闲状态。Avalon 总线模块不能将 read 信号和 write 信号同时置为有效。

为了便于理解，本书在讨论 Avalon 传输时，将每一次数据传输视为一个独立的事件，而在实际系统中并不是这样。例如，一次从端口读数据传输已经结束，而在下一个总线时钟周期，这个 Avalon 从端口又要进行另一次读传输，那么 chipselect 信号和 read 信号将在下一个总线周期仍然保持有效。

③byteenable，writebyteenable 信号

当一次写传输操作向一个 Avalon 从端口写入的数据宽度超过 8 b 时，Avalon 总线模块将 byteenable 信号置为有效，以指定写入哪个字节段。32 位的从端口 byteenable 信号低四位含义如表 3.5 所示。byteenable 的每一位对应 writedata 的一个字节段。

表 3.5　32 位的从端口 byteenable 信号

byteenable[3..0]	写操作
1111	全 32 位写操作
0011	2 个低字节的写操作
1100	2 个高字节的写操作
0001	字节 0 的写操作
0010	字节 1 的写操作
0100	字节 2 的写操作
1000	字节 3 的写操作

writebyteenable 信号是 byteenable 和 write 的逻辑与。Avalon 从端口可以单独使用 writebyteenable 信号来代替 byteenable 信号和 write 信号，以识别一次写传输的开始，并指定写入哪个字节段。

④begintransfer 信号

任意从端口都可以使用 begintransfer 输入信号，它为一次新的 Avalon 从端口传输提供了易于理解的标志。在每次 Avalon 从端口传输的第一个总线时钟周期，Avalon 总线模块将 begintransfer 信号置为有效。begintransfer 信号的用途是由外设决定的。例如，一个外设的内部逻辑可以用它来准确地识别一次 Avalon 从端口传输的开始，由于 address，read，write 和 chipselect 信号在一次 Avalon 从端口传输开始时不一定会变化，所以它们并不能取代 begintransfer 信号来完成这个功能。

⑤irq，reset，clk，waitrequest 信号

1. 从端口基本读传输

基本的从端口读传输是所有其他 Avalon 从端口读传输的参考点。它不包含 Avalon 规范允许的任何传输特性。

从端口基本读传输由 Avalon 交换架构发起，然后从端口向 Avalon 交换架构传输一个数

据单元,数据单元的宽度是外设数据端口的宽度。传输在一个时钟周期内完成。总线传输开始于一个时钟上升沿,并在下一个时钟上升沿结束。在 clk 的第一个上升沿,Avalon 交换架构向从端口传递 address,byteenable 和 read 信号。Avalon 交换架构模块内部对 address 进行译码,产生并驱动从端口的 chipselect 信号。一旦 chipselect 信号有效,从端口在数据有效时立即驱动 readdata 输出。最后,Avalon 交换架构模块在下一个时钟上升沿捕获 readdata。对在一个时钟周期完成的传输,从端口在 clk 的下一个上升沿之前必须立即输出被寻址的内容到 Avalon Switch Fabric。从端口基本读传输时序图如图 3.4 所示。

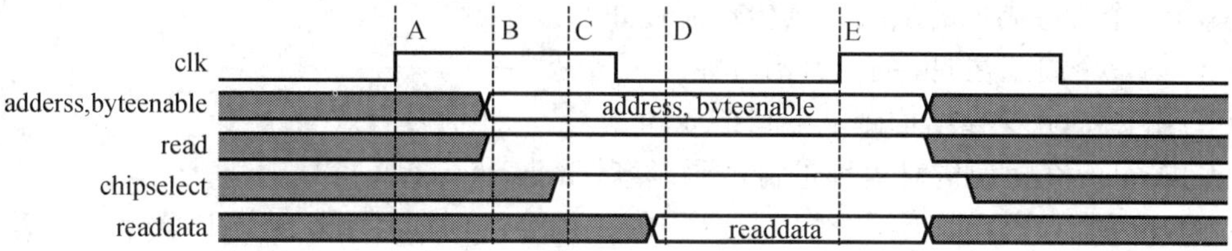

图 3.4 从端口基本读传输时序图

从端口基本读传输流程如下:

(A)第一个时钟周期在 clk 的上升沿开始。

(B)由 Avalon 交换结构到从端口的 address 和 read 信号有效。

(C)Avalon 交换结构对地址译码,并发出 chipselect 信号。

(D)从端口在第一个周期内返回有效的数据。

(E)Avalon 交换结构在下一个时钟上升沿捕获数据,读传输完成。下一个时钟周期开始,下一个传输也可以在此开始。

基本读传输只适用于异步的从外设,例如异步存储器芯片。从外设必须在外设被选中或地址变化时立即向 Avalon 交换架构提供数据。为使传输正常工作,readdata 的输出必须在下一个时钟上升沿之前有效且稳定。

锁存 Avalon 输入或输出信号的同步外设必须使用等待状态和/或流水特性。片上外设典型地采用同步的、带锁存的接口,它至少需要一个时钟周期(即一个等待状态)来捕获address。

2. 具有固定/可变等待周期的从端口读传输

具有一个等待周期的从端口读传输时序图如图 3.5 所示。具有固定等待周期的从端口读传输使用的信号与基本读传输使用的相同,只是从片选有效到从端口必须提供有效的 readdata 信号之间的时钟周期数不同。具有等待周期的从端口读传输适用于不能在一个时钟周期内提供数据的外设。例如,若指定了一个等待周期,则 Avalon 交换架构模块在提供了有效的地址和使片选信号有效后,会等待一个时钟周期再捕获外设的数据。Avalon 交换架构模块在每次读传输时都会等待固定数量的周期。

Avalon 交换架构模块在第一个周期中提供 address,byteenable,read 和 chipselect 信号。由于具有等待周期,外设不必在第一个周期内提供 readdata。第一个周期是第一个(也是唯一的一个)等待周期。在第二个周期期间,从端口向 Avalon 交换架构模块提供 readdata。在第三个也是最后一个时钟上升沿,Avalon 交换架构捕获来自从端口的 readdata 并结束总线传输。

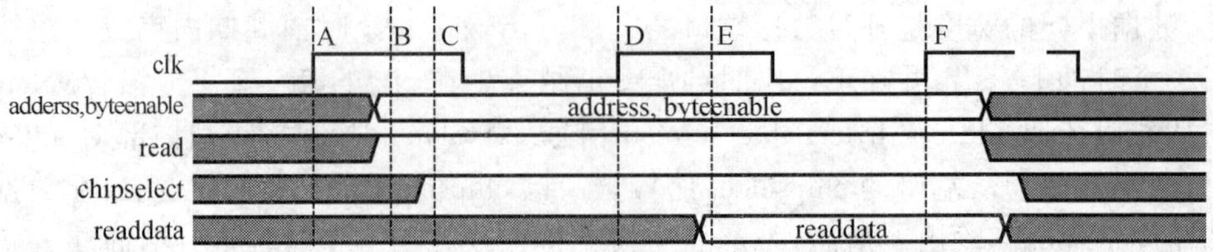

图 3.5 具有一个等待周期的从端口读传输时序图

具有一个等待周期的从端口读传输流程如下：

(A)第一个周期在 clk 的上升沿开始。

(B)由 Avalon 交换结构到从端口的 address 和 read 信号有效。

(C)Avalon 交换架构对地址进行译码，然后驱动 chipselect 信号。

(D)clk 的上升沿标记第一个也是唯一的一个等待周期结束。从端口在这个上升沿捕获 address，byteenable，read 和 chipselect 信号。

(E)从端口在第二个周期提供有效的 readdata。

(F)Avalon 交换架构在时钟的上升沿捕获 readdata，传输结束。下一次传输可以在此开始。

具有一个等待周期的从端口读传输通常用于片内同步外设，外设可在 clk 上升沿捕获地址和控制信号，这使得目标外设具有至少一个完整的总线周期来向 Avalon 交换架构模块提供返回数据。

具有多个等待周期的从端口读传输与一个等待周期的情况类似。具有可变等待周期的从端口读传输时序图如图 3.6 所示。

具有可变等待周期的从端口读传输，允许 Avalon 从端口根据从外设准备有效数据的总线时钟周期数，将 Avalon 总线模块挂起足够的时间。具有可变等待周期的从端口读传输要求从端口使用 waitrequest 输出信号。Avalon 总线模块没有超时机制来限制从端口将 Avalon 总线模块挂起的时间无法限制，当 Avalon 总线模块被挂起，就有一个相应的 Avalon 主端口被挂起。如果从端口将 Avalon 总线模块永久地挂起，就有一个相应的主外设被永久停止。因此，外设必须保证避免这种情况。

如果具有等待周期的端口既进行读传输，又进行写传输，那么这个端口就必须在读写传输中使用可变的等待周期。因为在向读传输中插入 n 个等待周期的同时也向写传输中插入了 n 个等待周期，而这可能是没有必要的。

如果一个从端口使用具有可变等待周期的传输操作，那么它就不能具有建立时间和保持时间。在大多数情况下，外设可以在片内同步产生 waitrequest 信号，这样一来，建立时间和保持时间就是多余的。

在第一个总线时钟周期，Avalon 总线模块向外设传递 address，byteenable 和 read 信号。在 Avalon 总线内部对 address 进行译码，以驱动 chipselect 信号。从端口必须在第一个总线时钟周期内置 waitrequest 信号有效，Avalon 总线模块被挂起。此时，地址和控制信号保持有效，Avalon 总线模块不能捕获数据。在从端口将 waitrequest 信号置为无效后的第一个总线时钟上升沿，Avalon 总线模块捕获数据，从端口读传输结束。

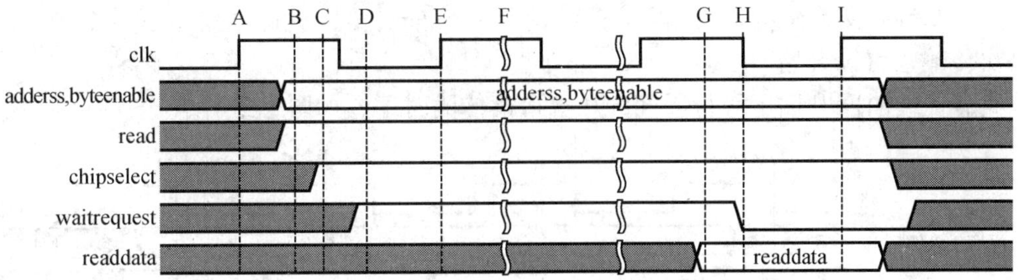

图 3.6 具有可变等待周期的从端口读传输时序图

具有可变等待周期的从端口读传输流程如下:

(A)第一个周期在 clk 的上升沿开始。

(B)Avalon 交换架构发出地址和 read 信号。

(C)Avalon 交换架构对地址进行译码,然后驱动 chipselect 信号。

(D)从端口在下一个 clk 的上升沿前置 waitrequest 信号有效。

(E)Avalon 交换架构在 clk 的上升沿采样 waitrequest, waitrequest 是有效的,所以在此时钟沿 readdata 没被捕获。

(F)waitrequest 可能会持续一个不确定数目的周期。

(G)从端口提供有效的 readdata。

(H)从端口置 waitrequest 无效。

(I)Avalon 交换架构在下一个 clk 的上升沿捕获 readdata,读传输就此结束。下一个周期在此开始,另一次传输也可由此开始。

3. 具有建立时间和固定等待周期的从端口读传输

具有建立时间的从端口读传输所用的信号与基本从端口读传输一样,只是时序不同。有些外设要求在 address 和 chipselect 信号有效后,将这些信号保持稳定一段时间,然后将 read 信号置为有效,这段时间称为建立时间。Avalon 总线支持外设对建立时间的要求。

具有建立时间的从端口读传输通常适用于片外外设。一个从外设若具有建立时间,那么就意味着这个从端口的读传输和写传输都具有相同的建立时间。在同一个外设内,建立时间不能与可变等待周期共存。

若一个外设具有 N 个总线时钟周期的建立时间,那就意味着在 address 和 chipselect 信号有效后,需要等待 N 个总线周期再将 read 信号置为有效。若在一次从端口写传输中,外设要求 2 个时钟周期的建立时间、3 个时钟周期的固定等待时间,再加上一个时钟周期来捕获数据,那么这次从端口写传输将需要 6 个总线时钟周期来完成。

具有建立时间和固定等待周期的从端口读传输流程如下:

(A)传输在 clk 的上升沿开始,第一个(也是唯一的)建立时间的周期在此开始。

(B)Avalon 交换架构发出有效的 address 和 byteenable,但保持 read 无效。

(C)Avalon 交换架构对地址译码,并发出 chipselect 信号。

(D)建立时间的周期在 clk 的上升沿结束,等待周期开始。

(E)Avalon 交换架构置 read 有效。

(F)clk 的上升沿标志等待周期的结束。

(G)从端口提供有效的 readdata。

(H)Avalon 交换架构在 clk 的上升沿捕获 readdata,传输就此结束。下一个周期开始,另一次传输也可以开始。

具有建立时间和固定等待周期的从端口读传输时序图如图 3.7 所示。

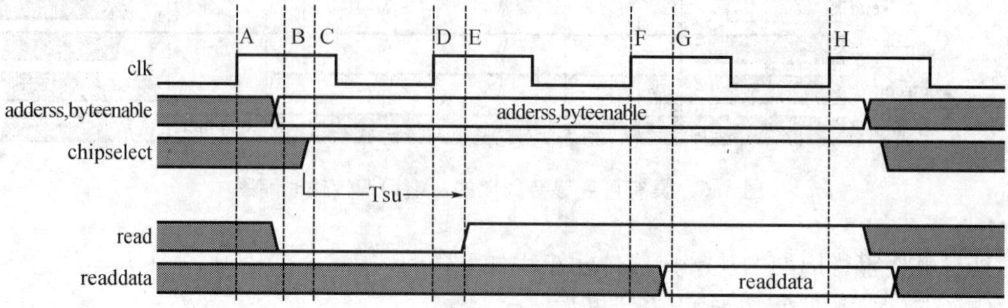

图 3.7　具有建立时间和固定等待周期的从端口读传输时序图

4. 从端口基本写传输

从端口基本写传输是 Avalon 总线规范定义的一种不具有任何总线传输特性的从端口写传输,它是所有其他 Avalon 从端口写传输的参考标准。基本从端口写传输由 Avalon 总线模块发起,每次从 Avalon 总线模块向 Avalon 从端口传输一个数据单元。一次基本从端口写传输在一个总线时钟周期内完成。

当 writedata 信号比一个字节宽时,字节使能信号 byteenable 可以指定写入特定的字节段。byteenable 是一组信号线,每一位对应 writedata 的一个字节段。如果外设是片外的 16 位或 32 位存储器,一般应该使用 byteenable 信号。

基本从端口写传输通常适用于在一个总线时钟周期内捕获数据的同步片上外设,若在一个总线时钟周期内无法捕获数据,则需要插入等待周期。基本从端口写传输也不适用于异步外设。

从端口基本写传输时序图如图 3.8 所示。Avalon 总线模块向从端口传递 address,byteenable,write 和 writedata 信号。在 Avalon 总线内部对 address 进行译码,以驱动 chipselect 信号。从端口在下一个时钟上升沿捕获地址、数据和控制信号,写传输在一个时钟周期内结束。

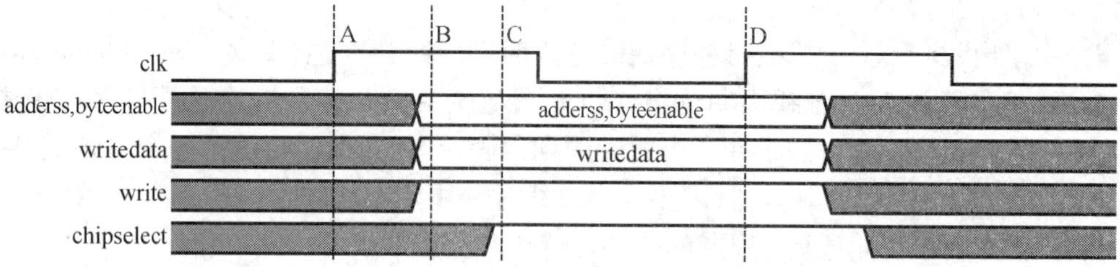

图 3.8　从端口基本写传输时序图

从端口基本写传输流程如下:

(A)第一个周期在 clk 的上升沿开始。

(B)Avalon 交换架构发出有效的 writedata,address,byteenable 和 write 信号。

(C)Avalon 交换架构对地址译码,并且发送 chipselect 给从端口。

(D)从端口在 clk 的上升沿捕获 writedata,address,write,byteenable 和 chipselect。写传

输结束。下一个周期开始,另一次传输也可以开始。

5. 具有固定/可变等待周期的从端口写传输

如果外设无法在一个总线时钟周期内捕获地址和数据等信号,则需要插入等待周期。与从端口读传输一样,插入等待周期降低了从端口的最大数据吞吐量,本节以具有一个等待周期的从端口写传输为例,在等待周期内,Avalon 总线模块要保持 chipselect, address, byteenable, write 和 writedata 信号有效。

具有固定等待周期的从端口写传输时序图如图 3.9 所示。Avalon 总线模块向从端口传递 address, byteenable, write 和 writedata 信号。在 Avalon 总线内部对 address 进行译码,以驱动 chipselect 信号。在等待周期内,这些信号保持稳定。从端口在等待周期结束后的第一个时钟上升沿捕获数据,从端口写传输结束,Avalon 总线模块将 chipselect, address, byteenable, write 和 writedata 信号置为无效。

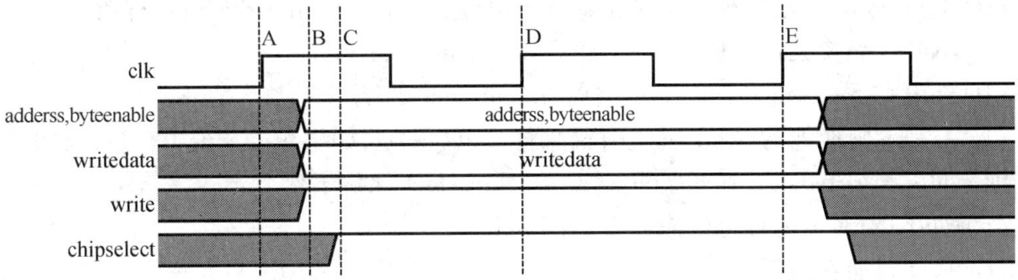

图 3.9 具有固定等待周期的从端口写传输时序图

具有固定等待周期的从端口写传输流程如下:

(A) 第一个周期在 clk 的上升沿开始。

(B) 来自 Avalon 交换架构的 writedata, address, byteenable 和 write 有效。

(C) Avalon 交换架构对地址译码,发出 chipselect。

(D) 第一个等待周期在 clk 的上升沿结束,所有来自 Avalon 交换架构的信号保持不变。

(E) 从端口在 clk 的上升沿或上升沿之前捕获 writedata, address, byteenable, write 和 chipselect,写传输结束。下一个周期开始,另一次传输也可开始。

与具有可变等待周期的从端口读传输一样,具有可变等待周期的从端口写传输,允许 Avalon 从端口根据从外设捕获数据的总线时钟周期数,将 Avalon 总线模块挂起一段时间。其原理及注意事项与具有可变等待周期的从端口读传输一样,这里就不再赘述了。

具有可变等待周期的从端口写传输时序图如图 3.10 所示。Avalon 总线模块向从端口传递 address, byteenable, write 和 writedata 信号。在 Avalon 总线内部对 address 进行译码,以驱动 chipselect 信号。为了获得等待周期,必须在下一个时钟上升沿之前将 waitrequest 信号置为有效,在可变的等待周期内, chipselect, address, byteenable, write 和 writedata 信号保持稳定。当从端口将 waitrequest 信号置为无效后,等待周期结束,从端口在下一个时钟上升沿捕获数据,从端口写传输结束,Avalon 总线模块将 chipselect, address, byteenable, write 和 writedata 信号置为无效。

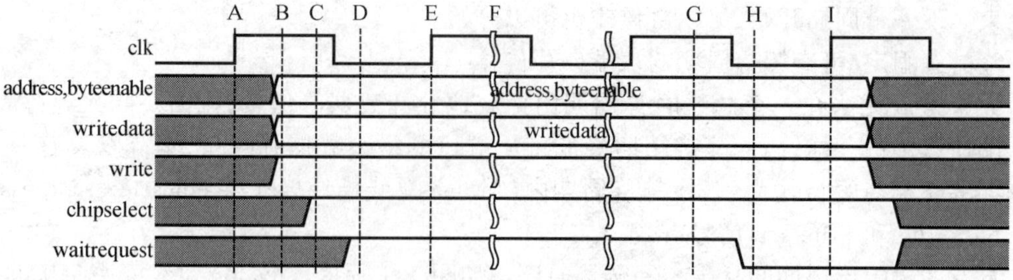

图 3.10 具有可变等待周期的从端口写传输时序图

具有可变等待周期的从端口写传输流程如下：

(A)第一个周期在 clk 的上升沿开始。

(B)来自 Avalon 交换架构的 address,writedata,byteenable 和 write 信号有效。

(C)Avalon 交换架构对地址译码,然后发出 chipselect。

(D)外设在下一个 clk 的上升沿之前置 waitrequest 有效。

(E)Avalon 交换架构在 clk 的上升沿采样 waitrequest,如果 waitrequest 有效,周期成为等待周期,address,writedata,byteenable,write 和 chipselect 保持不变。

(F)waitrequest 可能保持任意多个周期有效。

(G)从端口捕获数据。

(H)从端口置 waitrequest 无效。

(I)写传输在下一个 clk 的上升沿结束。下一个周期可进行另一次的传输。

6. 具有建立时间和保持时间的从端口写传输

具有建立时间和保持时间的从端口写传输所用的信号与基本从端口写传输一样,只是时序不同。有些外设要求在 address,byteenable,writedata 和 chipselect 信号有效后,需要将这些信号保持稳定一段时间,然后将 write 信号置为有效,这段时间称为建立时间。同理,在 write 信号失效后,address,byteenable,writedata 和 chipselect 信号保持稳定并且有效的时间称为保持时间。

具有建立时间和保持时间的从端口写传输通常适用于片外外设。一个从外设若具有建立时间或保持时间,那么就意味着这个从端口的读传输和写传输都具有相同的建立时间或保持时间。在同一个外设内,建立时间和保持时间不能与可变等待周期的特性共存。

若一个外设具有 M 个总线时钟周期的建立时间和 N 个总线时钟周期的保持时间,那就意味着在 address,byteenable,writedata 和 chipselect 信号有效后,需要等待 M 个总线周期再将 write 信号置为有效,并且在 write 信号失效后,address,byteenable,writedata 和 chipselect 信号还要保持 N 个总线周期有效。若在一次从端口写传输中,外设要求 2 个总线时钟周期的建立时间,3 个总线时钟周期的保持时间,2 个总线时钟周期的固定等待时间,再加上 1 个总线时钟周期来捕获数据,那么这次从端口写传输将需要 8 个总线时钟周期来完成。

具有建立时间和保持时间的从端口写传输流程如下：

(A)第一个周期在 clk 的上升沿开始。

(B)Avalon 交换架构发出 address,byteenable 和 writedata 信号,但保持 write 信号无效。

(C)Avalon 交换架构对地址译码,然后发出 chipselect 信号。

(D)clk 的上升沿标志建立时间的周期结束。

(E) Avalon 交换架构置 write 有效。

(F) Avalon 交换架构在下一个 clk 的上升沿之后置 write 无效，保持周期开始，address，byteenable，writedata 和 chipselect 保持不变。

(G) Avalon 交换架构在下一个 clk 的上升沿置 address，byteenable，writedata 和 chipselect 无效，写传输结束。

具有建立时间和保持时间的从端口写传输时序图如图 3.11 所示。

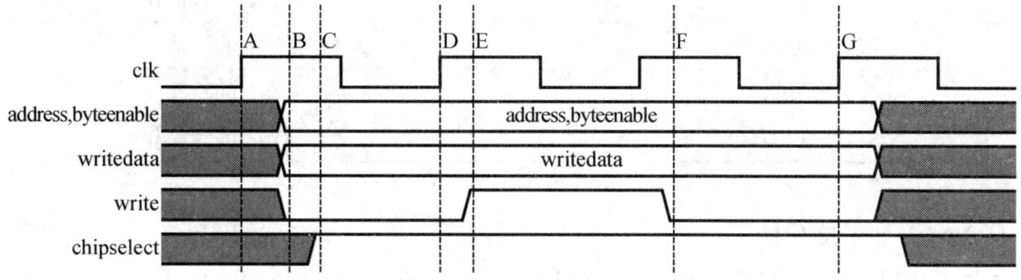

图 3.11　具有建立时间和保持时间的从端口写传输时序图

3.3.2　Avalon 主端口传输

主端口传输常用的信号如下：

(1) waitrequest 信号

waitrequest 信号是 Avalon 主端口的输入信号，用来通知主端口 Avalon 总线模块还没有准备好进行数据传输。主端口使用一些信号来发起传输，然后等待并观察 waitrequest 信号，当 waitrequest 信号被置为无效时，才能继续数据传输，这条法则适用于所有的 Avalon 主外设。

(2) address 信号

一个 Avalon 主端口提供的地址都是与主端口上完整数据单元的边界对齐的，而完整数据单元的宽度依赖于主端口的数据宽度。对于一个 32 位的主端口，它所提供的地址都与 4 个字节的地址边界对齐，如 0x00，0x04，0x08，0x0C…在这种情况下，Avalon 总线模块忽略 address 信号的低两位。如果要对一个字里面的某个字节进行操作，就必须用 byteenable 信号。

(3) readdata，writedata 信号

readdata 和 writedata 是在数据传输中负责传送数据的主端口信号。一个 Avalon 从端口可以使用这两个信号中的一个或两个，也可以一个都不使用。这两个信号的宽度为 8 b，16 b，32 b，64 b，128 b(2 的整数次幂)。如果一个主端口同时使用 readdata 和 writedata 信号，那么这两个信号的宽度必须相等。

(4) read，write 信号

当主端口要发起一次读传输或写传输时，就向 Avalon 总线模块输出 read 信号或 write 信号，它们都是单比特的信号。

(5) byteenable 信号

在进行写传输时，若 Avalon 主端口的宽度超过 8 b，就使用 byteenable 信号来指定写入哪个字节。32 位的主端口 byteenable 信号低四位含义如表 3.6 所示。

表 3.6　32 位主端口 byteenable 信号

byteenable[3..0]	写操作
1111	全 32 位写操作
0011	2 个低字节的写操作
1100	2 个高字节的写操作
0001	字节 0 的写操作
0010	字节 1 的写操作
0100	字节 2 的写操作
1000	字节 3 的写操作

1. 主端口基本读传输

主端口基本读传输是其他所有主端口读传输的基础。它不包含 Avalon 规范允许的任何传输特性。基本主端口读传输由主外设发起,从 Avalon 交换架构传输一个单元数据到主端口。在最快的情况下,传输在一个周期内结束。若 readdata 还未准备好,则 Avalon 交换架构使设置一个等待请求并使主端口暂停。当 Avalon 交换架构使等待请求无效时。主端口捕获 readdata,传输结束。

如果 Avalon 交换架构使 waitrequest 有效 N 个周期,则传输总共需要 $N+1$ 个周期,Avalon 交换架构并不为主端口提供一个时限机制,只要 waitrequest 保持有效,主端口就必须暂停。

主端口读传输开始于 clk 的上升沿。在第一个 clk 期间,主端口设置 address 和 read 有效。如果 Avalon 交换架构不能在第一个周期内提供 readdata,它会在下一个 clk 上升沿之前设置 waitrequest 有效。如果主端口在 clk 上升沿发现 waitrequest 有效,则它会等待。主端口必须使所有输出信号保持不变,直到 waitrequest 失效后的下一个 clk 上升沿。在 waitrequest 无效后,主端口在 clk 的下一个上升沿捕获 readdata,并使 address 和 read 无效。主端口可在下一个总线周期立即发起另一次传输。

主端口基本读传输时序图如图 3.12 所示。图中,Avalon 交换架构不设置 waitrequest 有效。读传输在一个总线周期内结束。

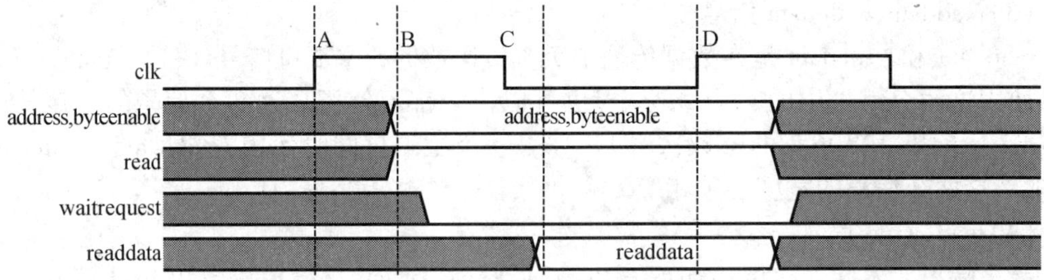

图 3.12　主端口基本读传输时序图

主端口基本读传输流程如下:

(A)第一个周期在 clk 的上升沿开始。

(B)主端口发出有效的 address,byteenable 和 read 信号。

(C)在第一个周期内从 Avalon 交换架构返回有效的 readdata。

(D)主端口在下一个 clk 的上升沿捕获 readdata,并且置所有输出无效。主端口的读传输结束。另一次传输可在下一个周期开始。

2. 具有等待周期的主端口读传输

具有等待周期的主端口读传输时序图如图 3.13 所示。

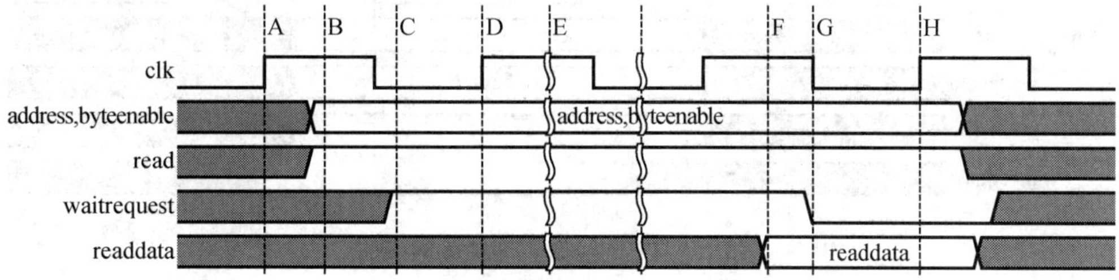

图 3.13 具有等待周期的主端口读传输时序图

具有等待周期的主端口读传输流程如下:

(A)第一个周期在 clk 的上升沿开始。

(B)主端口发出有效的 address,byteenable 和 read 信号。

(C)Avalon 交换架构在下一个 clk 的上升沿置 waitrequest 有效。

(D)主端口在 clk 的上升沿接受 waitrequest。这个周期称为等待周期。

(E)只要 waitrequest 有效,主端口保持其所有输出不变。

(F)Avalon 交换架构返回有效的 readdata。

(G)Avalon 交换架构置 waitrequest 无效。

(H)主端口在下一个 clk 的上升沿捕获 readdata,并且置其所有的输出无效。读传输结束。另一次传输可以在下一个周期开始。

3. 主端口基本写传输

主端口基本写传输是其他所有主端口写传输的基础。它不包含任何 Avalon 规范允许的传输特性。主端口基本写传输由主外设发起,从主端口传输一个单元数据到 Avalon 交换架构。如果 Avalon 交换架构不能立即捕获数据,则 Avalon 交换架构便设置一个等待请求并使主端口暂停。在最快的情况下,Avalon 交换架构不设置 waitrequest 有效,传输在一个周期内结束。

如果 Avalon 交换架构使 waitrequest 有效 N 个周期,则传输总共需要($N+1$)个周期,Avalon 交换架构并不为主端口提供一个时限机制,只要 waitrequest 保持有效,主端口必须暂停。

如果 writedata 超过一个字节宽,则主端口使用 byteenable 信号写 writedata 中指定的字节。如果主端口不使用 byteenable 信号,则对来自主端口的所有写传输,Avalon 交换架构总是使所有字节段有效。

主端口写传输开始于 clk 的上升沿。在第一个 clk 上升沿之后,主端口立即设置 address,writedata 和 write 有效。如果数据不能在第一个周期内被捕获,则 Avalon 交换架构会在 clk 的下一个上升沿之前设置 waitrequest 有效。主端口必须使 address,writedata 和 write 保持不变,直到 waitrequest 失效后的下一个 clk 上升沿。在 waitrequest 失效后,主端口在下一个 clk 上升沿使 address,writedata 和 write 无效。主端口可在下一个周期发起另一次传输。

主端口基本写传输时序图如图 3.14 所示。在该例中,Avalon 交换架构未设置 waitrequest 信号有效,写传输在一个周期内结束。

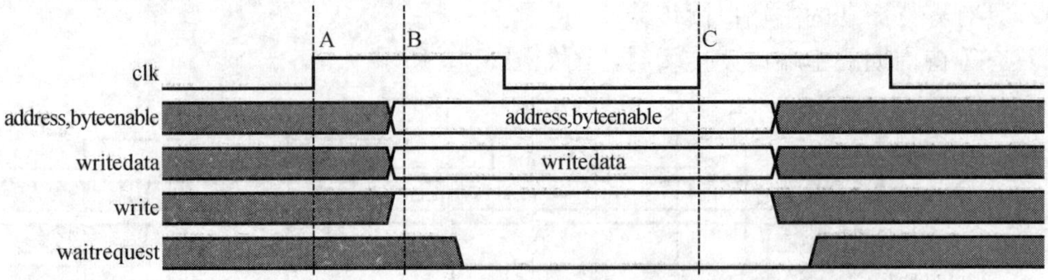

图 3.14　主端口基本写传输时序图

主端口基本写传输流程如下:

(A)写传输在 clk 的上升沿开始。

(B)主端口发出有效的 address,byteenable,writedata 和 write 信号。

(C)在 clk 的上升沿 waitrequest 是无效的,所以写传输结束。另一次传输可以在下一个周期接着开始。

4. 具有等待周期的主端口写传输

具有等待周期的主端口写传输时序图如图 3.15 所示。

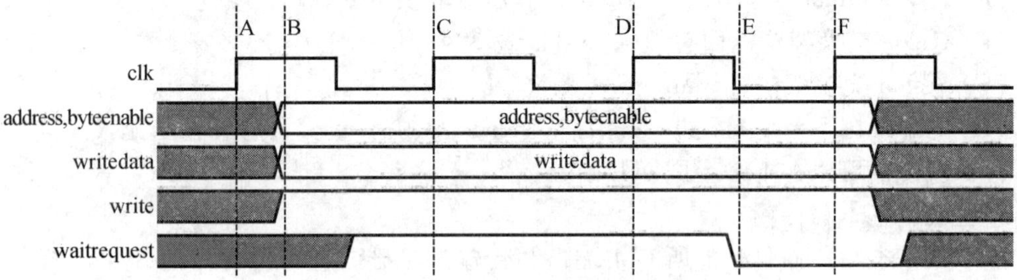

图 3.15　具有等待周期的主端口写传输时序图

具有等待周期的主端口写传输流程如下:

(A)第一个周期在 clk 的上升沿开始。

(B)主端口发出有效的 address,writedata 和 write 信号。

(C)waitrequest 在 clk 的上升沿被置为有效,所以该周期变成第一个等待周期。主端口保持所有的输出不变。

(D)waitrequest 在 clk 的上升沿再次被置为有效,所以该周期成为第二个等待周期。主端口保持所有的输出不变。

(E)Avalon 交换架构置 waitrequest 无效。

(F)在 clk 的上升沿 waitrequest 是无效的,所以主端口置所有的输出无效,写传输结束。另一个读或写传输可以在下一个周期开始。

主端口的等待周期、建立时间和保持时间属性:

①等待周期:Avalon 主端口使用 waitrequest 信号接收 Avalon 交换架构的不确定等待周期。Avalon 主端口被动地支持可变的等待周期,主端口不支持固定的等待周期。

②建立时间和保持时间:Avalon 主端口不使用建立和保持时间属性;若一个目标从外设有建立和/或保持时间属性,Avalon 交换架构管理该主从端口对的信号时序的转换。

3.3.3 Avalon 流水线传输

Avalon 流水线传输类型如图 3.16 所示。

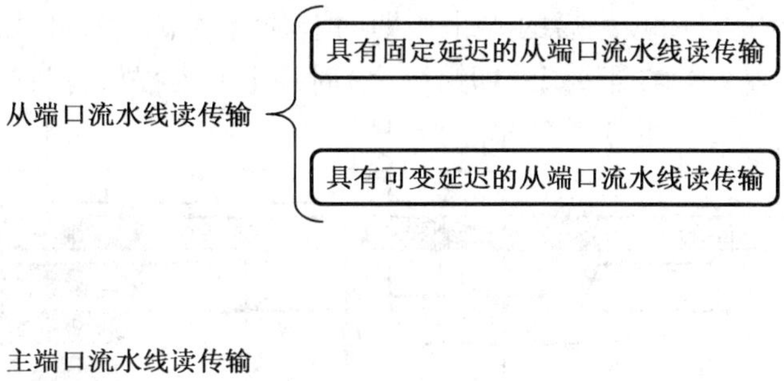

图 3.16 Avalon 流水线传输类型

有些同步的 Avalon 从外设响应第一次传输需要经过几个总线时钟周期,但此后的每一个时钟周期都能返回有效数据。如果这样的外设采用流水线传输模式,就能增大外设的数据传输带宽。流水线传输模式允许 Avalon 端口在返回有效数据之前开始下一次传输。只有流水线读传输模式,不存在流水线写传输操作。

一次流水线读传输可以分为两个阶段:地址阶段和数据阶段。在地址阶段,一个主端口通过投递地址来发起一次传输;相应的从端口在数据阶段返回有效数据来响应这次传输。在前一次传输的数据阶段结束之前(即从端口返回有效数据之前),就可以开始下一次传输的地址阶段。数据阶段所持续的时间称为流水线延迟。

地址阶段所持续的时间决定了端口的吞吐量,地址阶段越长,吞吐量越小。而数据阶段只反映了从端口返回第一个有效数据所需要的时间。这就是等待周期和流水线延迟对流水线传输时序的影响的关键区别。

①等待周期:从外设的等待周期决定了地址阶段的长度,从而也决定了最大吞吐量。例如,一个从端口需要一个等待周期来提供有效数据,那么该端口完成一次传输至少需要两个总线时钟周期。

②流水线延迟:流水线延迟可以是固定的,也可以是可变的,它决定了数据阶段的长度,与地址阶段无关。例如,一个带流水线延迟的无等待周期的从外设可以在每个总线时钟周期都开始一次传输,而返回第一个有效数据以响应第一次传输所需要的几个总线时钟周期的延迟对此并无影响。

1. 具有固定延迟的从端口流水线读传输

具有固定延迟的从端口流水线读传输时序图如图 3.17 所示。来自 Avalon 交换架构的地址和控制信号被捕获后,流水从端口需要一个或几个周期来产生数据。从端口捕获地址后,甚至在上一次传输的有效的读数据返回之前,Avalon 交换架构可能立即发起一次新的传输。于是,在某个时间,流水从端口可能有多个传输正等待完成。用于具有固定延迟流水传输的信号与用于基本读传输的信号是一样的,不同点是地址和数据阶段的信号时序。

除了 readdata 信号以外,在地址阶段的信号和时序与基本传输相同。在地址阶段,从端口能使用等待状态。等待状态(如果有)完成后,地址阶段在 clk 的下一个上升沿结束。到地址阶段的最后一个时钟沿,从端口必须捕获 address。在地址阶段,从端口不设置 readdata 有效。地址阶段完成后,Avalon 交换架构能立即发起一次新的传输。

在数据阶段,外设需要多个时钟周期处理地址,固定延迟后,给出 readdata。若外设有 N 个读延迟,地址阶段结束后,则从端口必须在 clk 的第 N 个上升沿提供有效的 readdata。数据阶段和整个传输在地址阶段之后的 N 个周期的上升沿结束。例如,如果从端口的读延迟为 1,则捕获地址后,从端口在下一个(即第一个)时钟上升沿提供有效的 readdata。

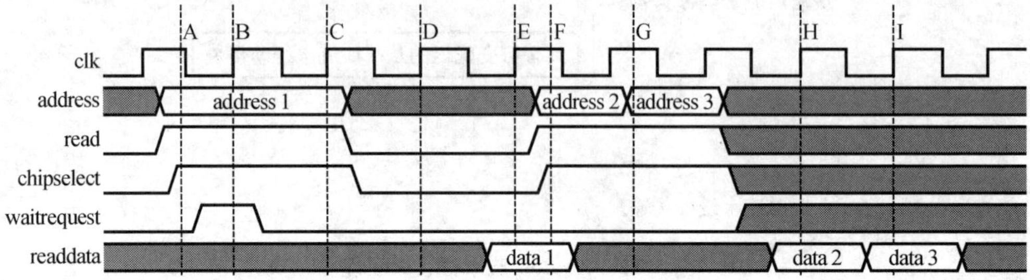

图 3.17　具有固定延迟的从端口流水线读传输时序图

具有固定延迟的从端口流水线读传输流程如下所示。

(A)Avalon 交换架构通过提供新传输的地址阶段的 chipselect,read 和 address 信号,发起一次读传输。

(B)从端口置 waitrequest 有效,Avalon 交换架构保持 chipselect,read 和 address 不变。

(C)从端口在 clk 的上升沿置 waitrequest 无效,捕获 address。地址阶段结束,数据阶段开始。

(D)第一个延迟周期在 clk 的上升沿结束。

(E)第二个延迟周期在 clk 的上升沿结束。从端口提供有效的 readdata,传输结束。这个 clk 的上升沿也标志着新的读传输的开始。

(F)Avalon 交换架构发出新传输的 address,read 和 chipselect 信号。

(G)Avalon 交换架构在下一个周期内,在前一次的传输的数据返回之前发起另一次的读传输。

(H)Avalon 交换架构在两个延迟周期之后捕获 readdata。

(I)Avalon 交换架构在两个延迟周期之后捕获 readdata。

2. 具有可变延迟的从端口流水线读传输

具有可变延迟的从端口流水线读传输时序图如图 3.18 所示。具有可变延迟的从端口流水读传输允许在一个可变延迟周期后,从端口返回有效的 readdata。具有可变延迟的从端口使用一个另外的信号 readdatavalid,它标志从端口何时提供有效的数据到 Avalon 交换架构。一位输出信号 readdatavalid 定义一个具有可变延迟的进行流水读传输的从端口。

地址阶段与具有固定延迟的流水从端口读传输相同。地址阶段之后,具有可变延迟的流水从端口能在可变的周期内返回有效的 readdata。当外设准备返回有效数据时,它同时设置 readdata 和 readdatavalid 有效,保持信号有效直到 clk 的下一个上升沿。Avalon 交换架构在这个时钟沿捕获 readdata 和 readdatavalid,数据阶段(和整个传输)结束。

从端口必须按照与接收的地址的同样顺序返回 readdata。可变延迟的流水从端口必须在地址阶段结束后至少一个周期之后返回 readdata。可变延迟的流水从端口通常使用可变的等待状态。实际上，一个流水从端口只能处理有限数量的挂起的传输。从端口能设置 waitrequest 信号有效，暂停新的传输，直到它减少了挂起的传输数量。挂起的传输的最大数量由外设设计来决定。

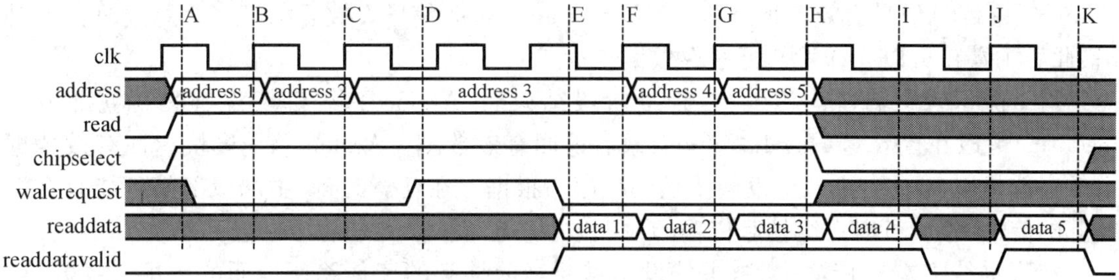

图 3.18　具有可变延迟的从端口流水线读传输时序图

具有可变延迟的从端口流水线读传输流程如下所示。

(A) Avalon 交换架构发出 address，read 和 chipselect 信号，发起一个读传输。

(B) Waitrequest 无效，在此 clk 的上升沿捕获 address1。

(C) Waitrequest 无效，在此 clk 的上升沿捕获 address2。

(D) 从端口已达到允许挂起的传输数的最大值。从外设在下一个 clk 的上升沿之前置 waitrequest 有效，使 Avalon 交换架构不能继续发出 address，read 和 chipselect 信号。

(E) 外设驱动有效的 readdata (data1) 并置 readdatavalid 有效，完成第一个挂起的传输的数据阶段。外设置 waitrequest 无效，因为它能在下一个 clk 的上升沿接受另一次挂起的传输。

(F) Avalon 交换架构在 clk 的上升沿捕获 data1。从外设在 clk 的上升沿捕获 address3。

(G) readdatavalid 有效，Avalon 交换架构在 clk 的上升沿捕获 data2。Avalon 交换架构发出 address，read 和 chipselect，外设捕获 address4。

(H) readdatavalid 有效，Avalon 交换架构在 clk 的上升沿捕获 data3。Avalon 交换架构发出 address，read，和 chipselect，外设捕获 address5。

(I) readdatavalid 有效，Avalon 交换架构在 clk 的上升沿捕获 data4。Avalon 交换架构置 chipselect 无效，结束传输的队列。

(J) readdatavalid 无效，Avalon 交换架构在此 clk 的上升沿不捕获数据。

(K) Avalon 交换架构在 clk 的上升沿捕获 data5，完成最后的挂起的读传输的数据阶段。

Avalon 流水线传输需注意的两个问题：

(1) 流水线从端口只能处理有限数量的挂起传输，可挂起传输根据从端口的传输 FIFO 容量设置，从端口可通过发送 waitrequest 信号来暂停新的传输，以防止数据溢出；

(2) 从外设在处理挂起的读传输的同时，Avalon 交换架构可以发起从端口写传输，若外设不能处理，必须发出 waitrequest 信号；若从外设接受了向挂起的读传输的相同地址执行的写传输，则挂起的读传输的值取决于外设的逻辑设计。

3. 主端口流水线读传输

主端口流水线读传输时序图如图 3.19 所示。流水线主端口读传输允许主端口在收到 Avalon 总线模块返回的有效数据之前发起下一次数据传输。流水线主端口读传输额外使用一个单比特的 readdatavalid 信号,Avalon 总线模块将这个信号置为有效,以通知主端口 Avalon 总线模块可以返回有效的数据。

除 readdata 信号外,流水线主端口读传输的时序在地址阶段与基本 Avalon 主端口读传输相同。在 waitrequest 信号有效的时间内,Avalon 主端口必须保持 read,address 和 bvteen-able(如果存在)信号有效。地址阶段结束于 waitrequest 信号失效后的第一个总线时钟上升沿,此后主端口可以立即发起下一次数据传输。

对于流水线主端口读传输,在地址阶段结束后,Avalon 总线模块没有必要立即返回 readdata,可以在置 readdatavalid 信号有效后返回有效数据。Avalon 总线模块返回有效数据的顺序总是以 Avalon 主端口发起传输的顺序为根据。在任意时刻,主端口上都可能有多个挂起的传输,外设可以设定挂起传输的最大数目。

在流水线主端口传输中,若主外设不需要当前挂起的读传输所返回的数据,主端口可以选择使用 flush 信号来清空当前挂起的操作。例如,一个用于读取 CPU 指令的流水线主端口可以发起多个读传输来预取指令,但是如果遇到了转移指令,所有挂起的预取指令都失效。主端口可以在 clk 上升沿置 flush 信号有效来清除所有挂起的传输。readdatavalid 被置为无效直至 readdata 信号可以返回一个新的有效数据。在置 flush 信号有效的同时,主端口也可以发起一次新的传输。在这种情况下,响应这次传输的数据成为 readdata 信号返回的下一个有效数据。

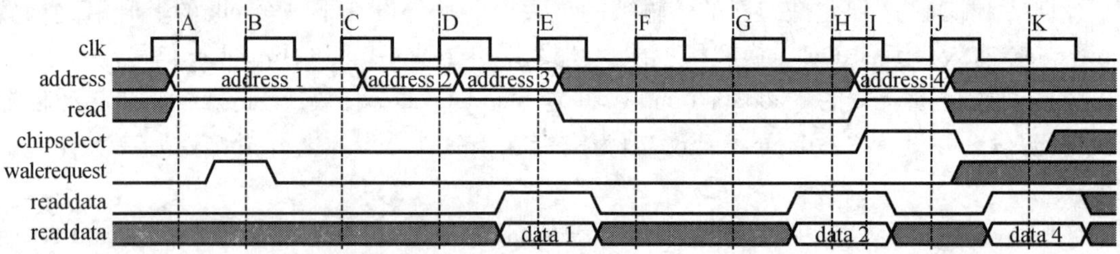

图 3.19　主端口流水线读传输时序图

主端口流水线读传输流程如下:

(A)主端口提供新传输地址阶段的 address 和 read 信号发起一次读传输。

(B)Avalon 交换架构置 waitrequest 有效,主端口等待,保持 address 和 read 一个周期。

(C)Avalon 交换架构置 waitrequest 无效,在 clk 的上升沿捕获 address。readdatavalid 无效,主端口不捕获 readdata。

(D)Avalon 交换架构在 clk 的上升沿捕获一个新的 address。readdatavalid 无效,主端口不捕获 readdata。

(E)Avalon 交换架构在 clk 的上升沿捕获 address。readdatavalid 有效,主端口捕获有效的 readdata。

(F)readdatavalid 无效,主端口不捕获 readdata。

(G)readdatavalid 无效,主端口不捕获 readdata。

(H)readdatavalid 有效,主端口捕获有效的 readdata。

(I)主端口提供新传输的 address 和 read 信号。同时置 flush 信号,忽略不需要的挂起传输。

(J)readdatavalid 无效,主端口不捕获 readdata。因主端口发出 flush 信号,导致 Avalon

交换架构清空所有的挂起的传输。Avalon 交换架构捕获新的 address。

(K)readdatavalid 有效，主端口捕获有效的 readdata。此时没有挂起的传输。

3.3.4 Avalon 流控制传输

流控制信号为从端口提供了一种机制,以控制来自主端口的传输,以至于只有当从端口指示数据有效或准备接收数据时,一个传输才开始。流控制信号特点如下:

(1)简化逻辑设计,因为主端口不必重复地查询从端口,决定是否准备传输数据。

(2)减少额外的带宽,因为只有当从端口准备好时从传输才开始。

(3)允许从端口控制它与无条件、连续地发起传输的"非智能"主端口之间的数据流传输。

对于从端口,流控制信号允许从端口在传输发生之前声明它已准备好。具有流控制的主端口检测从端口的流控制信号,直到从端口准备好进行传输。

要实现流控制,在主 - 从对中的两个端口都必须使用流控制。例如,如果一个主端口不使用流控制,则从端口的流控制信号将不会延迟主端口的传输。

流控制信号不能用于 Avalon 三态端口。

具有流控制机制的 Avalon 端口还需要使用 readyfordata, dataavailable 和 endofpacket 信号。若一个端口使用了这三个信号当中的任意一个,那么这个端口就是具有流控制机制的端口。一个端口的流控制信号并不影响其他信号的时序。

(1)readyfordata 和 dataavailable 信号

若 Avalon 从端口将 readyfordata 信号置为有效,则表示该端口可以接受一个写传输操作,而在 readyfordata 信号无效时,对该端口进行写操作则会造成上溢;若 Avalon 从端口将 dataavailable 信号置为有效,则表示该端口可以返回有效数据以响应一个读传输操作,而在 dataavailable 信号无效时,对该端口进行读操作则会造成下溢。

在一个使用流控制的主从端口对的数据传输过程中,主端口发起一次新的传输,而 Avalon 总线模块只有在从端口将 readyfordata 或 dataavailable 信号置为有效时才向从端口发起相应的传输请求,否则,Avalon 总线模块将迫使主端口进入等待状态。在 readyfordata 和 dataavailable 信号均被置为无效的情况下,并不影响这个主从端口对之间进行非流模式的数据传输。因此,从端口在任何时候都应该准备开始一次新的数据传输,而不需要依据 readyfordata 和 dataavailable 信号的状态。

(2)endofpacket 信号

在任意一次数据传输中,具有流控制机制的从端口都可以将 endofpacket 信号置为有效,并通过 Avalon 总线模块传递给主端口 endofpacket 信号的解释取决于外设,在设计外设时,必须明确外设如何响应 endofpacket 信号的变化。例如,endofpacket 信号可以用作数据包标识符,使主外设能在一个很长的数据流中识别出数据包的开始位置和结束位置。endofpacket 信号也可以用来中断流传输。根据外设的设计,endofpacket 信号可以在一个总线时钟周期内有效,也可以一直保持有效,直到主端口将从端口复位。

1. 具有流控制的从端口读传输

只要能够返回有效数据,从端口可以在任意时刻将 dataavailable 信号置为有效。而一旦 dataavailable 信号有效,从端口就会在此后的第一个总线时钟上升沿响应来自于主端口的一次数据传输。从端口只能在一次读传输操作结束后将 dataavailable 信号置为无效。如果从端口使用了 endofpacket 信号，就只能在从端口返回有效数据的那个总线时钟上升沿置 endofpacket 信号有效。

具有流控制的从端口读传输时序图如图 3.20 所示。在从端口将 dataavailable 信号置为有效后，主端口已经发起了一系列的传输，并且还不断地发起新的传输。在这个数据传输的过程中，从端口在某些时刻将 dataavailable 信号置为无效，使得 Avalon 总线模块停止向从端口发起传输请求，然后从端口又将 dataavailable 信号恢复为有效，Avalon 总线模块继续从端口读传输操作。

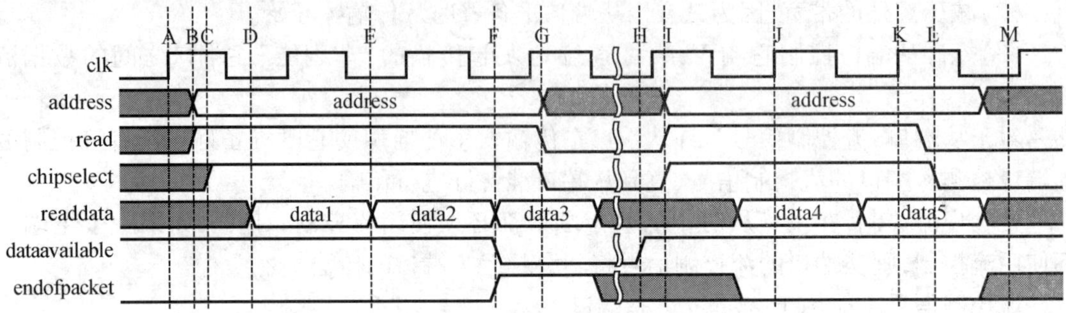

图 3.20　具有流控制的从端口读传输时序图

具有流控制的从端口读传输流程如下：

(A)传输在 clk 的上升沿开始。

(B)Avalon 交换架构发出 address 和 read 信号。

(C)Avalon 交换架构对地址译码，并发出 chipselect 信号。

(D)从端口发出有效的 readdata。Avalon 交换架构在 clk 的上升沿捕获 readdata。

(E)对于 chipselect 和 read 有效的每一个周期，从端口产生有效的 readdata。

(F)从端口发出 endofpacket 和有效的 readdata。从端口也置 dataavailable 无效，强迫 Avalon 交换架构延迟接下来的来自主端口的具有流控制的读传输。

(G)Avalon 交换架构置 address，read 和 chipselect 无效以响应 dataavailable。

(H)一段时间之后，从端口置 dataavailable 有效。

(I)响应 dataavailable，并且主端口仍在等待传输数据，Avalon 交换架构开始一次新传输，重新发出 address，read 和 chipselect。

(J)Avalon 交换架构在 clk 的上升沿捕获 data4。

(K)从端口在 chipselect 和 read 有效的每一个周期发出有效的 readdata。

(L)Avalon 交换架构置 read 和 chipselect 无效，结束传输队列。

(M)dataavailable 保持有效，意味着 Avalon 交换架构在任何时候都可以开始另一次读传输。

在上面这个例子中，address 信号保持不变，这个地址为每一次传输提供有效数据，这特别适用于 I/O 外设。从上面的时序图可以看出，从端口在置 dataavailable 信号无效前的最后一个数据单元上置 endofpacket 信号有效，这并不是必需的。endofpacket 信号与 dataavailable 信号以及主外设如何响应之间并没有内在联系。当 dataavailable 信号仍然有效时，Avalon 总线模块置 chipselect 信号和 read 信号无效，这表明结束数据传输的是主端口，而不是从端口。

2. 具有流控制的从端口写传输

只要可以接收数据，从端口可以在任意时刻将 readyfordata 信号置为有效。而一旦 readyfordata 信号有效，从端口就会在此后的第一个总线时钟上升沿开始来自于主端口的一次数据传输。从端口只能在一次写传输操作结束后将 readyfordata 信号置为无效。如果从端口使用了 endofpacket 信号，就只能在从端口捕获 writedata 的那个总线时钟上升沿置 endofpacket 信号有效。

具有流控制的从端口写传输时序图如图 3.21 所示。在从端口将 readyfordata 信号置为有效后，主端口已经发起了一系列的传输，并且还不断地发起新的传输。在这个数据传输的过程中，从端口在某些时刻将 readyfordata 信号置为无效，使得 Avalon 总线模块停止向从端口发起传输，然后从端口又将 readyfordata 信号恢复为有效，Avalon 总线模块继续从端口读传输操作。在本例中，Avalon 总线模块向一个不变的地址中不断写入数据，这适用于 I/O 外设。

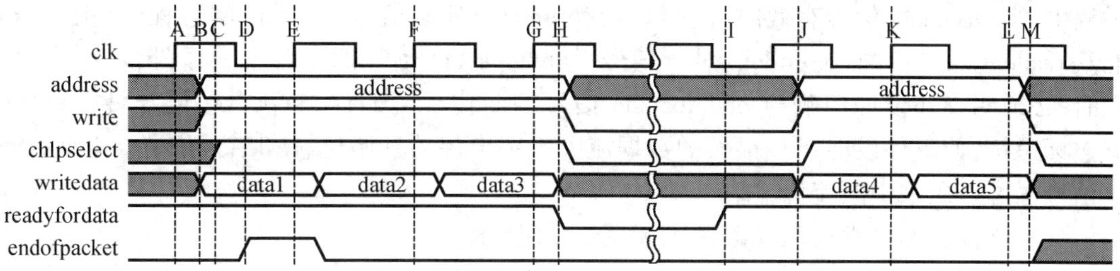

图 3.21 具有流控制的从端口写传输时序图

具有流控制的从端口写传输流程如下：

(A)在 clk 的上升沿传输开始。

(B)Avalon 交换架构发出 address，write 和 writedata。

(C)Avalon 交换架构对地址译码，然后发出 chipselect 信号。

(D)从端口在当前传输的最后一个 clk 的上升沿之前置 endofpacket 有效。

(E)从端口在 clk 的上升沿捕获 writedata。Avalon 交换架构捕获 endofpacket。

(F)对 chipselect 和 write 有效的每个周期，Avalon 交换架构产生有效的 writedata，从端口在 clk 的上升沿捕获 writedata。

(G)对 chipselect 和 write 有效的每个周期，Avalon 交换架构产生有效的 writedata，从端口在 clk 的上升沿捕获 writedata。

(H)从端口置 readyfordata 无效，强迫 Avalon 交换架构延迟随后的来自主端口的写操作。Avalon 交换架构置 address，write，chipselect 和 writedata 无效以响应 readyfordata。

(I)一段时间之后，从端口再次置 readyfordata 有效。

(J)为响应 readyfordata，并且主端口仍在等待传输数据，Avalon 交换架构通过重新发出 address，write，chipselect 和 writedata 信号来开始另一次传输。

(K)当 write 和 chipselect 有效时，从端口在 clk 的上升沿捕获 writedata。

(L)当 write 和 chipselect 有效时，从端口在 clk 的上升沿捕获 writedata。

(M)Avalon 交换架构置 write 和 chipselect 无效，结束传输的队列。

从上面的时序图可以看出，从端口在写传输过程中置 endofpacket 信号有效，这应该由主外设和从外设的设计来解释。endofpacket 信号与 readyfordata 信号以及主外设如何响应之间并没有内在的联系。当 readyfordata 信号仍然有效时，Avalon 总线模块置 chipselect 信号和 write 信号无效,这表明结束数据传输的是主端口,而不是从端口。

3. 具有流控制的主端口传输

流传输模式不影响主端口的时序,也不要求主端口使用额外的信号,但可以选择性地使用 endofpacket 信号。流传输主端口可以进行读写操作。

流传输模式影响主端口的 waitrequest 信号,扩大了 Avalon 总线模块将 waitrequest 信号置为有效的条件,在流传输模式的主从端口对中,在主端口发起一次传输后若从端口不能及时响应这次传输,Avalon 总线模块就将 waitrequest 信号置为有效,但流传输模式不影响主端口响应 waitrequest 信号的方式。如果目标从端口采用非流传输模式,则这个主从端口对就采用非流传输模式进行数据传输。

如果主端口使用了 endofpacket 信号,它可以作为当前数据传输的状态标志。如果主端口和目标从端口都使用了 endofpacket 信号,则此信号直接由从端口传向主端口。在写传输过程中,当 writedata 信号有效时,主端口捕获 endofpacket 信号;在读传输过程中,主端口在捕获 readdata 的同时捕获 endofpacket 信号。endofpacket 信号的解释取决于外设,在设计外设时,必须明确外设如何响应 endofpacket 信号的变化。例如,endofpacket 信号可以用做数据包标识符,使主外设能在个很长的数据流中识别出包的开始位置和结束位置。endofpacket 信号也可以用来中断流传输。

具有流控制的主端口传输时序图如图 3.22 所示。

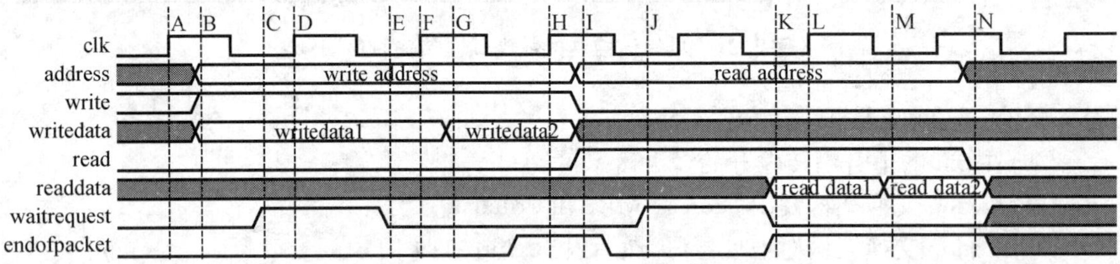

图 3.22 具有流控制的主端口传输时序图

具有流控制的主端口传输流程如下:

(A)在 clk 的上升沿,第一个写传输开始。

(B)主端口发出 address,write 和有效的 writedata。

(C)Avalon 交换架构在下一个 clk 的上升沿之前置 waitrequest 有效,强迫主端口等待。

(D)在 clk 的上升沿 waitrequest 是有效的,主端口保持 address,write 和 writedata 不变。

(E)Avalon 交换架构置 waitrequest 无效。

(F)Avalon 交换架构在 clk 的上升沿捕获 writedata。

(G)主端口保持 address 和 write 有效,并发出新的 writedata。

(H)如果有必要,主端口在当前传输的最后一个 clk 的上升沿捕获 endofpacket。主端口通过使 address,write 和 writedata 无效,结束新传输。

(I)主端口在下一个周期通过发出 read 和有效的 address 信号,立即开始一次读传输。

(J)Avalon 交换架构置 waitrequest 有效来表示它不能在下一个 clk 的上升沿返回有效的数据。

(K)Avalon 交换架构置 waitrequest 无效,并提供有效的 readdata。本例中,Avalon 交换架构发出 endofpacket 信号。

(L)主端口在 clk 的上升沿捕获 readdata 和 endofpacket。

(M)主端口保持 address 和 read 有效,以进行另一次传输,Avalon 交换架构提供有效的 readdata。

(N)主端口置 read 和 address 无效,传输结束。

3.3.5　Avalon 三态传输

三态传输允许 Avalon 系统与片外标准总线接口设备直接相连,如存储器芯片、外部处理器等。使用三态特性,使得定义一个与多种标准存储器或处理器总线接口匹配的 Avalon 端口成为可能。如果 Avalon 信号的一个子集能描述一个芯片的接口,则实际上芯片具有一个 Avalon 三态端口。Avalon 交换架构能与使用 Avalon 三态传输的芯片接口。

1. 三态从端口传输

Avalon 三态从端口允许 Avalon 交换架构与 PCB 板上共享地址和数据总线的片外设备接口。Avalon 三态从端口可用于将 Avalon 交换架构与同步和异步存储器芯片连接,例如 ROM、Flash 存储器、SRAM、SSRAM 和 ZBT RAM 等。

三态从端口使用双向信号 data,而不是独立的单向信号 readdata 和 writedata。data 信号是三态的,允许多个三态外设与数据总线连接,而不引起信号冲突。

端口也必须使用 outputenable 信号。一个非三态端口除了 readdata 或 writedata 之外,不能使用 data,其他主端口信号的行为与非三态端口相同。

Avalon 从端口经常使用负逻辑信号,例如 read_n,chipselect_n 和 outputenable_n,符合典型的存储器芯片的约定。

Avalon 三态从端口支持固定延迟,不支持可变延迟的流水传输;它也不能使用流控制信号;不支持突发传输。

(1)数据信号

写传输期间,Avalon 交换架构驱动 data 线,将数据提供给从设备。读传输期间,从设备驱动 data 线,Avalon 交换架构捕获 data 信号。

当设置 outputenable 信号有效时,三态从端口必须驱动 data 线。当 Avalon 交换架构设置 outputenable 信号无效时,三态从端口必须使 data 线为三态;否则,可能出现信号争用,有可能损坏所连接的设备。

(2)地址信号

对于 Avalon 三态从端口,address 信号代表一个字节地址。这与使用字地址的非三态从端口不同。Avalon 三态从端口的 address 信号可被多个片外设备共享,这些设备可能有不同的数据宽度。若 Avalon 三态从端口的数据宽度比一个字节大,则必须将地址信号从 Avalon 交换架构正确地映射到从设备的地址线。

表 3.7 指明数据宽度不同时,Avalon 地址与外设地址 A0 的连接方式。

表 3.7　从外设与 Avalon 从端口地址线的连接关系

数据宽度	与 A0 连接的 address 信号线
1 ~ 8	Address[0]

表3.7(续)

数据宽度	与A0连接的address信号线
9~16	Address[1]
17~32	Address[2]
33~64	Address[3]
65~128	Address[4]
129~256	Address[5]
257~512	Address[6]
513~1024	Address[7]

例如,当使用Avalon三态从端口连接Avalon交换架构到一个32位的存储器芯片时,Avalon address的最低2位不与存储器芯片的地址线相连。address[2]与设备的AO引脚相连,address[3]与设备的A1引脚相连,以此类推。

(3)outputenable和read信号

Avalon交换架构仅在读传输期间设置outputenable信号有效。当端口的outputenable信号无效时,data线可能与写传输信号或来自共享data线的外设信号同时有效,因此,关键在于无论何时outputenable信号无效,从外设应使它的data线为三态。

outputenable信号的功能与Avalon三态从端口是否为流水传输有关。

①对于没有流水传输的三态端口,outputenable信号和读信号相同。因此,Avalon的read_n可直接与外设的输出使能引脚和读使能引脚连接。

②对于有流水传输的三态端口,Avalon交换架构仅在地址阶段设置read有效,数据阶段使它无效。之后,Avalon交换架构在传输的最后的时钟上升沿之前设置outputenable有效,使外设驱动它的数据引脚。当没有任何挂起的读传输时,Avalon交换架构使outputenable无效。

(4)write_n和writebyteenable信号

一些存储器有R/Wn引脚(即高为读,低为写)。Avalon信号write_n有相同的功能,可与R/Wn引脚直接连接。write_n仅在写传输时有效,其他时间保持无效。这种情况下,Avalon的outputenable_n信号连接到外设上的输出使能引脚(例如OEn),Avalon的write_n信号与R/Wn引脚连接。

一些同步存储器设备对每个字节段(byte lane)(例如BWn1,BWn2,BWn3和BWn4)使用单独的写使能信号。Avalon端口writebyteenable是write和byteenable信号的逻辑"与",能直接与那样的BWn引脚连接。

(5)chipselect和chipselect-through-read-latency特性

对于典型的存储器芯片,Avalon的chipselect_n信号直接与外设上的片选或芯片使能引脚(例如CSn或CEn)连接。

一些同步存储器芯片(使用具有固定读延迟的流水传输)需要一个片选信号在地址阶段有效,而其他芯片需要一个片选信号有效直到整个传输完成。Avalon三态从接口支持上述两种情况,它使用chipselect-through-read-latency特性。

端口必须声明它将支持哪一种chipselect时序。

①当一个端口使用 chipselect - through - read - latency 特性时，Avalon 交换架构在整个读传输的地址和数据阶段使 chipselect 有效。此时，chipselect 映射（mirror）outputenable 信号。

②当一个端口不使用 chipselect - through - read - latency 特性时，Avalon 交换架构仅在地址阶段设置 chipselect 有效。此时，chipselect 映射（mirror）read 信号。

（6）与片外异步存储器的接口

当 Avalon 交换架构信号直接与具有 Avalon 三态从端口的片外异步存储器连接时，不需要时钟信号。在 chipselect，read 或 write 信号上的脉冲典型地使用建立和保持时间与传输同步。

所有来自 Avalon 交换架构的输出信号在传输期间不为假信号（glitch - free）。

（7）与片外同步存储器的接口

Avalon 三态从端口可写数据到片外同步存储设备，例如 SSRAM 和 ZBT RAM。write 无效后，保持时间特性可使 data 保持有效几个时钟周期。

连续的背对背（back - to - back）流水读传输和连续的背对背写传输被支持。但 Avalon 交换架构在等待任何挂起的流水读传输完成后，才发起一次新的传输。这防止了在 data 上由于潜在的读数据和写数据的冲突而引起的信号争用。于是，当进行背对背的读/写传输序列时，Avalon 三态从端口不可能达到最大的带宽。

Avalon 交换架构通过三态从端口与片外异步存储器的接口

片外异步 RAM 或 ROM 芯片的三态从端口配置。在这种情况下，三态从端口典型地不使用 clk 信号，原因是存储器芯片不需要。但 Avalon 交换架构总是同步的，它只在 clk 周期的整数倍时变化和捕获信号。

图 3.23 显示了一个 Avalon 三态从端口读传输。端口使用如下的 Avalon 特性。

①一个周期的固定建立时间。

②一个周期的固定等待时间。

③无任何流水。

图 3.23 所示的时序图中显示了一个外设的数据路径的三态行为。但由于共享数据和地址信号的不同外设的传输活动，数据线可在任何时间被激活。write_n 在图中仅作为参考，它在整个传输过程中保持无效（即读方式）。read_n，chipselect_n 和 write_n 选用低电平有效逻辑，以反映大多数外部存储器设备的惯例。

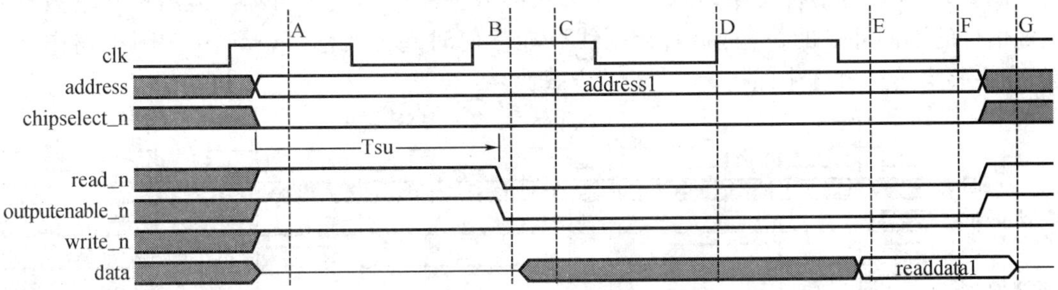

图 3.23　具有建立时间和等待周期的三态从端口读传输时序图

具有建立时间和等待周期的三态从端口读传输流程如下：

（A）Avalon 交换架构驱动 address，并且置 chipselect_n 有效。

（B）一个周期的建立时间延迟后，Avalon 交换架构置 read_n 和 outputenable_n 有效。

(C)从端口驱动 data 以响应 outputenable_n。data 在此时可能是无效的。

(D)Avalon 交换架构在等待周期内保持 address 有效。

(E)从端口在传输的最后时钟上升沿之前的某个时刻驱动有效的 data。

(F)Avalon 交换架构在 clk 的上升沿捕获 data,传输结束。

(G)从端口将 data 置为高阻,以响应 outputenable_n 的无效状态。

具有建立时间和保持时间的三态从端口写传输时序图如图 3.24 所示。

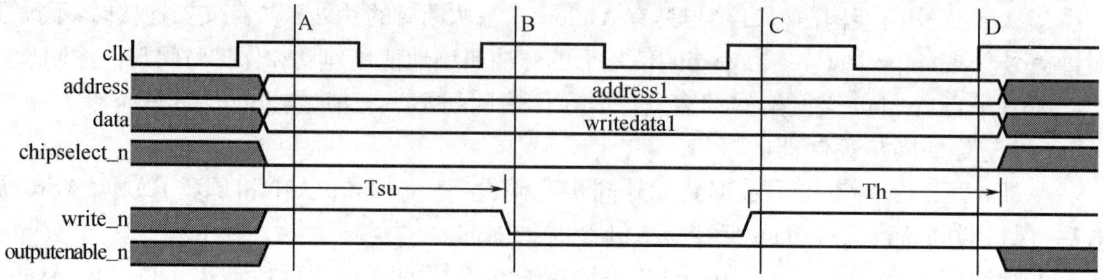

图 3.24　具有建立时间和保持时间的三态从端口写传输时序图

具有建立时间和保持时间的三态从端口写传输流程如下:

(A)Avalon 交换架构驱动 address,data,并置 chipselect_n 有效。

(B)一个周期的建立时间后,Avalon 交换架构置 write_n 有效。

(C)Avalon 交换架构置 write_n 无效。

(D)写传输结束。

Avalon 交换架构通过三态从端口与片外同步存储器的接口

Avalon 三态从端口可以连接片外同步存储设备,例如 SSRAM 和 ZBT SRAM。三态从端口的流水线读传输时序图如图 3.25 所示。

端口使用如下的特性。

①两个时钟周期的固定流水延迟。

②使用 chipselect – t hrough – read – latency 特性。

③read_n,chipselect_n 和 write_n 选用低电平有效逻辑,以反映大多数外部存储器设备的惯例。

图 3.25 所示的时序图中显示了一个外设的数据路径的三态行为。但由于共享数据和地址信号的不同外设的传输活动,数据线可在任何时间被激活。write_n 在图中仅作为参考,它在整个传输过程中保持无效(即读方式)。

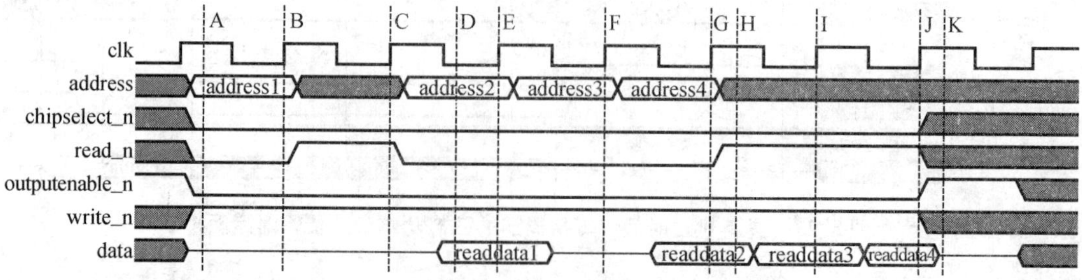

图 3.25　三态从端口的流水线读传输时序图

三态从端口的流水线读传输流程如下:

（A）Avalon 交换架构发出 chipselect_n，address 和 read_n，发起读传输 1。

（B）从设备捕获 address 和 read_n，数据阶段开始。

（C）read_n 无效，插入一个空闲周期，因为 chipselect - through - read - latency 的属性，chipselect_n 一直有效。

（D）从设备在数据阶段的最后时钟上升沿前置数据有效。

（E）Avalon 交换架构捕获数据 readdata1，并发起新的读传输 2。

（F）Avalon 交换架构发起新的读传输 3。

（G）Avalon 交换架构捕获数据 readdata2，并发起新的读传输 4。

（H）Avalon 交换架构置 read_n 无效，结束读传输，chipselect_n 仍保持有效。

（I）Avalon 交换架构捕获数据 readdata3。

（J）Avalon 交换架构捕获数据 readdata4。

（K）无读传输挂起，Avalon 交换架构置 chipselect_n 和 outputenable_n 无效，强迫 data 进入高阻状态。

2. 三态主端口传输

Avalon 三态主端口不能和其他的三态主端口在 PCB 板上共享数据和地址线。Avalon 三态主端口传输特点如图 3.26 所示。

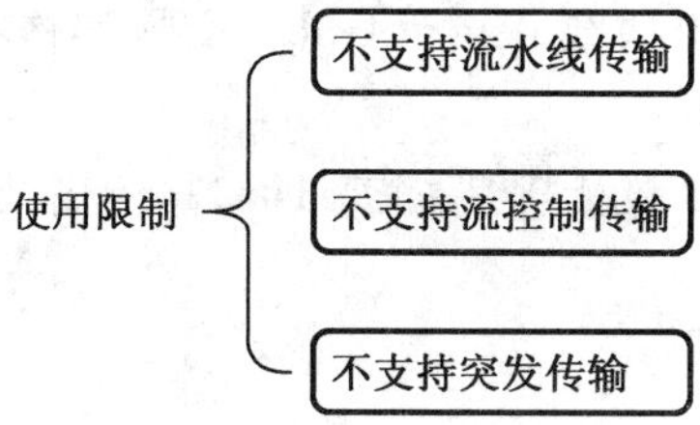

图 3.26　Avalon 三态主端口传输特点

通过 Avalon 三态主端口可以将 Avalon 总线模块和片外的主外设用双向的数据端口连接起来，就相当于外部处理器的数据总线。三态主端口使用双向的 data 信号来取代分离的单向 readdata 和 writedata 信号。

在一个主端口上只有 readdata 和 writedata 信号才能驱动数据线。与 Avalon 三态从端口不同，Avalon 三态主端口不能在 PCB 上与其他的 Avalon 三态主端口共享数据线和地址线。

在写传输过程，Avalon 总线模块驱动数据线为从设备提供有效数据；在读传输过程，从设备驱动数据线，Avalon 总线模块捕获有效数据。

对 Avalon 三态主端口有如下限制：

（1）Avalon 三态主端口不支持流水线传输；

（2）Avalon 三态主端口不能使用流传输控制信号；

（3）Avalon 三态主端口不支持突发传输。

三态主端口写传输和读传输时序图如图 3.27 所示。

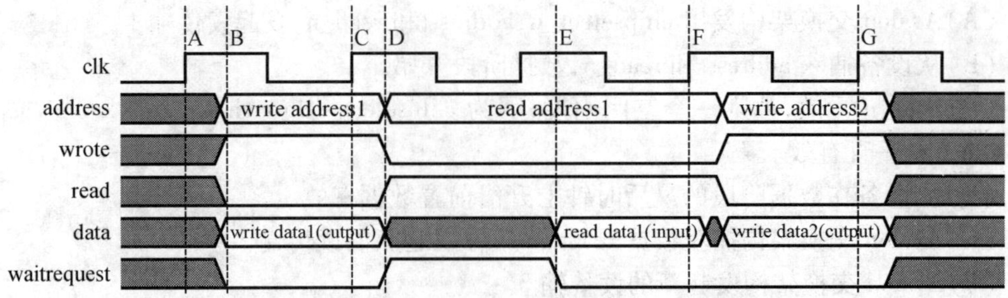

图 3.27　三态主端口写传输和读传输时序图

三态主端口写传输和读传输流程如下：

(A)主端口在 clk 的上升沿发起写传输。

(B)主端口发出 address 和 write 信号。主端口驱动 data 数据线。

(C)Avalon 交换架构在 clk 的上升沿捕获写数据。主端口在这个周期内发起一次新的传输,发出 address 和 read 信号。

(D)Avalon 交换架构置 waitrequest 有效。主端口在整个周期内保持所有的信号不变。

(E)Avalon 交换架构在 data 的数据线上驱动有效的读数据,并置 waitrequest 无效。

(F)主端口在 clk 的上升沿捕获 data。Avalon 交换架构在这个周期内发起一次新的写传输。

(G)Avalon 交换架构在 clk 的上升沿捕获 data,写传输结束。

第 4 章　SOPC 开发流程及开发平台

4.1　SOPC Builder 设计流程

SOPC Builder 设计流程如图 4.1 所示。

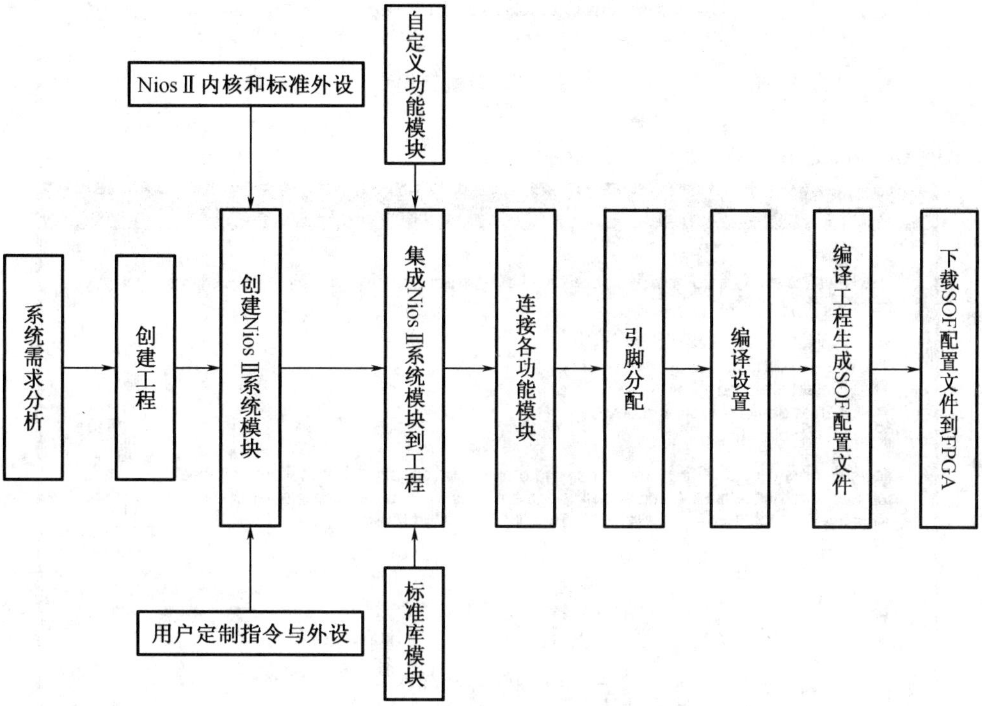

图 4.1　SOPC Builder 设计流程

4.1.1　系统需求分析

我们在此以 LCD 显示指定字符为例,详细介绍 SOPC Builder 的设计流程。

系统所需外围器件:LCD、按键、Flash、SDRAM。

SOPC 硬件系统模块:Nios Ⅱ CPU、按键 PIO、LCD 控制器、Avalon 三态桥、外部 SDRAM 接口、外部 Flash 接口、JTAG UART、EPCS 串行 Flash 控制器。

4.1.2　系统设计流程

1. 创建 QuartusⅡ工程

新建文件夹,取名为 Flash_test,注意:这里的路径不能有中文。工程内所有的名字都只能用英文,不能用数字开头,空格用下画线代替。运行 Quartus Ⅱ软件,选择:File 菜单→New Project Wizard,如图 4.2 所示。

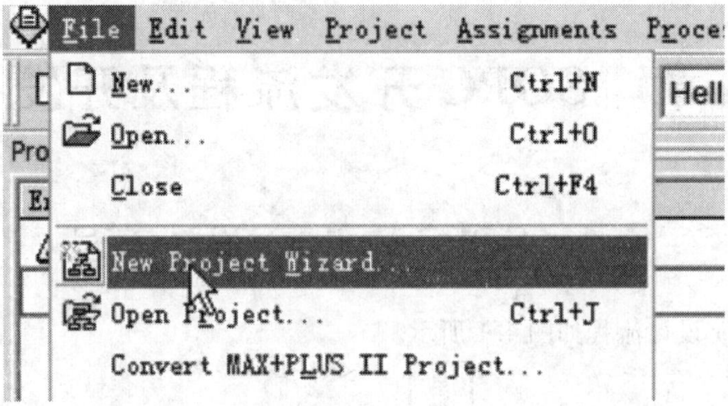

图 4.2　新建工程

出现 Introduction 页面,如图 4.3 所示。

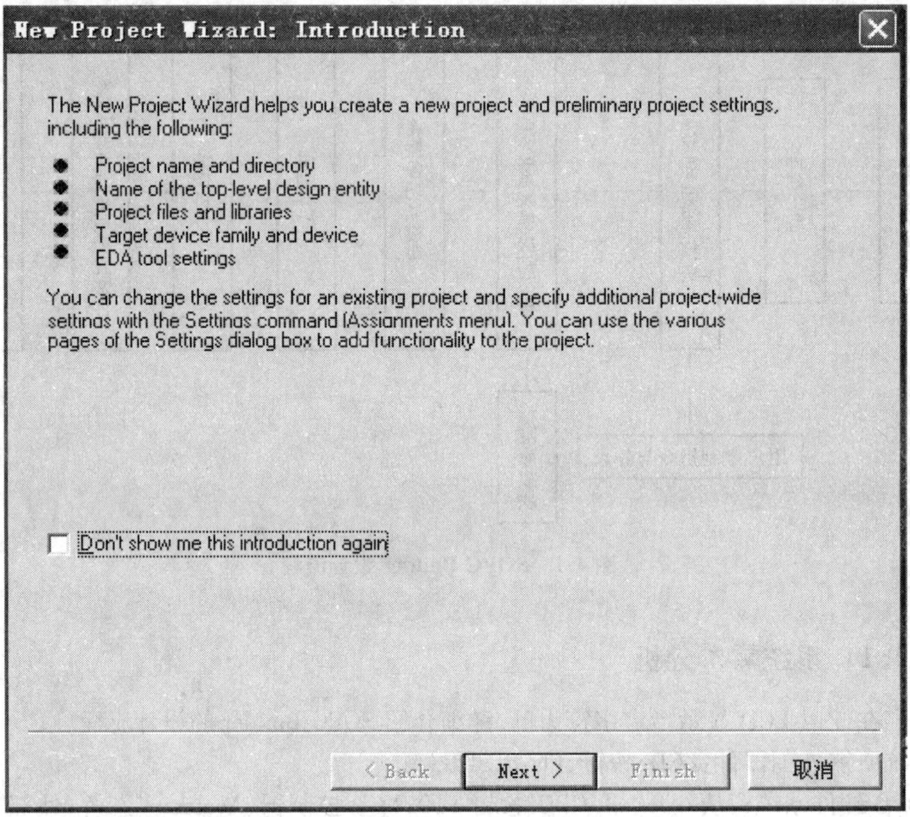

图 4.3　Introduction 页面界面图

弹出来的是欢迎界面,点击 Next 继续。出现工程名称的设定、工作目录的选择页面界面,这是选择工程所在的路径并对新建的工程起一个名字。工程目录必须为英文,工程名和顶层实体名必须相同,且为英文,假定起 Flash_test,如图 4.4 所示。

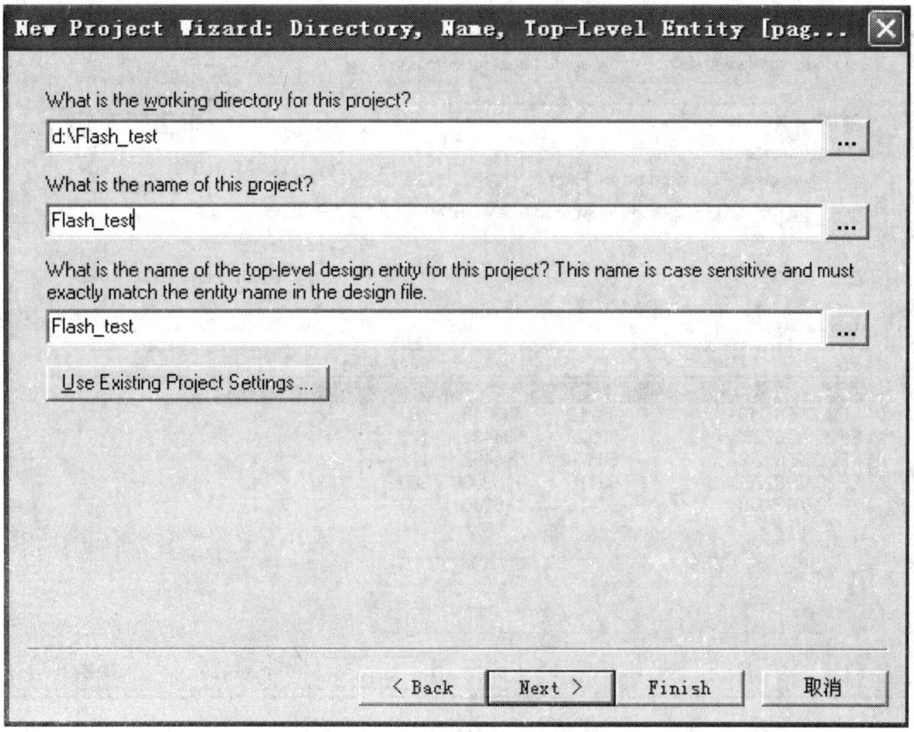

图 4.4　工程名称的设定、工作目录的选择页面

点击 Next 继续，弹出工程文件添加页面，如图 4.5 所示。

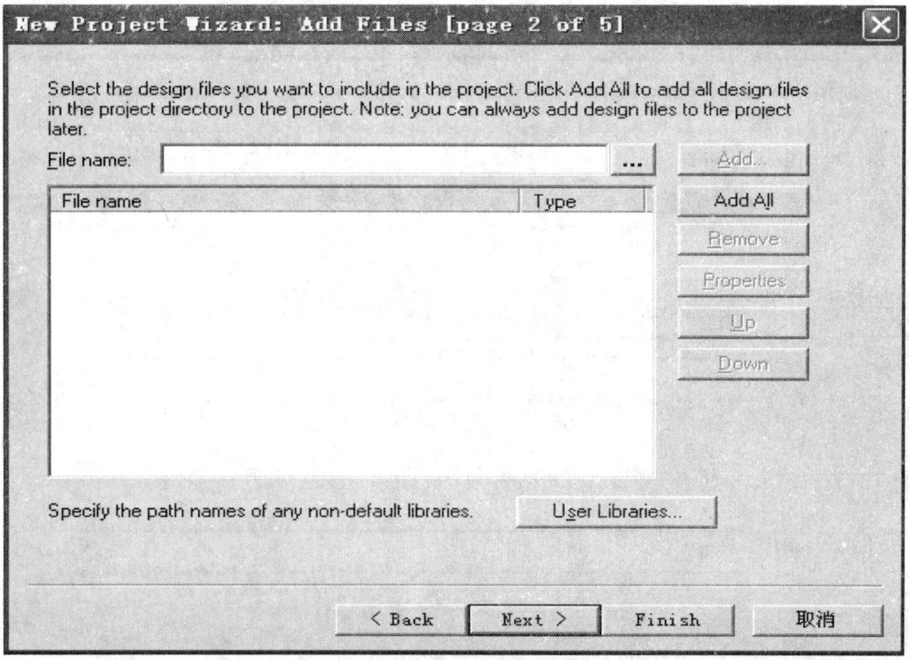

图 4.5　工程文件添加页面

此处不添加任何文件，点击 Next 继续。弹出工程器件选择页面，如图 4.6 所示。

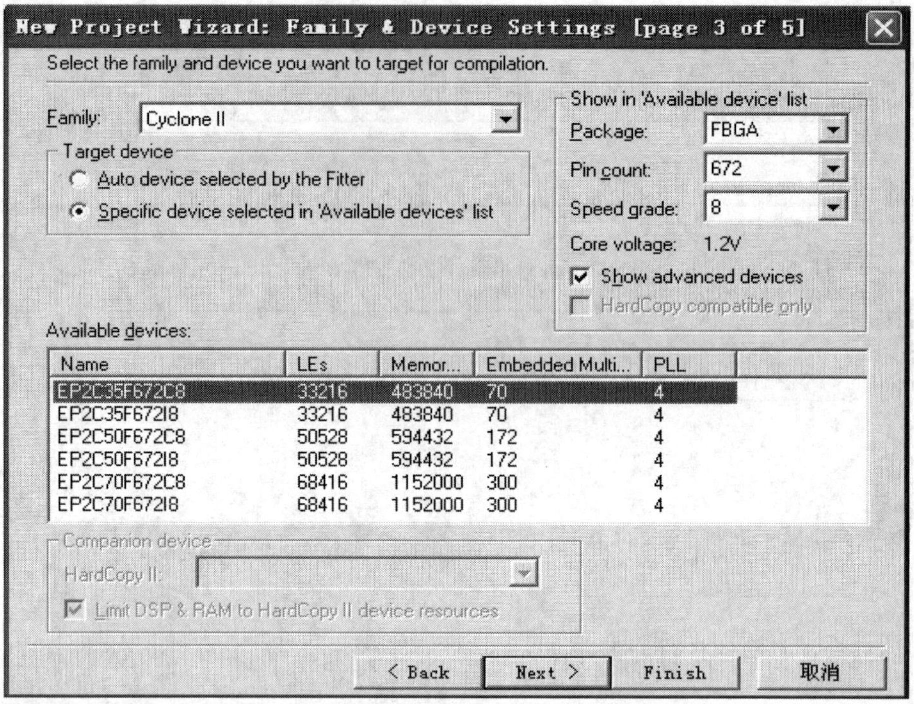

图 4.6　工程器件选择页面

平台的 FPGA 型号是 Cyclone Ⅱ系列 EP2C35F672C8，点击 Next 继续。弹出工程相关 EDA 工具选择页面，如图 4.7 所示。

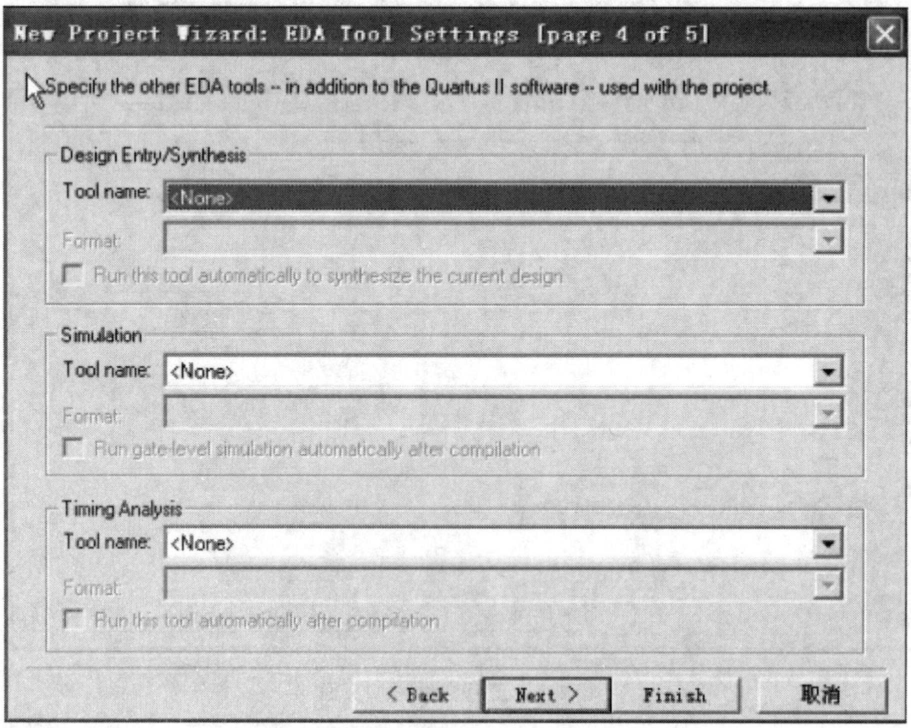

图 4.7　工程相关 EDA 工具选择页面

此处添加其他软件，由于本实验不涉及其他的软件，所以这里都选择 None，点击 Next 继续。工程总体信息说明页面，开发过程中可以通过菜单 assignment→Settings 对工程配置进行修改，如图 4.8 所示。

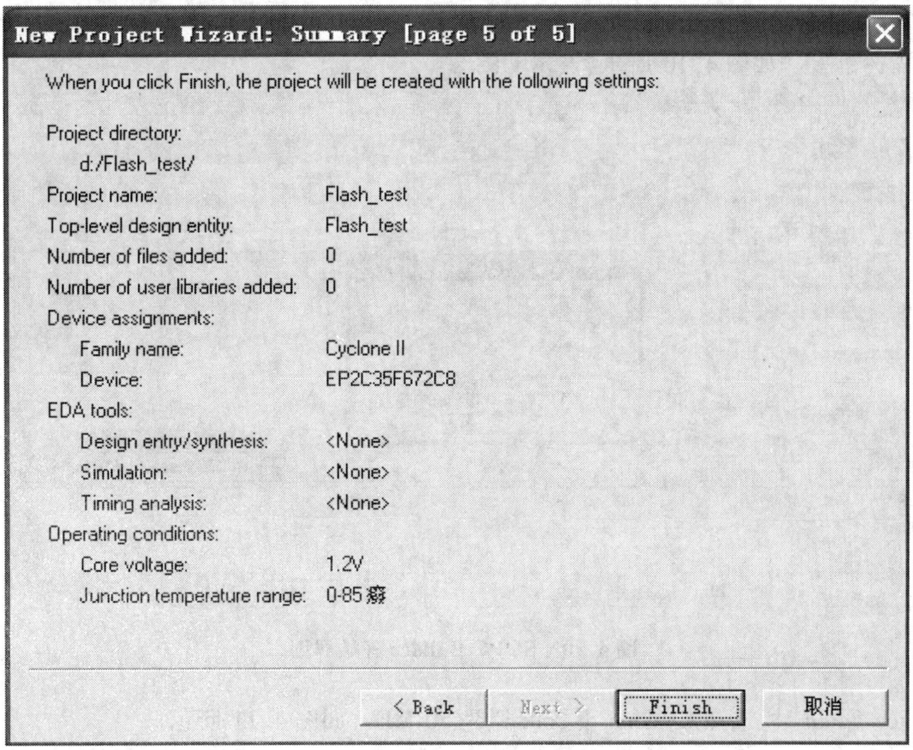

图 4.8　工程总体信息说明页面

点击 Finish 就完成了新建 Quartus Ⅱ工程的操作。工程创建完成页面，如图 4.9 所示。

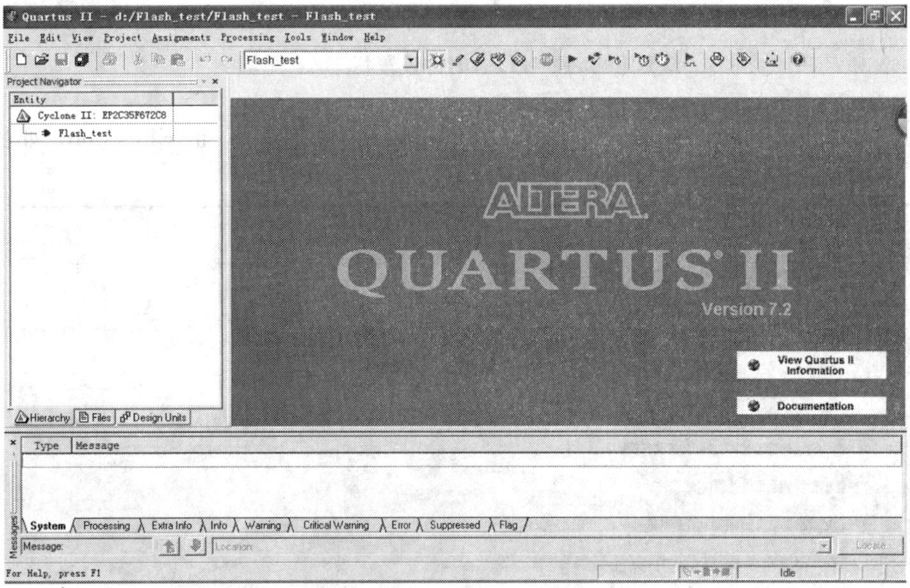

图 4.9　工程创建完成页面

2. 创建 Nios Ⅱ 系统模块

创建 Nios Ⅱ 系统模块：在 Quartus Ⅱ 软件里面选择 Tools→SOPC Builder 进入 SOPC Builder。打开 SOPC Builder 之后会弹出 Create New system 对话框，是为我们设计的系统起一个名字，这里命名为 Nios_small，一定要与刚才 Quartus Ⅱ 建的工程名不一样。选择 Verilog 硬件描述语言。如图 4.10 所示，点击 OK。

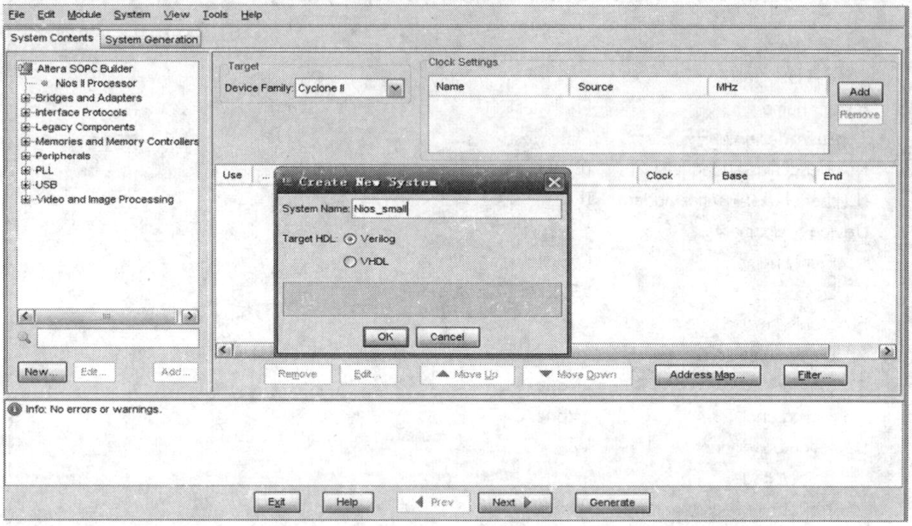

图 4.10　SOPC Builder 开始界面

Device Family 栏选择 Cyclone Ⅱ，clk 栏为 50 MHz，如图 4.11 所示。

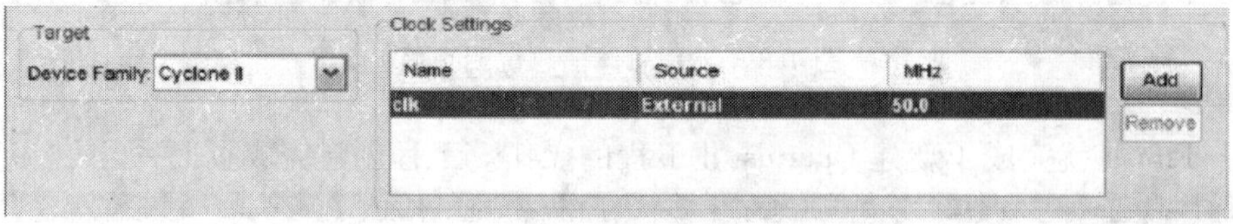

图 4.11　时钟设置栏

双击左栏 System Contents 下的 Nios Ⅱ Processor，添加 Nios Ⅱ CPU Core，如图 4.12 所示。

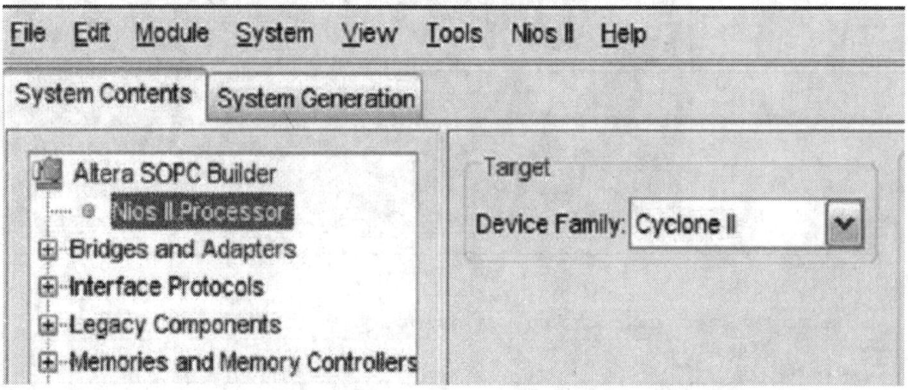

图 4.12　添加 Nios Ⅱ

Nios Ⅱ有三种标准:经济型(Nios Ⅱ/e)、标准型(Nios Ⅱ/s)、快速型(Nios Ⅱ/f)。选择经济型,如图4.13所示。依次点击Next,其他全部采用默认设置,最后点击Finish完成。改名为cpu。

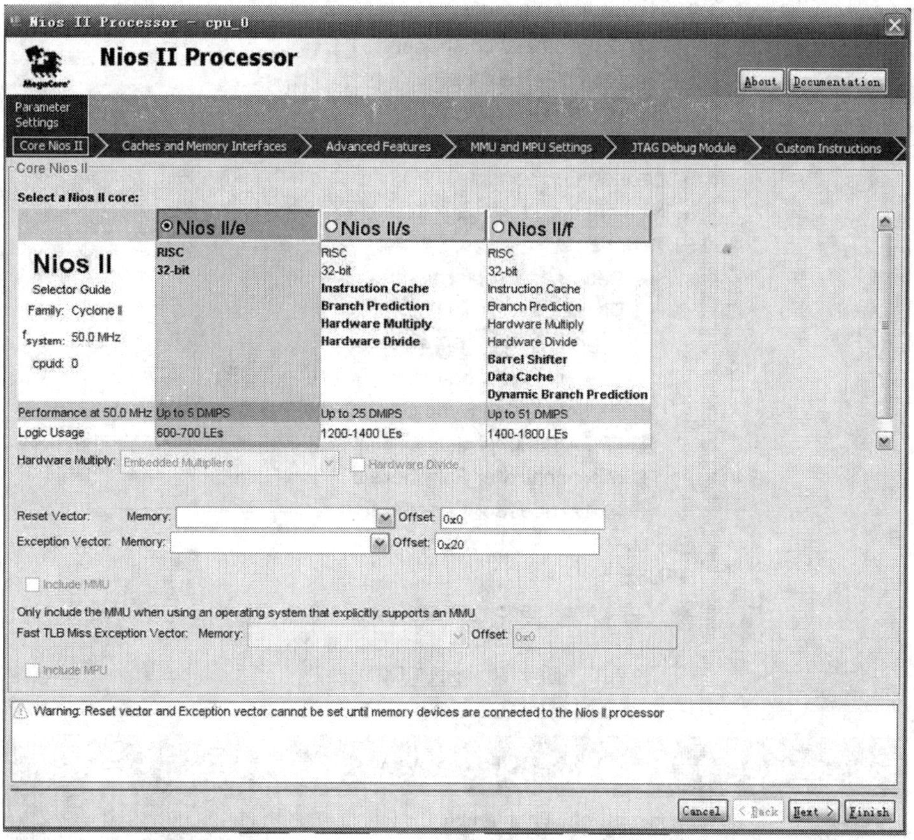

图4.13　Nios Ⅱ处理器软核

添加LCD cnotroller。双击左栏System Contents下的Peripherals→Display Character LCD),如图4.14所示。

这个IP核没有任何参数,单击Finish完成,如图4.15所示。

添加SDRAM:双击左栏System Contents下的Memories and Memory Controllers→SDRAM→Controller。或者在搜索栏里输入SDRAM,就会出现Sdram Controller。由于IP核提供的参数没有开发板上的SDRAM的型号,所以需要修改。参数如下:

Preset选择Custom

Data Width选择32

Chip Select选择1

Banks选择4

Row选择13

Column选择9

在下面会提示64 Mbytes,32 bs,如图4.16所示。

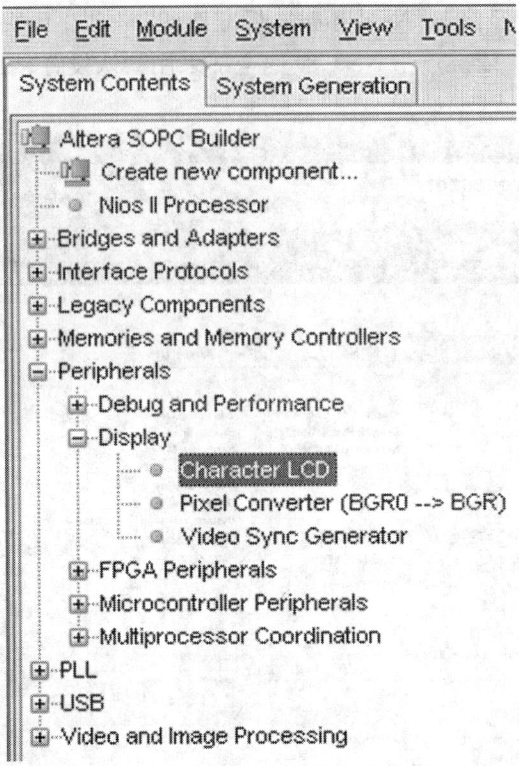

图 4.14　添加 LCD

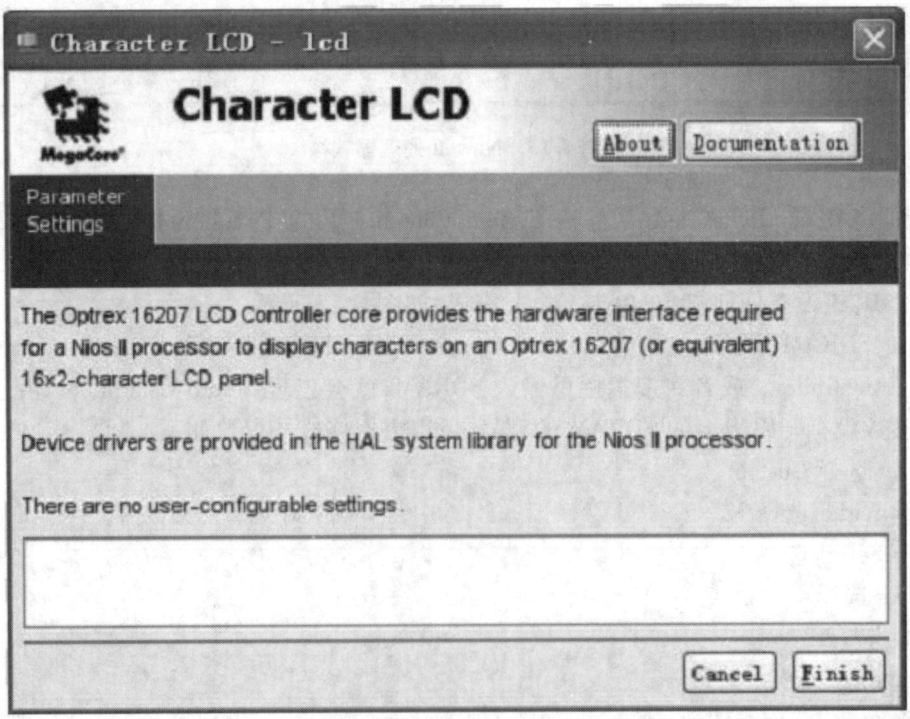

图 4.15　LCD 控制器 IP 核

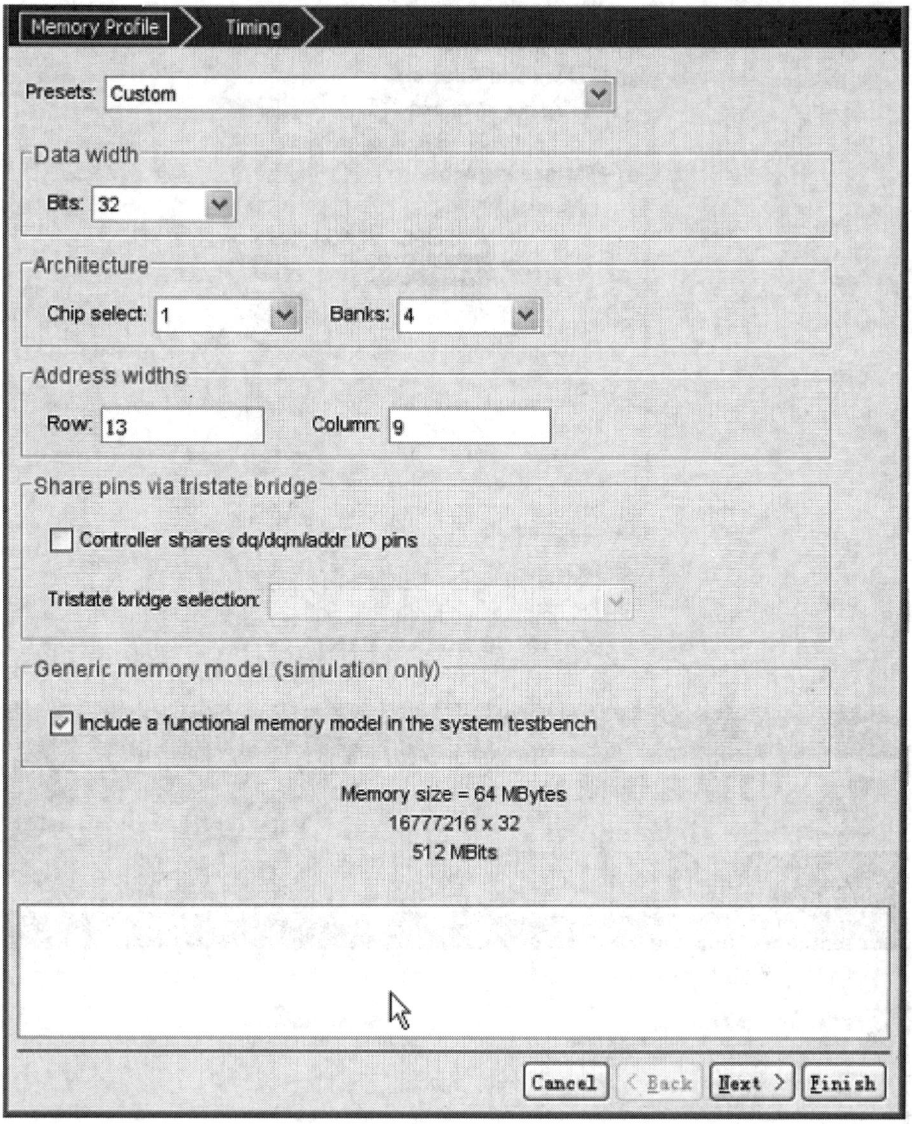

图 4.16　SDRAM 控制器 IP 核参数设置

添加 JTAG UART。双击左栏 System Contents 下的 Interfaces Protocols→Serial→JTAG UART。点击 Finish 完成。

在左侧栏中有个输入框,在里面输入 jtag,软件就会自动找到与 jtag 相关的 IP 核,如图 4.17 所示。

双击 JTAG UART,就把它添加到系统中,使用默认的配置,如图 4.18 所示。点击 Finish 完成。

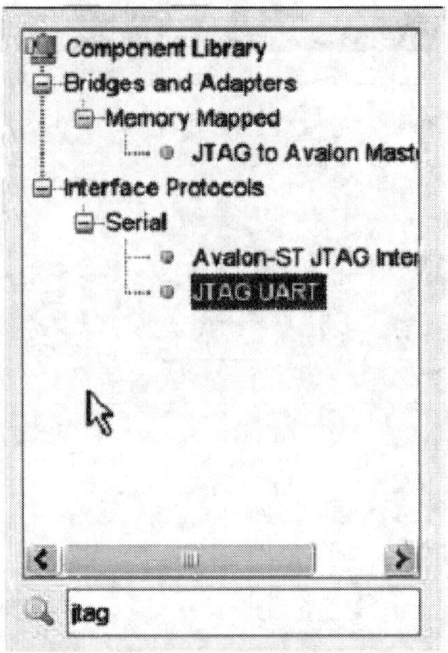

图 4.17　添加 JTAG UART

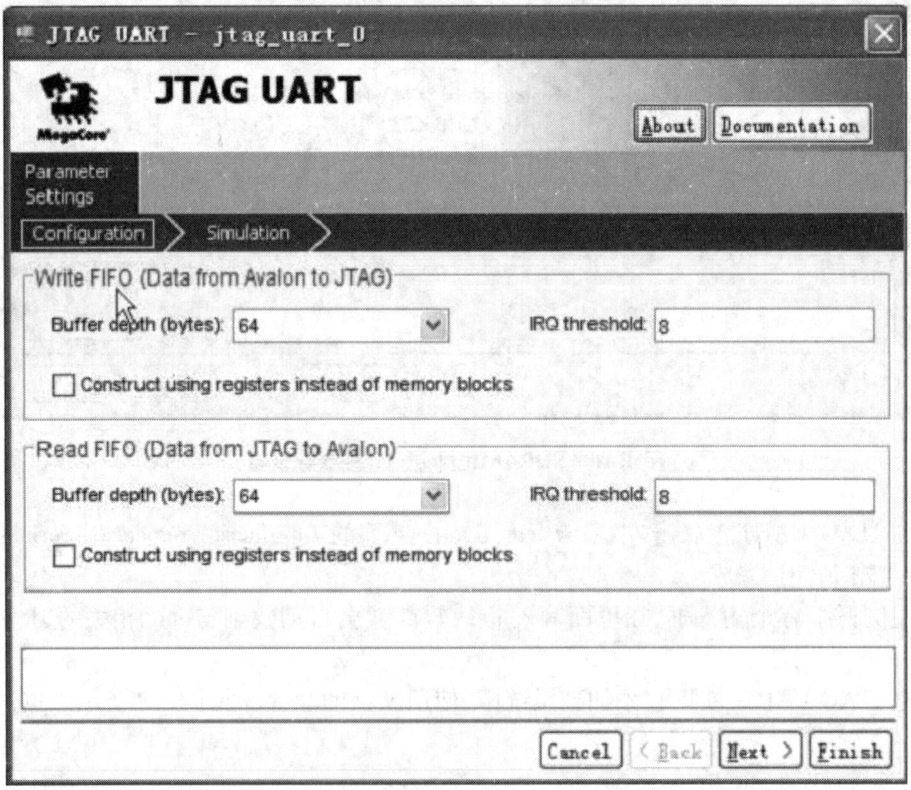

图 4.18　使用 JTAG UART 默认的配置

使用 Flash 控制器 IP 核需要三态桥 IP 核。所以先添加三态桥。在左侧 IP 核中找到 Avalon - MM tristate bridge，如图 4.19 所示。

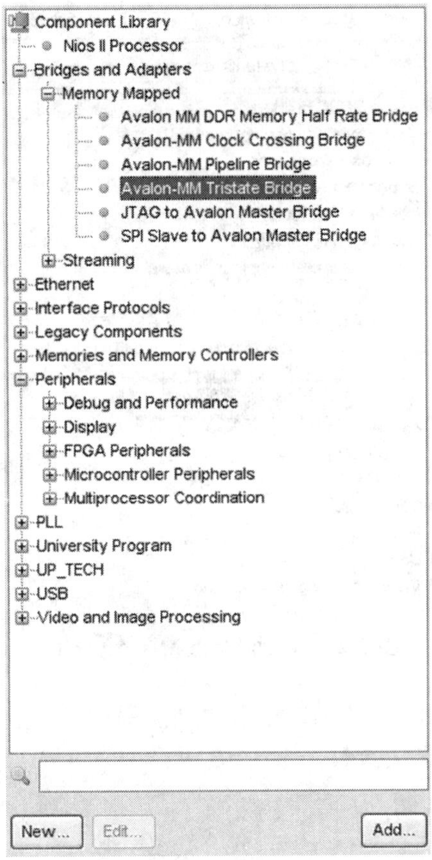

图 4.19　添加三态桥

双击弹出图 4.20 的界面，使用默认设置，点击 Finish 添加到系统中。

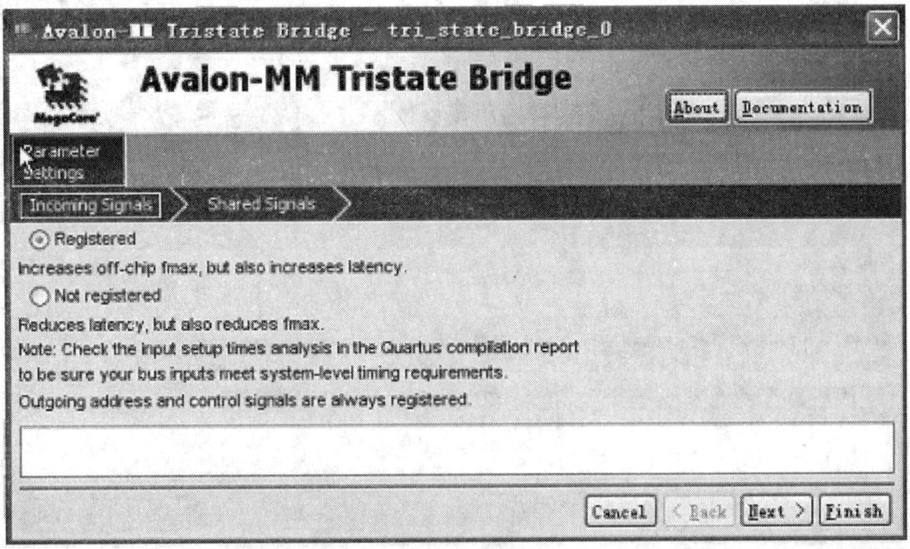

图 4.20　三态桥设置界面

添加 Flash Memory。在左侧 IP 核列表中找到 Flash memory(CFI)，如图 4.21 所示。

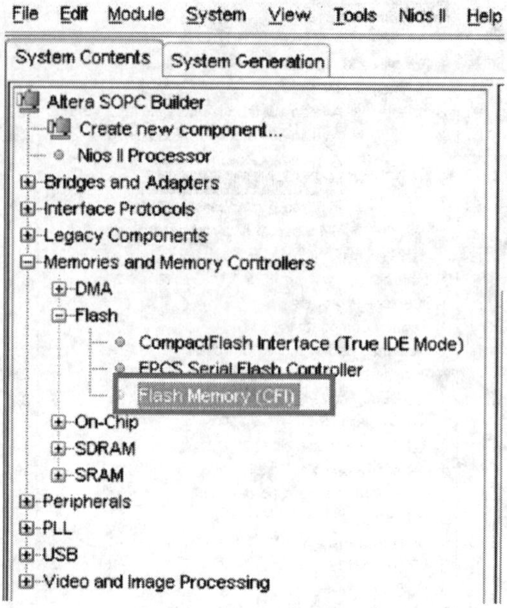

图 4.21　添加 Flash Memory(CFI)

双击弹出 Flash 控制器 IP 核的参数设置界面。根据平台上 Flash 的容量做如下设置：

Preset：Custom(选择自定义参数)

Address Width(b)：25

Data Width(b)：8

在下面的信息栏里会看到 Flash 相对应的容量是 32 MB，如图 4.22 所示。

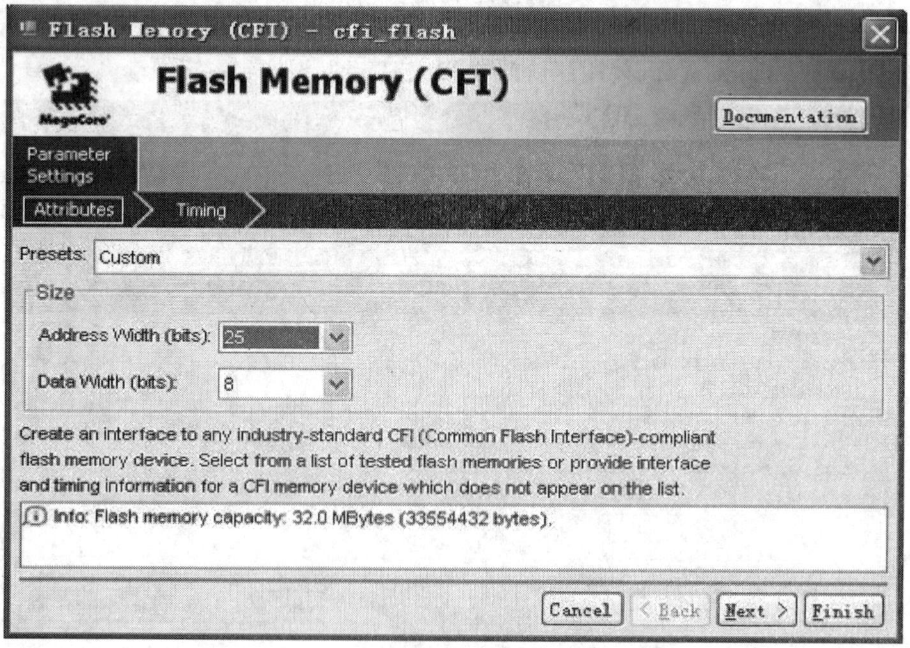

图 4.22　设置 Flash 属性

点击 Next 进入下一页，这一页是对读写时序进行设置，分别是 Setup：40；Wait：160；

Hold:40;Units:ns,如图 4.23 所示。点击 Finish,把这个 IP 核添加到系统中。

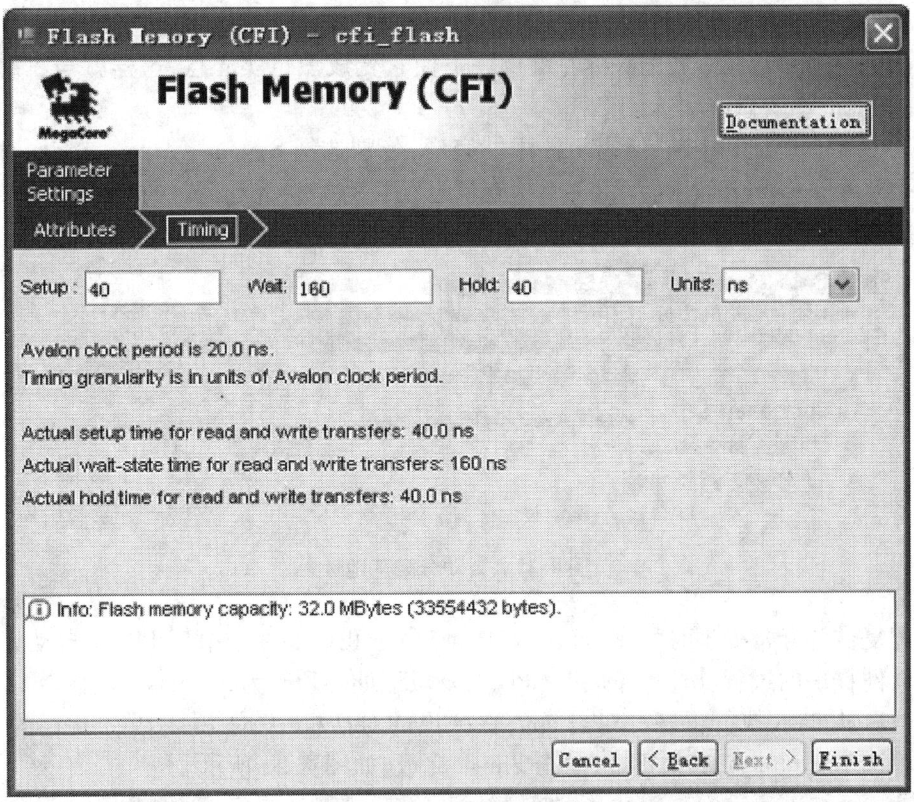

图 4.23　设置时序

右键点击 IP 核选择 rename,把默认的三态桥 tri_stated_bridge_0 改成 ext_flash_bus,把默认 cfi_flash_0 改成 ext_flash。如图 4.24 所示。

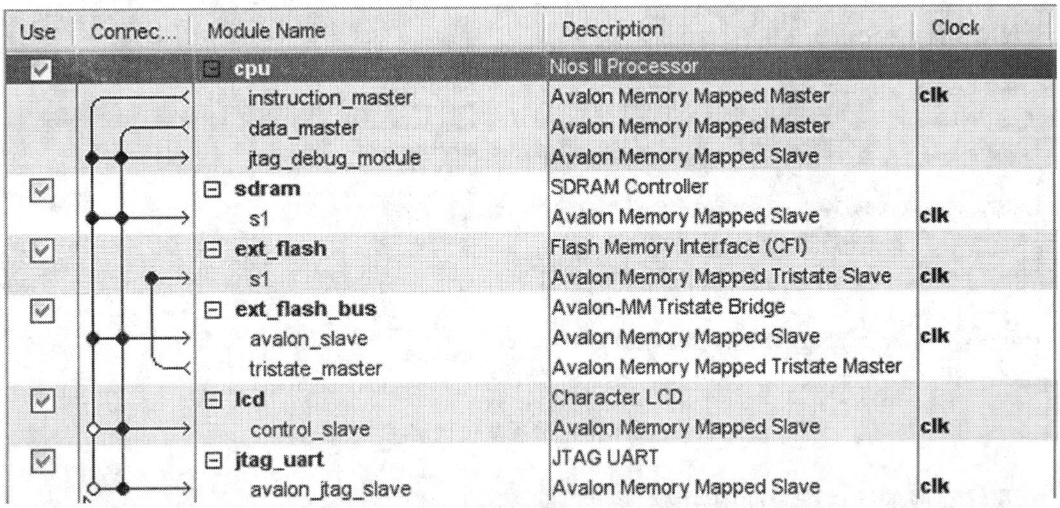

图 4.24　连接三态桥

把鼠标指针放在 IP 核名字左侧的 connection 栏,这部分就是 Avalon 总线的连接情况,可以看到 CPU 下面有指令总线、数据总线核用于 JTAG 用调试连接。其他的 IP 核如果与这三个总线连接就会交叉点为实心黑点,没有连接的为空心点。由于 Flash 控制器 IP 核连接在三态桥上,三态桥再连接到 Avalon 总线上,所以这里多出了一个三态总线,flash 控制器 IP 核下面的 s1 左侧的空心点,用鼠标左键点一下使它变成黑色实心点,这样就与三态总线连接上了,其他的不要做改动。

自动分配基地址和中断:所需组件添加完毕,分别选择 System→Auto - Assign Base Addresses 和 System→Auto - Assign IRQs。检查信息是否有错误,没有错误再进入下面的操作,如图 4.25 所示。

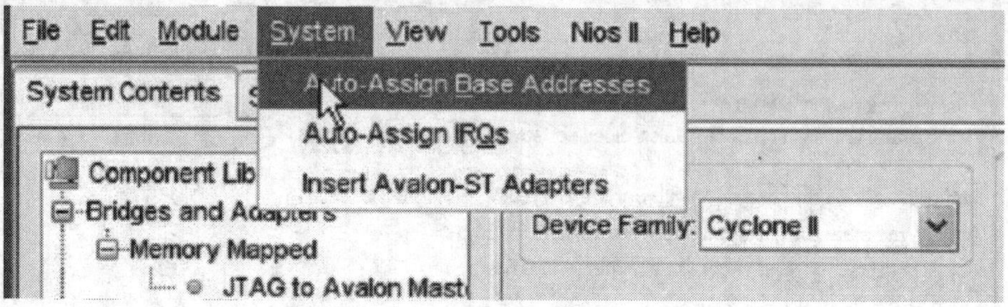

图 4.25　自动分配基地址

分配复位和异常处理时程序指针入口地址:由于我们要在上电后 FPGA 自动完成配置和执行软件程序的过程,所以 Nios Ⅱ CPU 的复位地址必须改为 ext_flash,这样 Nios Ⅱ 开始或者复位后从 flash 执行程序。双击 cpu,在弹出的对话框中,对 Reset Vector 栏的 Memory 下拉菜单选中 ext_flash,其他不变,单击 Finish 完成,如图 4.26 所示。

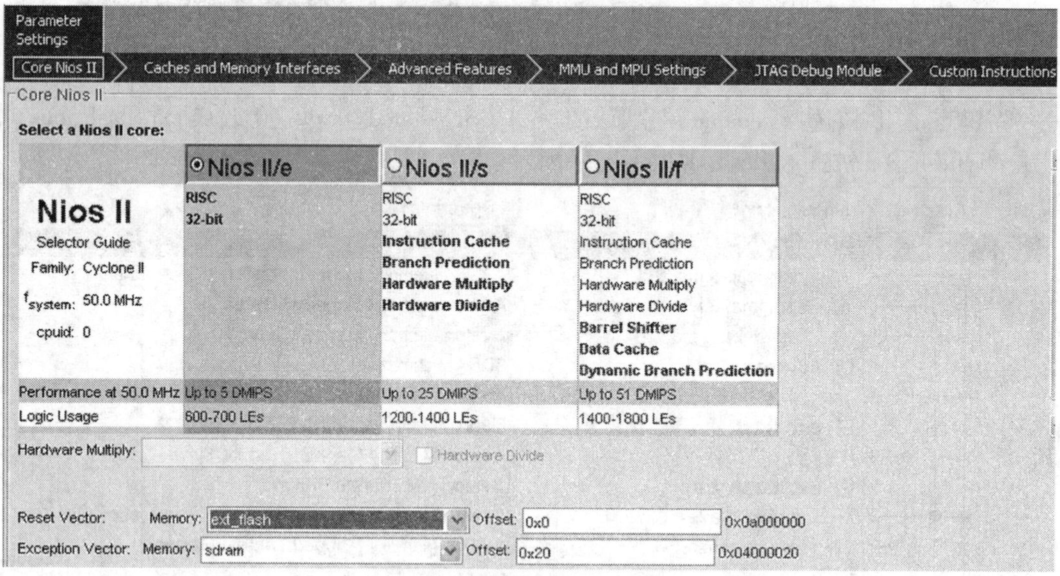

图 4.26　分配复位地址

最终完成的硬件配置如图 4.27 所示。

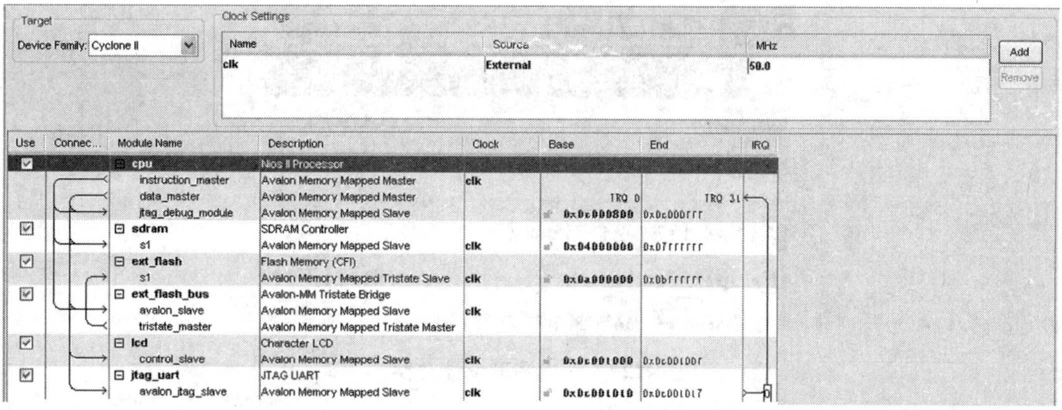

图 4.27　硬件配置图

生成系统，点击 Generate，如图 4.28 所示。

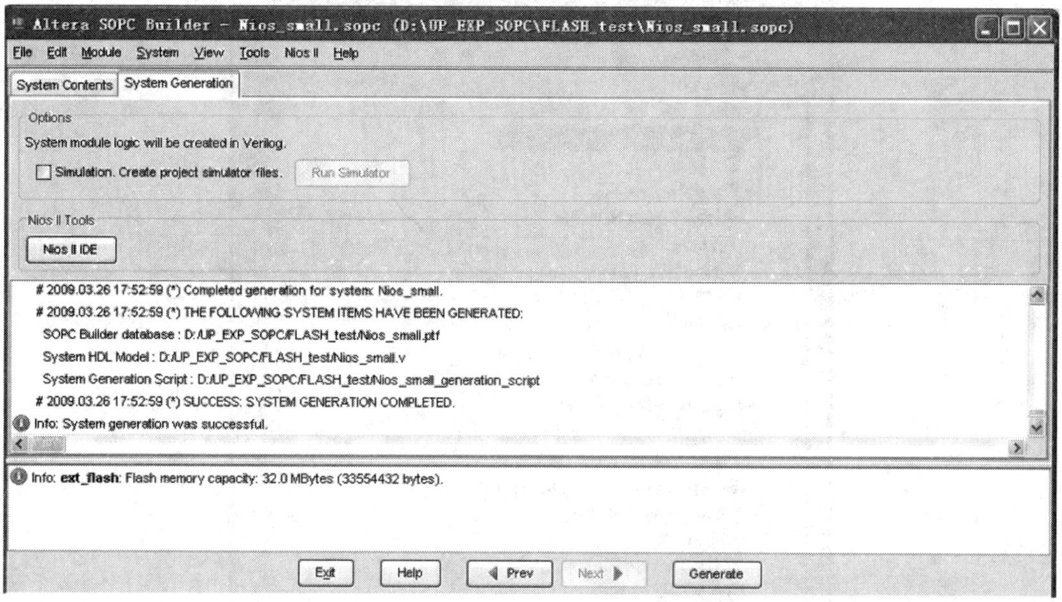

图 4.28　生成 Nios_small 系统界面

SOPC Builder 会提示生成系统的进程，系统生成完成时会提示 SUCCESS：SYSTEM GENERATION COMPLETED。单击 Exit 按钮退出 SOPC Builder。

回到 Quartus Ⅱ里面，需要新建一个图形设计文件，点击 File 菜单下的 New，如图 4.29 所示。

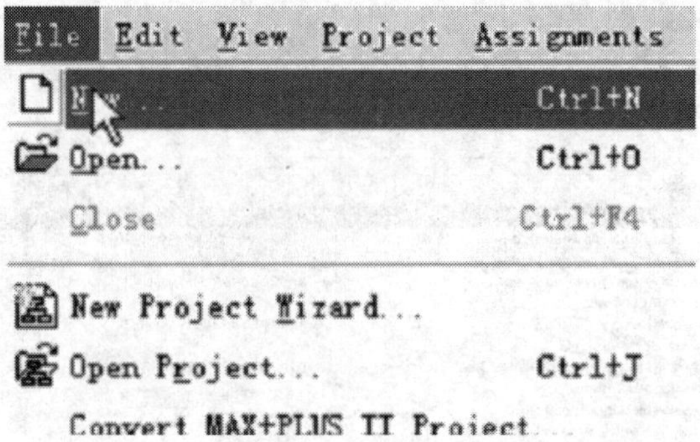

图 4.29　新建图形设计文件 1

这时会弹出如图 4.30 所示的界面,选择 Block Diagram/Schematic File,这时 Quartus Ⅱ会打开一个空白的图形设计文件,会在 Quartus Ⅱ里面看到都是微小的点。

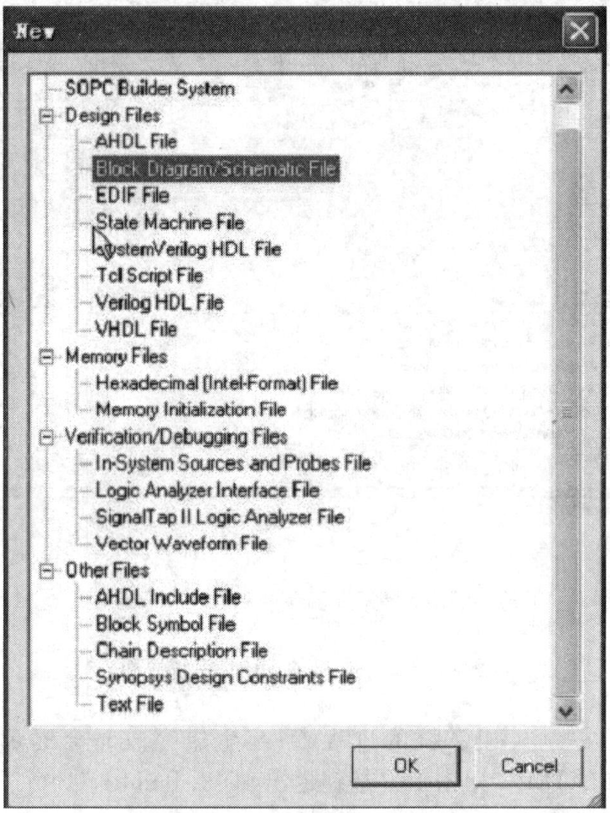

图 4.30　新建图形设计文件 2

然后在空白的地方双击,弹出如图 4.31 所示的界面,打开 Project,选择 Nios_small,左侧就会出现刚才在 SOPC Builder 生成的系统的图形。

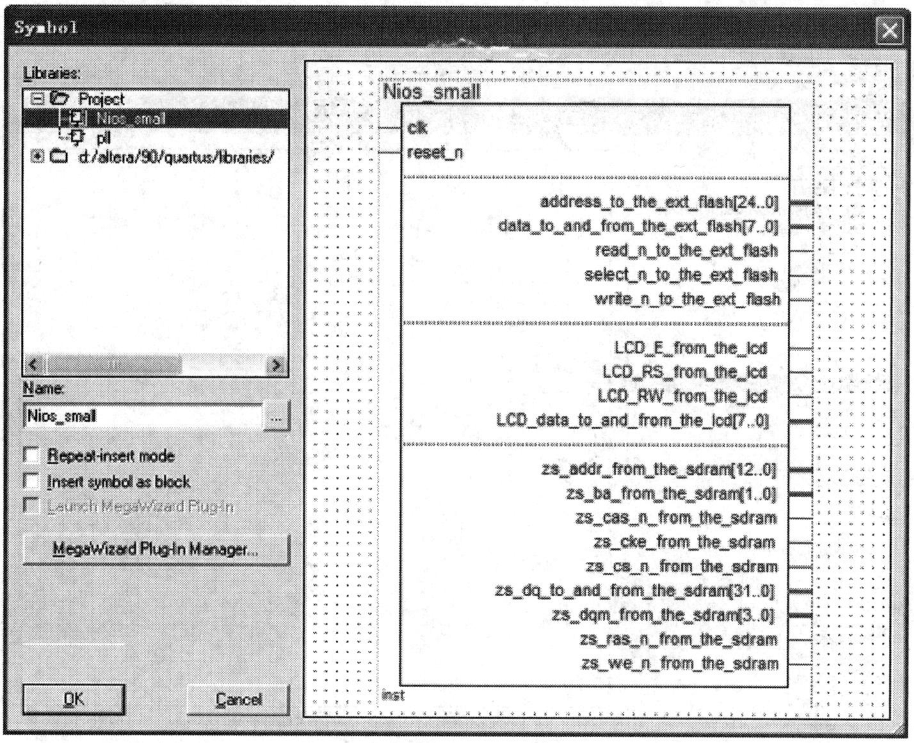

图4.31　找到生成的系统

然后点击OK,把这个图形拖到Quartus Ⅱ里面,如图4.32所示。

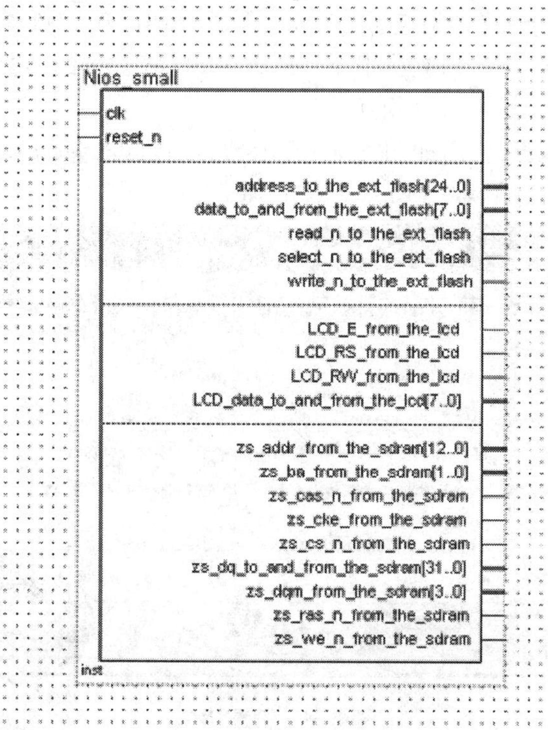

图4.32　拖出Nios Ⅱ系统

添加输入和输出管脚。同样方法,双击空白处在 Name 栏输入 input 或从库中选择。如图 4.33 所示。

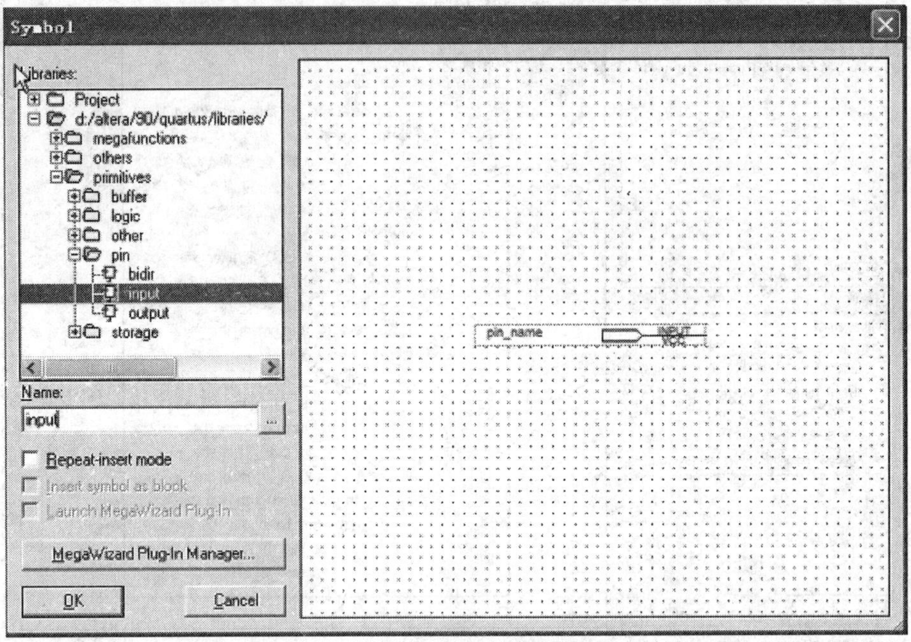

图 4.33　添加输入/输出管脚

由于 SDRAM 控制器 IP 核也需要一个时钟才能工作,但是它的时钟要求与 Nios Ⅱ CPU 的时钟相位差要推后 60°(详情请查看 Altera 公司的 SDRAM 控制器 IP 核的说明文档),所以我们需要使用 PLL 锁相环,PLL 锁相环是集成在 FPGA 片内的,它是专门来做时钟变换的硬核模块,下面就开始设置 PLL 锁相环。

还是双击空白的地方,弹出如图 4.33 所示的界面,点击 MegaWizardPlug - In Manager,如图 4.34 所示的界面,选中第一项,然后点击 Next。

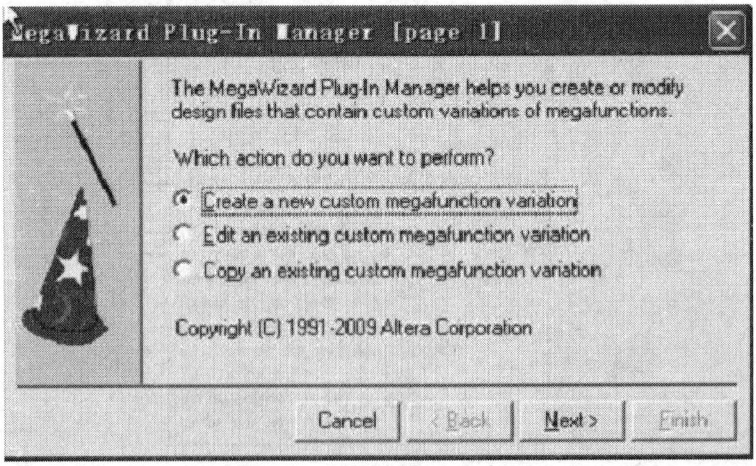

图 4.34　设置 PLL1

这时会弹出如图 4.35 所示的界面,在左侧栏里找到 I/O 的菜单,选中 ALTPLL,它就是用到的 PLL 锁相环,确认使用 Cyclone Ⅱ。选择 Verilog HDL,下面的输入栏是为这个 PLL 锁相环起一个名字并指定存放路径,路径就是所建工程的路径,名字是在路径后面输入 PLL 即可,点击 Next 继续。

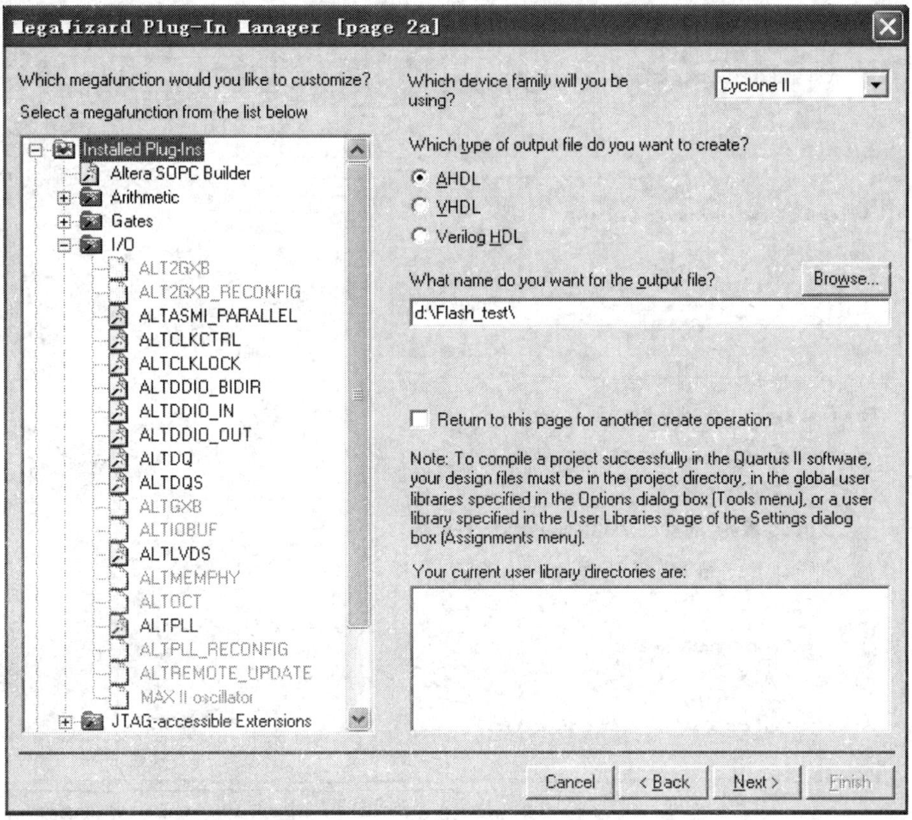

图 4.35　PLL 设置 2

弹出如图 4.36 所示的界面,第一项要选择使用 FPGA 的速度等级,这里使用默认值 8,第二项是选择输入的时钟频率,我们的平台使用晶振是 50 MHz,在这里改为 50,其他使用默认设置,点击 Next 继续。

弹出如图 4.37 所示的界面后把两个绿色的钩都去掉,因为没有涉及这两个信号。点击 Next 继续。

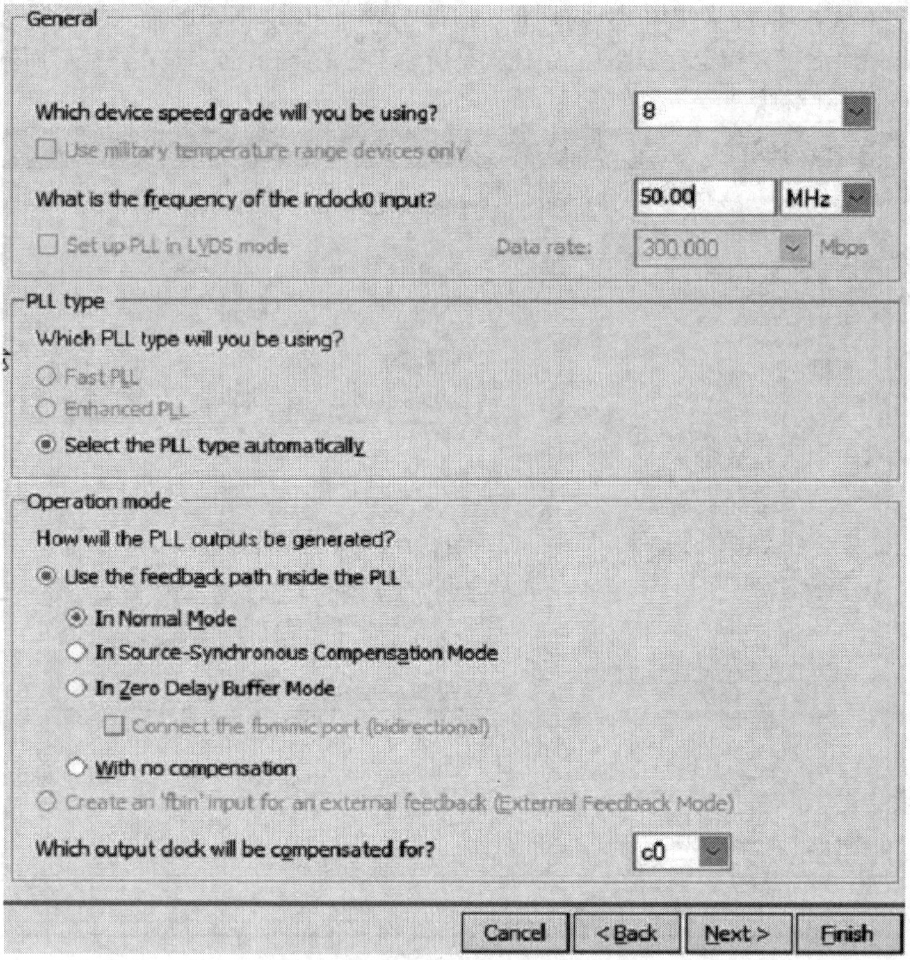

图 4.36　PLL 设置 3

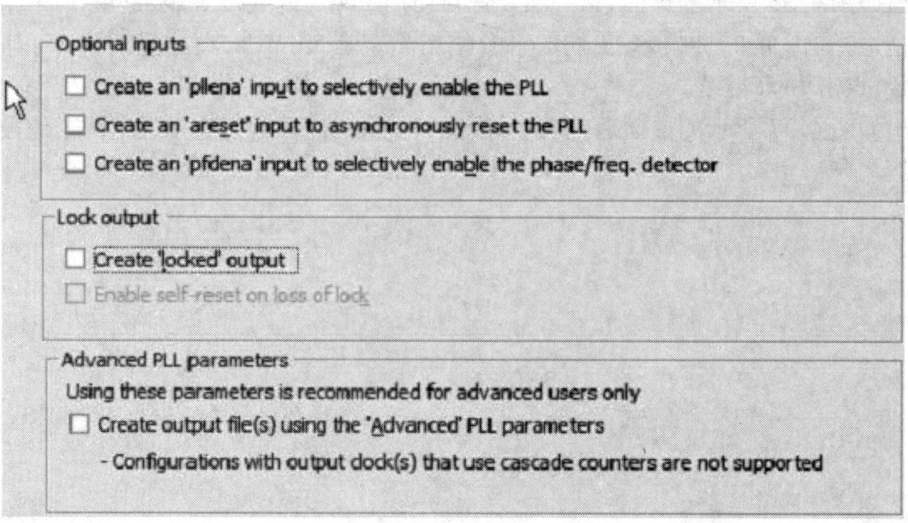

图 4.37　PLL 设置 4

这一页没有任何设置,点击 Next 继续,如图 4.38 所示。

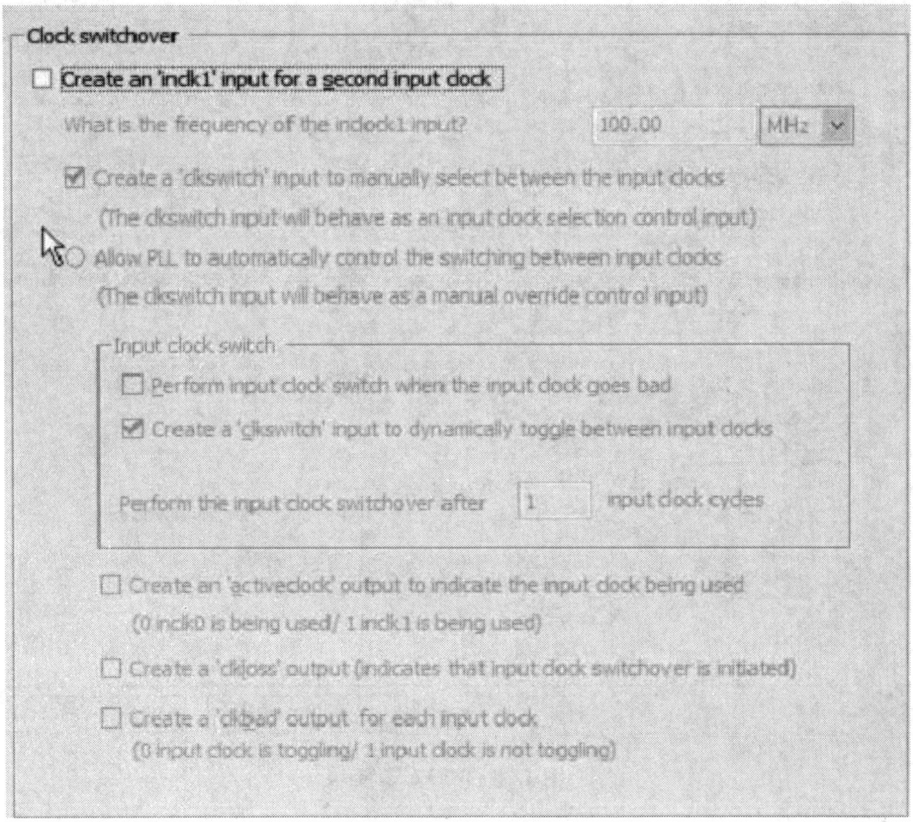

图 4.38　PLL 设置 5

弹出了如图 4.39 所示的界面。每个 PLL 锁相环有三个输出的时钟变换,分别是 c0,c1,c2 三个。这一页是设置 c0 时钟,c0 时钟提供给 Nios Ⅱ CPU,c0 时钟的设置如下:

①第一项是时钟比例:使用 1:1,也就是说,时钟输入是 50 MHz,时钟输出还是 50 MHz;

②第二项是相位变换:0.00 deg,使用默认值;

③第三项是占空比:保持 50% 不变,使用默认值;

④点击 Next 继续。

弹出如图 4.40 所示的界面后进入 c1 时钟的设置。c1 时钟是提供给 SDRAM 控制器 IP 核使用的,要求与 Nios Ⅱ CPU 的时钟相位相差 60°,设置参数如下:

①把 Use this clock 前面的钩打上,表示使用 c1 时钟;

②第一项在 Enter output clock frequecy 里面输入 50 MHz;

③第二项相位差设置为 -60 deg;

④第三项使用默认的 50% 占空比,点击 Next 继续。

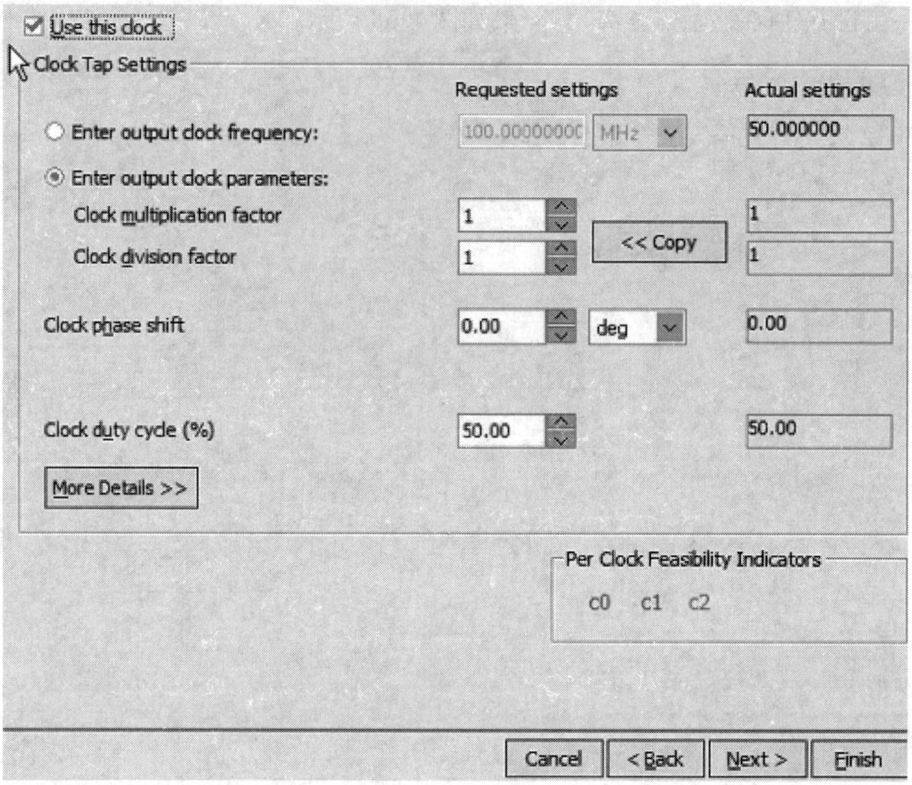

图 4.39 PLL6 设置

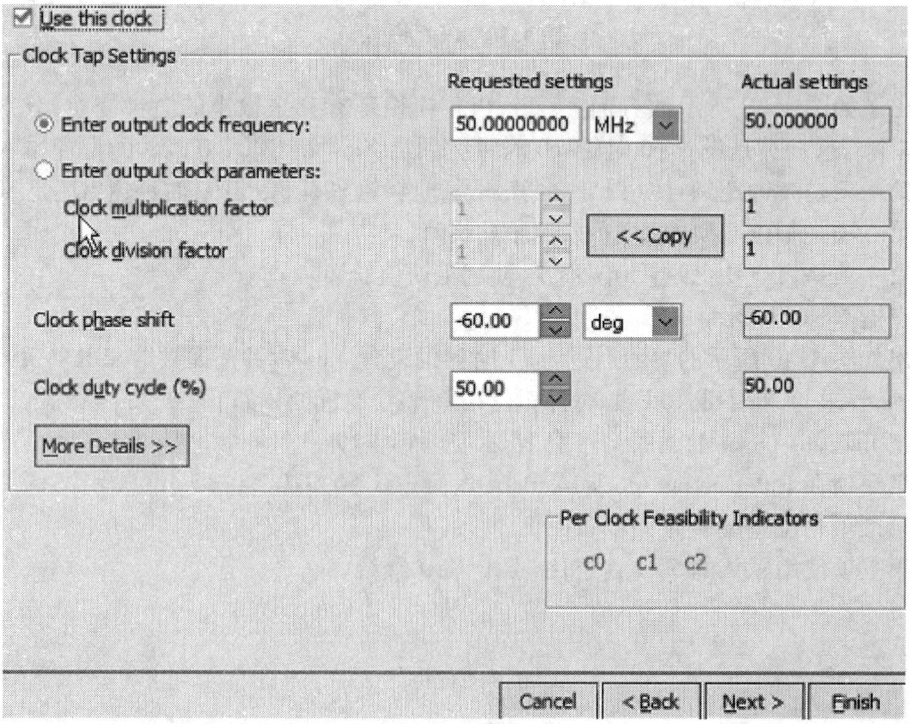

图 4.40 PLL7 设置

进入 c2 时钟的设置,这个实验中不需要 c2 时钟,所以 Use this clock 不要选,如图 4.41 所示。

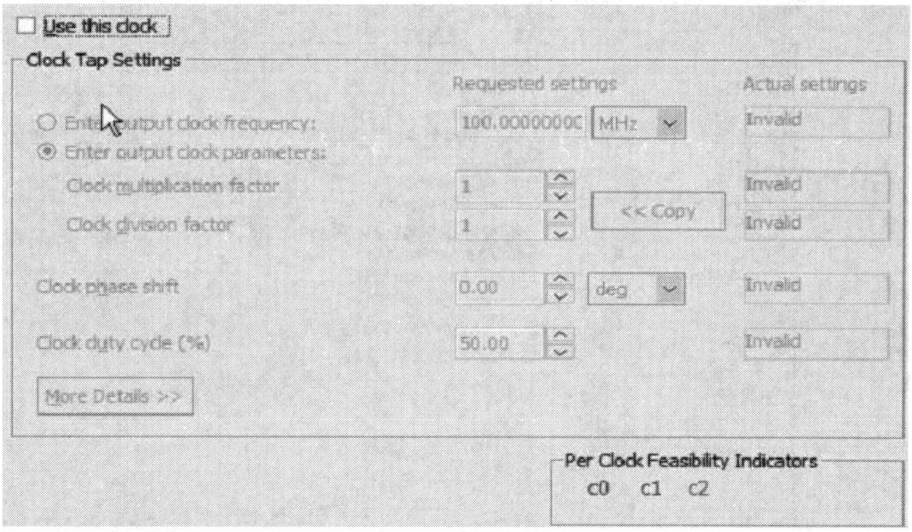

图 4.41　PLL 设置 8

这一页里面没有任何设置,点击 Next 继续,如图 4.42 所示。

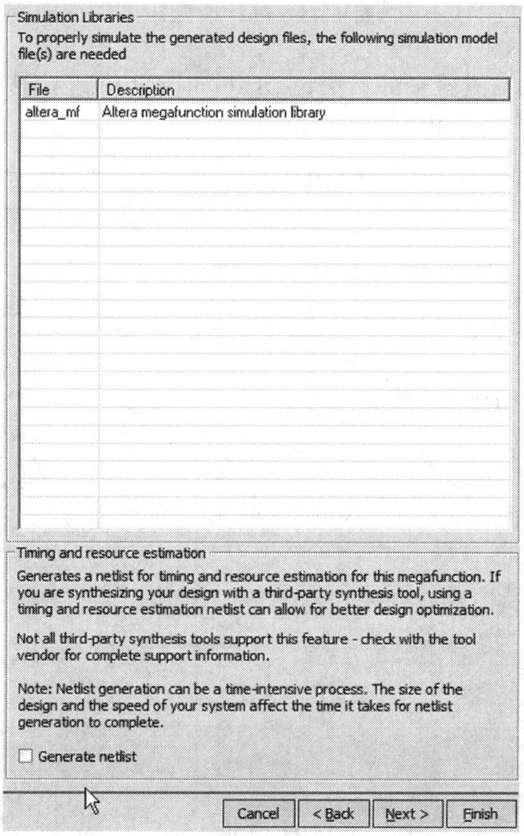

图 4.42　PLL 设置 9

如图 4.43 所示的界面是提示设计者,生成哪些文件,灰色的钩是不可以去掉的,红色的钩是可选的,使用默认值就可以。

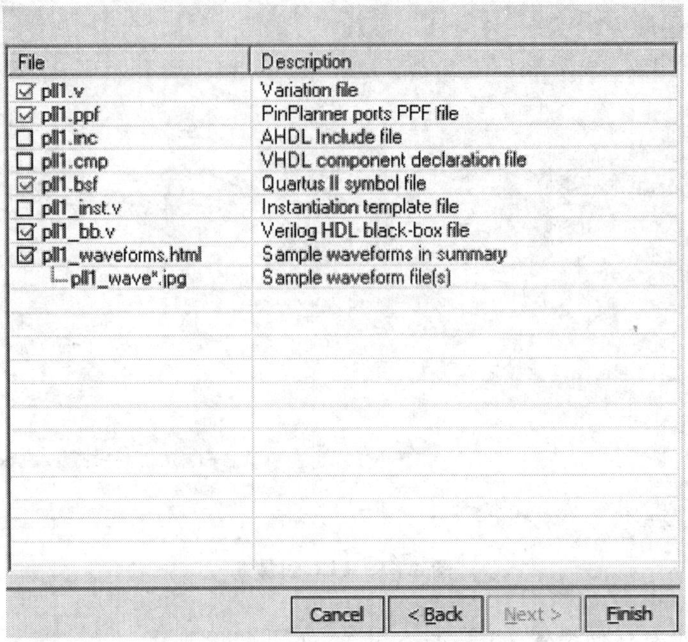

图 4.43　PLL 设置 10

到此 PLL 锁相环的设置就全部结束,点击 Finish,就回到了图 4.31 界面。点击 OK 把 PLL 拖到 Nios_small 的旁边,如图 4.44 所示。

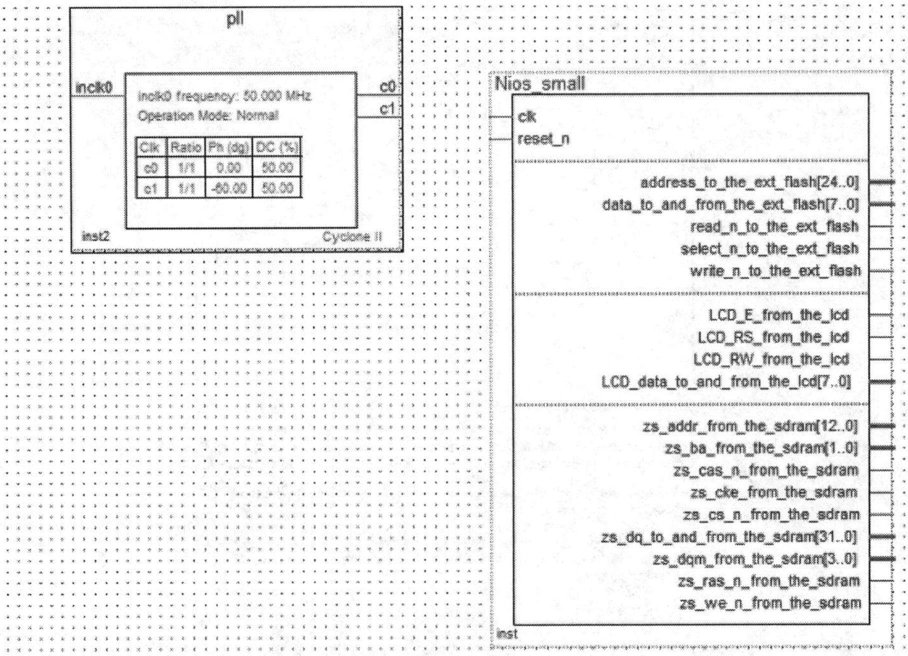

图 4.44　摆放模块

在空白地方双击,在搜索栏里输入 input,如图 4.45 所示。把输入引脚拖到设计中,用同样方法把 output 引脚也拖到设计中。每一个顶层管脚都需要一个输入或者输出。值得注意的是 SDRAM 的 dq[31..0]和 lcd[7..0],读者会发现图 4.44 中三个地方用绿色表示,这是说明 Flash 的数据线、SDRAM 的数据线和 lcd 的数据线是双向的,在添加引脚的时候使用 bidir(双向口)。

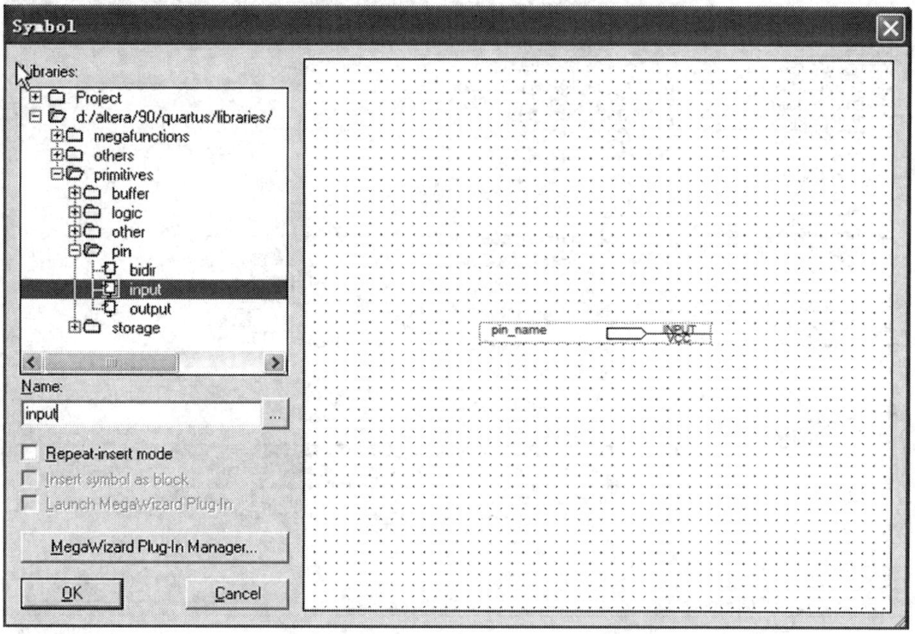

图 4.45　添加 I/O 端口

用鼠标左键连接引脚、PLL 和 Nios Ⅱ_small 的顶层管脚。如图 4.46 所示连接好的图形设计。

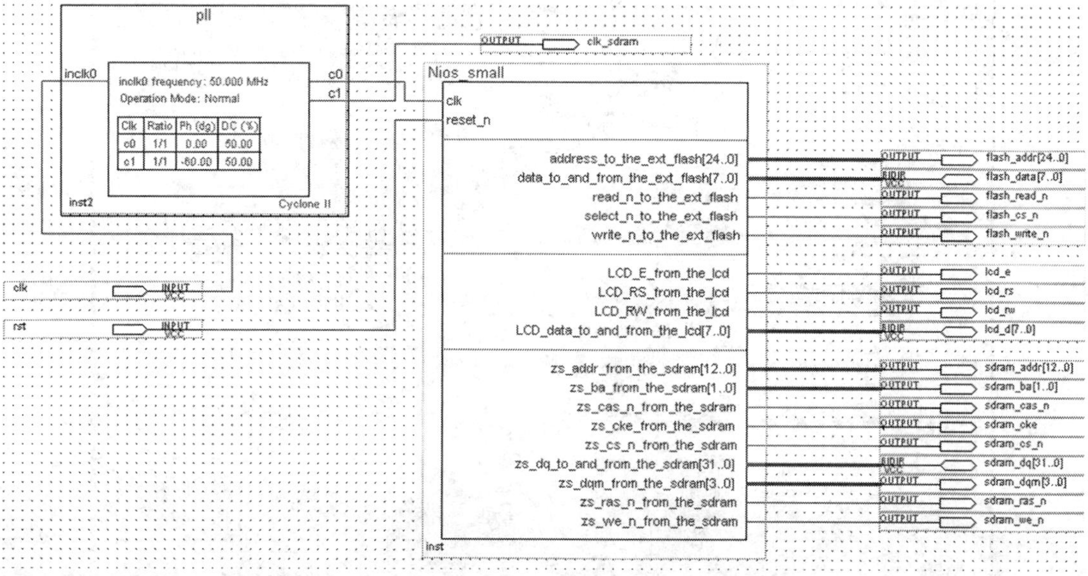

图 4.46　连接好的顶层模块图

3. 设计优化

面积和速度的优化，如图 4.47 所示。

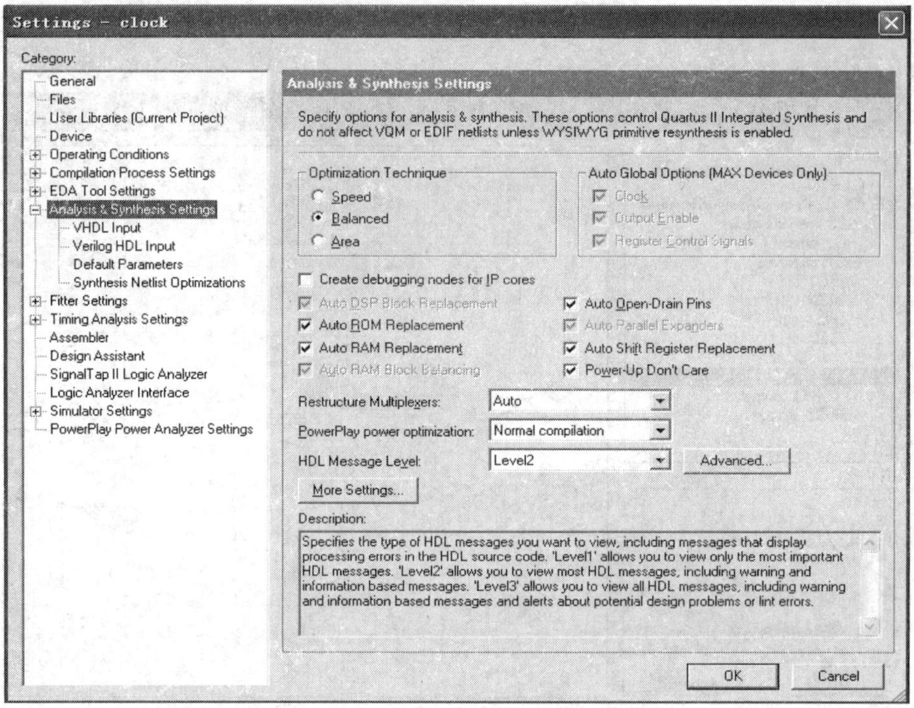

图 4.47　面积和速度的优化

时序约束与设置，如图 4.48 所示。

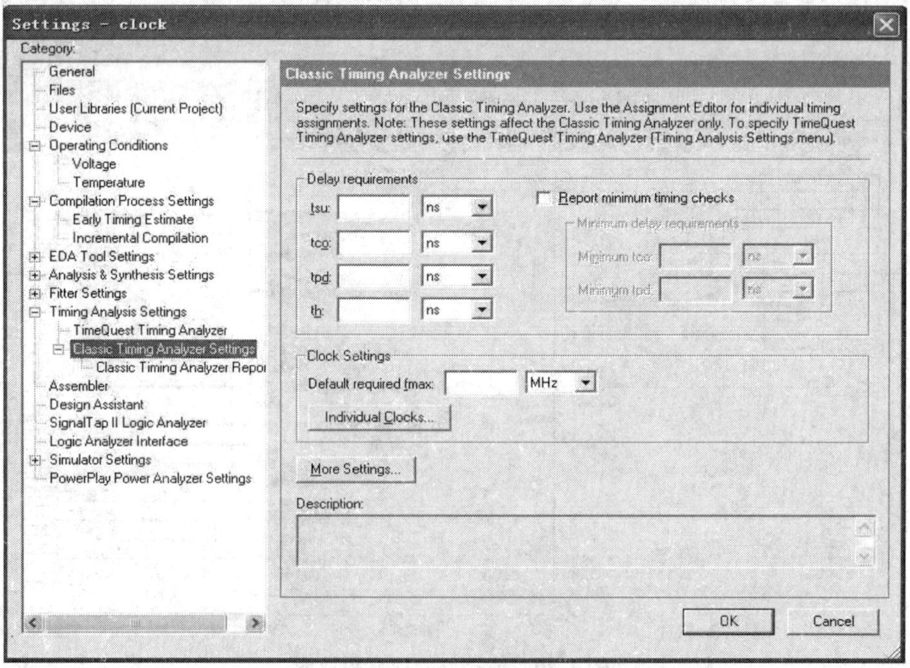

图 4.48　时序约束与设置

Fitter 设置，如图 4.49 所示。

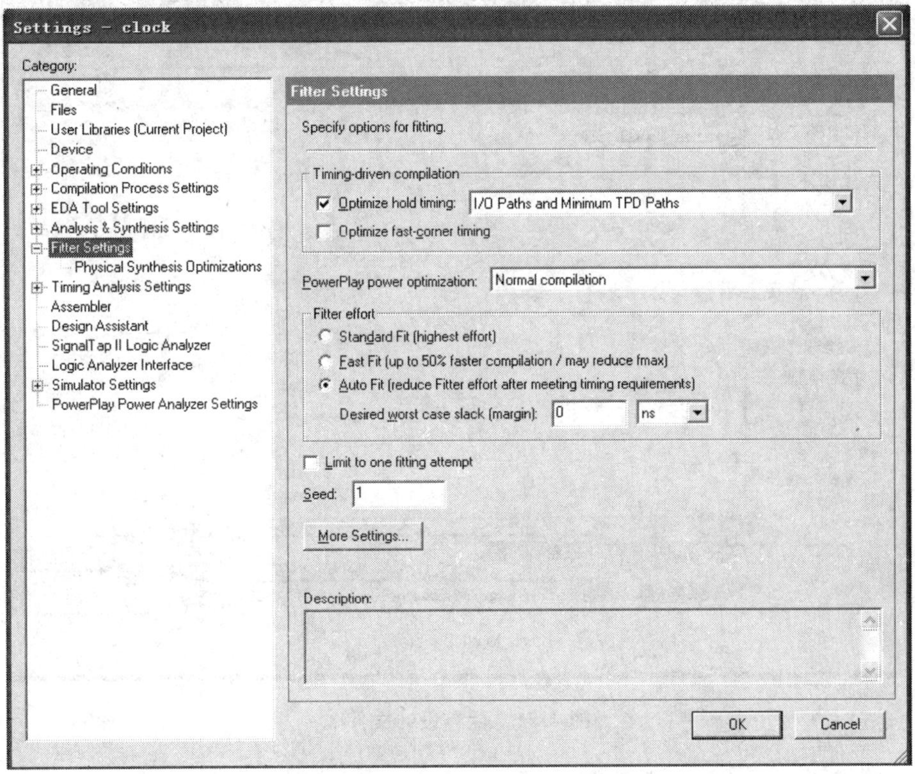

图 4.49　Fitter 设置

4. 工程编译

保存这个图形设计文件，如图 4.50 所示点击 save。之后弹出如图 4.51 所示的界面，这里都使用默认的名字，注意 Add to current project 前面的钩一定要选上，点击保存。

图 4.50　保存设计文件 1

未使用的管脚设置三态：平台核心板上的 FPGA 共有 672 个管脚，但是只是使用其中的一部分，还有大量未使用管脚，我们需要对这些未使用的管脚进行设置，这一步是非常重要的。Quartus Ⅱ 默认使用的输出接地（意思是设置为低电压，也可以称为逻辑 0），如果不进行设置的话，这些管脚都处于工作状态，一方面 FPGA 的耗电量增加芯片会发烫，这样会降低 FPGA 芯片的寿命；另一方面，处于工作状态的管脚可能相互影响。

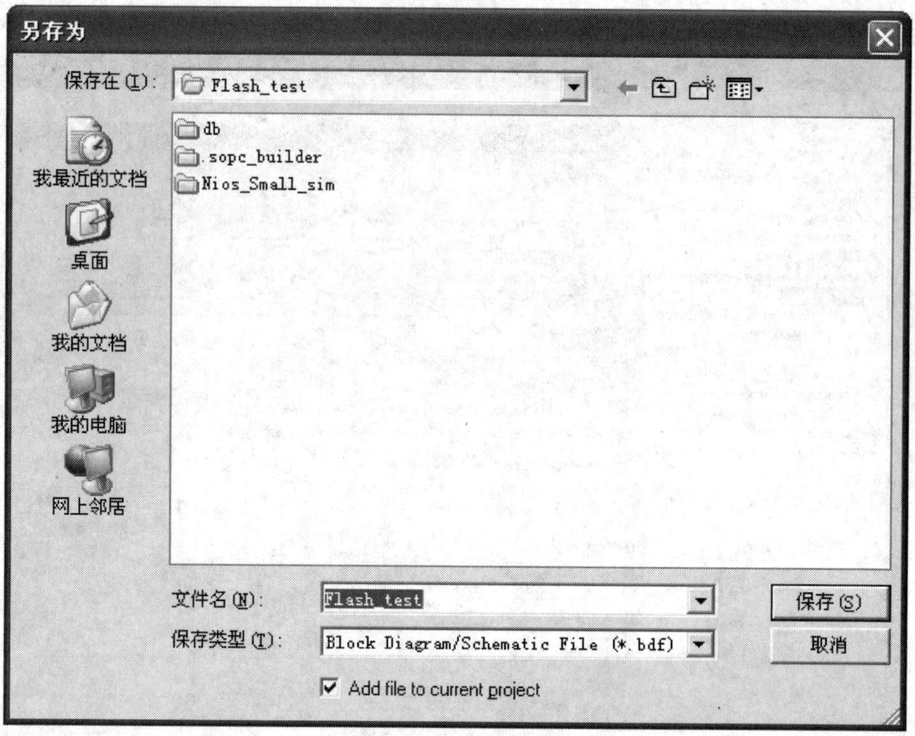

图 4.51　保存设计文件 2

双击导航栏中的 FPGA 型号,如图 4.52 所示。

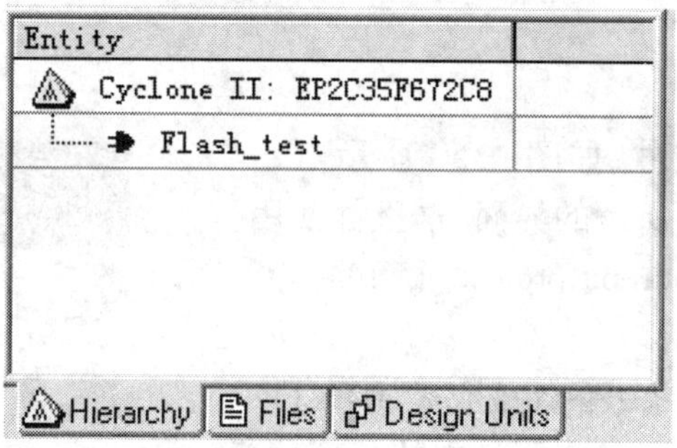

图 4.52　项目导航栏

弹出如图 4.53 所示的界面,点击 Device and Pins Options,进入如图 4.54 所示的界面后,找到 Unused Pins 栏,把默认的 As Output driving ground 改成 As Inputtri - stated。

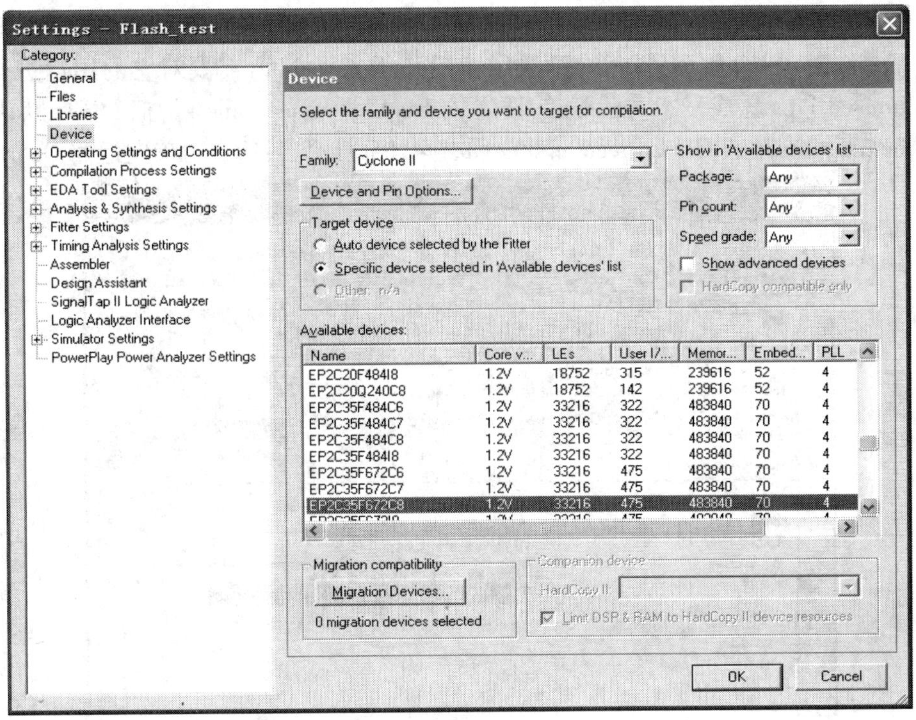

图 4.53 器件设置界面

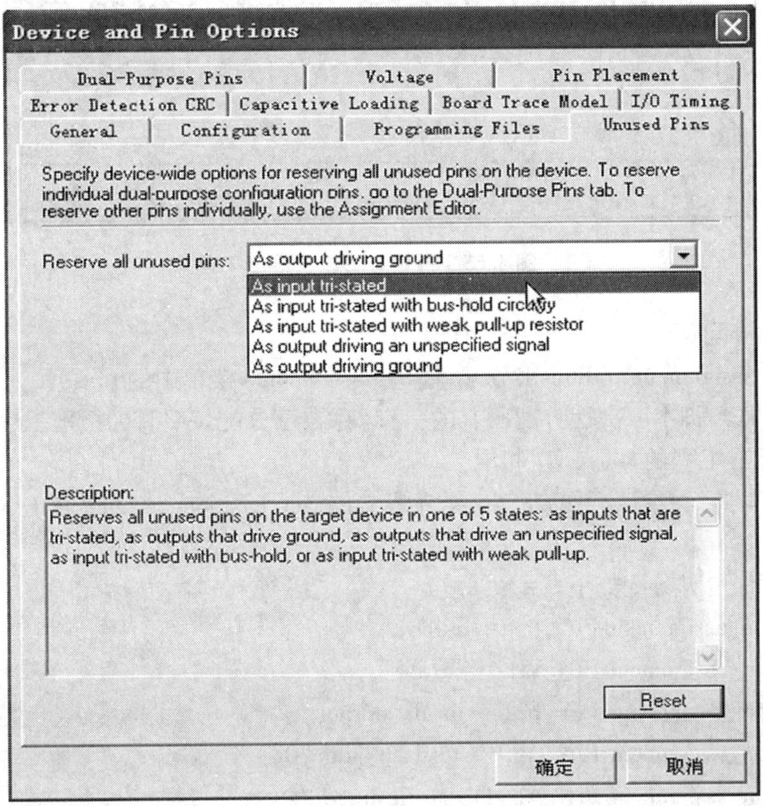

图 4.54 器件管脚设置界面 1

平台上 FPGA 的 AE24 管脚分配给 SDRAM 的 CAS 信号,AE24 管脚是多用途管脚,它在配置过程中作为 nCEO 类型管脚,在配置结束后作为普通 I/O,需要对它的用途进行设置。在完成 Unused Pins 置成三态之后,还需要进入 Dual - Purpose pins 栏,把 nCEO 默认的 Use as programming pin 改成 Use as regular I/O,如图 4.55 所示,最后点击确定返回 Quartus Ⅱ。

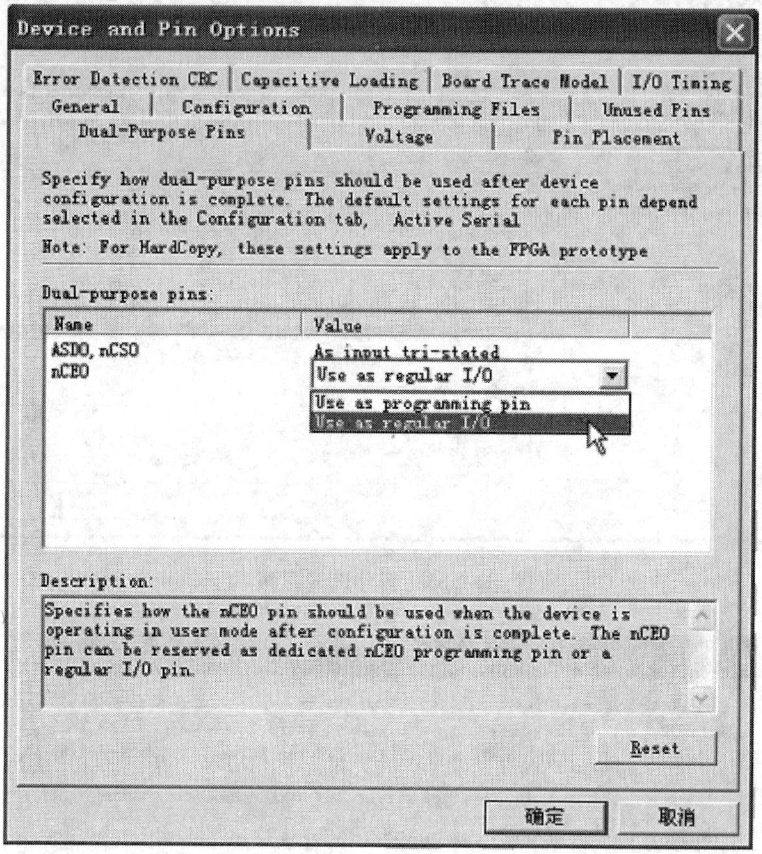

图 4.55　器件管脚设置界面 2

器件引脚分配:

(1)使用 Assignments Editor 来分配,选择 Assignments 菜单中的 pins;

(2)使用 TCL 脚本一次性分配所有的引脚(存在已分配好引脚的标准工程,当前工程的"端口名"与标准工程的"端口名"相同);

(3)直接编辑工程目录下的"工程名. qsf"文件,set_location_assignment PIN_器件引脚 -to 端口名。

本实例器件引脚分配如下所示:

set_location_assignment PIN_P2 -to clk

set_location_assignment PIN_W12 -to rst

set_location_assignment PIN_F21 -to clk_sdram

set_location_assignment PIN_AF9 -to flash_addr[0]

set_location_assignment PIN_AE11 -to flash_addr[1]

set_location_assignment PIN_E1 -to flash_addr[2]

```
set_location_assignment PIN_F2  -to flash_addr[3]
set_location_assignment PIN_F1  -to flash_addr[4]
set_location_assignment PIN_G2  -to flash_addr[5]
set_location_assignment PIN_G1  -to flash_addr[6]
set_location_assignment PIN_AB2  -to flash_addr[7]
set_location_assignment PIN_AC1  -to flash_addr[8]
set_location_assignment PIN_AC2  -to flash_addr[9]
set_location_assignment PIN_AD2  -to flash_addr[10]
set_location_assignment PIN_AE2  -to flash_addr[11]
set_location_assignment PIN_B3  -to flash_addr[12]
set_location_assignment PIN_B4  -to flash_addr[13]
set_location_assignment PIN_A4  -to flash_addr[14]
set_location_assignment PIN_B5  -to flash_addr[15]
set_location_assignment PIN_A5  -to flash_addr[16]
set_location_assignment PIN_D2  -to flash_addr[17]
set_location_assignment PIN_D1  -to flash_addr[18]
set_location_assignment PIN_E2  -to flash_addr[19]
set_location_assignment PIN_B6  -to flash_addr[20]
set_location_assignment PIN_AF8  -to flash_addr[21]
set_location_assignment PIN_AA7  -to flash_addr[22]
set_location_assignment PIN_AE8  -to flash_addr[23]
set_location_assignment PIN_AF7  -to flash_addr[24]
set_location_assignment PIN_AE7  -to flash_data[0]
set_location_assignment PIN_AF6  -to flash_data[1]
set_location_assignment PIN_AE6  -to flash_data[2]
set_location_assignment PIN_AF5  -to flash_data[3]
set_location_assignment PIN_AE5  -to flash_data[4]
set_location_assignment PIN_AF4  -to flash_data[5]
set_location_assignment PIN_AE4  -to flash_data[6]
set_location_assignment PIN_AE3  -to flash_data[7]
set_location_assignment PIN_AE10  -to flash_read_n
set_location_assignment PIN_AF10  -to flash_cs_n
set_location_assignment PIN_AA5  -to flash_write_n
set_location_assignment PIN_V22  -to lcd_e
set_location_assignment PIN_L20  -to lcd_rs
set_location_assignment PIN_W21  -to lcd_rw
set_location_assignment PIN_U20  -to lcd_d[0]
set_location_assignment PIN_V21  -to lcd_d[1]
set_location_assignment PIN_J18  -to lcd_d[2]
set_location_assignment PIN_W19  -to lcd_d[3]
```

```
set_location_assignment PIN_Y18  -to lcd_d[4]
set_location_assignment PIN_AC21  -to lcd_d[5]
set_location_assignment PIN_AC20  -to lcd_d[6]
set_location_assignment PIN_AC19  -to lcd_d[7]
set_location_assignment PIN_AF21  -to sdram_addr[0]
set_location_assignment PIN_AE20  -to sdram_addr[1]
set_location_assignment PIN_AF20  -to sdram_addr[2]
set_location_assignment PIN_AE19  -to sdram_addr[3]
set_location_assignment PIN_B20  -to sdram_addr[4]
set_location_assignment PIN_A21  -to sdram_addr[5]
set_location_assignment PIN_B21  -to sdram_addr[6]
set_location_assignment PIN_A22  -to sdram_addr[7]
set_location_assignment PIN_B22  -to sdram_addr[8]
set_location_assignment PIN_A23  -to sdram_addr[9]
set_location_assignment PIN_AE21  -to sdram_addr[10]
set_location_assignment PIN_B23  -to sdram_addr[11]
set_location_assignment PIN_B24  -to sdram_addr[12]
set_location_assignment PIN_AE22  -to sdram_ba[0]
set_location_assignment PIN_AF22  -to sdram_ba[1]
set_location_assignment PIN_AE24  -to sdram_cas_n
set_location_assignment PIN_B25  -to sdram_cke
set_location_assignment PIN_AF23  -to sdram_cs_n
set_location_assignment PIN_AD25  -to sdram_dq[0]
set_location_assignment PIN_AC25  -to sdram_dq[1]
set_location_assignment PIN_AC26  -to sdram_dq[2]
set_location_assignment PIN_AB25  -to sdram_dq[3]
set_location_assignment PIN_AB26  -to sdram_dq[4]
set_location_assignment PIN_AA25  -to sdram_dq[5]
set_location_assignment PIN_AA26  -to sdram_dq[6]
set_location_assignment PIN_Y25  -to sdram_dq[7]
set_location_assignment PIN_W26  -to sdram_dq[8]
set_location_assignment PIN_V25  -to sdram_dq[9]
set_location_assignment PIN_V26  -to sdram_dq[10]
set_location_assignment PIN_U25  -to sdram_dq[11]
set_location_assignment PIN_U26  -to sdram_dq[12]
set_location_assignment PIN_T25  -to sdram_dq[13]
set_location_assignment PIN_R25  -to sdram_dq[14]
set_location_assignment PIN_P24  -to sdram_dq[15]
set_location_assignment PIN_N24  -to sdram_dq[16]
set_location_assignment PIN_M25  -to sdram_dq[17]
```

set_location_assignment PIN_L25 -to sdram_dq[18]
set_location_assignment PIN_K26 -to sdram_dq[19]
set_location_assignment PIN_K25 -to sdram_dq[20]
set_location_assignment PIN_J26 -to sdram_dq[21]
set_location_assignment PIN_J25 -to sdram_dq[22]
set_location_assignment PIN_H26 -to sdram_dq[23]
set_location_assignment PIN_G25 -to sdram_dq[24]
set_location_assignment PIN_F26 -to sdram_dq[25]
set_location_assignment PIN_F25 -to sdram_dq[26]
set_location_assignment PIN_E26 -to sdram_dq[27]
set_location_assignment PIN_E25 -to sdram_dq[28]
set_location_assignment PIN_D26 -to sdram_dq[29]
set_location_assignment PIN_D25 -to sdram_dq[30]
set_location_assignment PIN_C25 -to sdram_dq[31]
set_location_assignment PIN_Y26 -to sdram_dqm[0]
set_location_assignment PIN_W25 -to sdram_dqm[1]
set_location_assignment PIN_H25 -to sdram_dqm[2]
set_location_assignment PIN_G26 -to sdram_dqm[3]
set_location_assignment PIN_AE23 -to sdram_ras_n
set_location_assignment PIN_AE25 -to sdram_we_n

编译工程：

选择 Processing 菜单中的 Start Compilation，点击工具栏中的 Start Compilation 按钮，如图 4.56 所示。

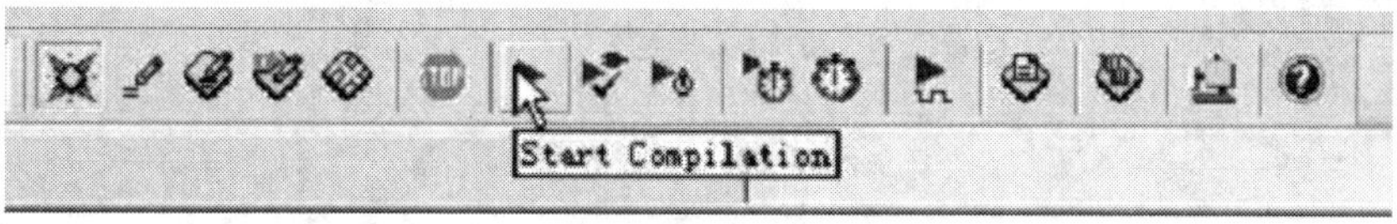

图 4.56 开始编译

编译过程如图 4.57 所示。

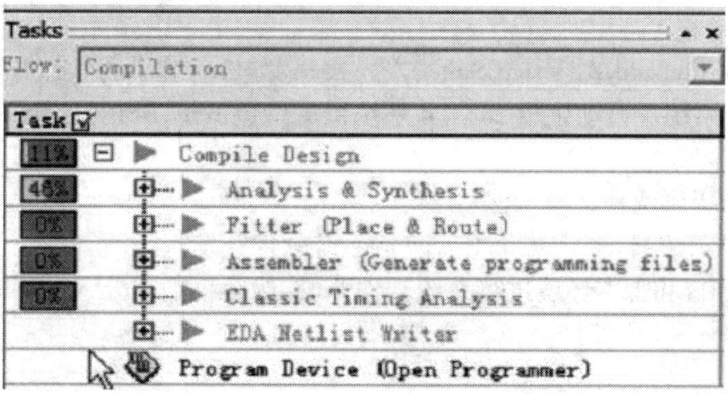

图 4.57 编译过程

编译结束点击确定结束,如图4.58所示。

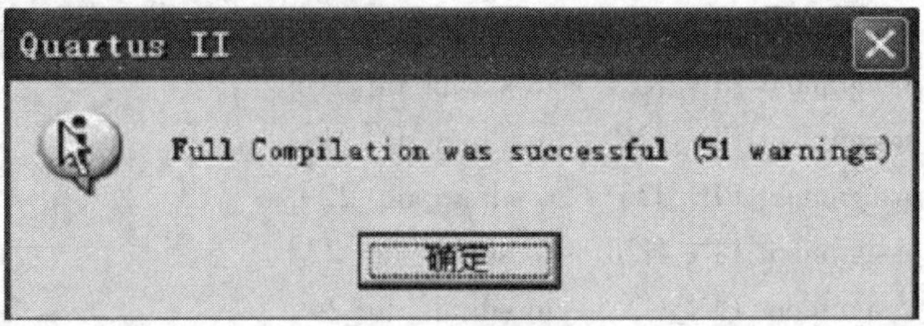

图4.58　编译结束

5.程序配置下载

点击如图4.59所示的按钮,弹出Quartus Ⅱ的下载界面。

图4.59　启动Programmer

如果USB－Blaster安装正确,在Hardware Setup右侧会出现USB－Blaster[USB－0]。Quartus Ⅱ已经自动为我们添加了生成的Flash_test.sof,当然我们也可以自已把这个文件添加进来,不要忘记把Program/Configure下面的钩打上,如图4.60所示。

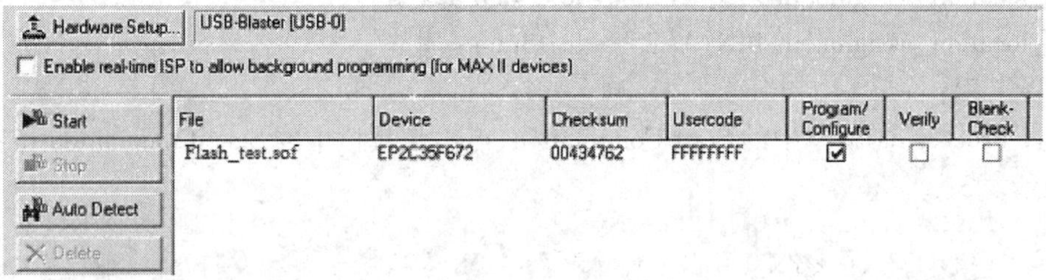

图4.60　下载界面

点击Start开始下载配置文件,等待进度条到100%后,配置文件已经下载完毕。

4.2　Nios Ⅱ设计流程

Nios Ⅱ EDS(Embedded Design Suite,嵌入式开发包)有统一的软件开发平台,适用于所有Nios Ⅱ处理器系统。自动生成Nios Ⅱ系统板支持包BSP,BSP包括硬件抽象层HAL、可选的RTOS、设备驱动。

Nios Ⅱ EDS提供两种开发方法:

(1)基于集成开发环境Nios Ⅱ IDE完成系统软件开发;

(2)基于命令行和脚本环境进行系统软件开发,然后将工程导入到Nios Ⅱ IDE中进行调试。

4.2.1　Nios Ⅱ IDE简介

Nios Ⅱ IDE是基于开放式的、可扩展的Eclipse IDE以及Eclipse C/C++开发工具。

NiosⅡ系列嵌入式处理器的基本软件开发工具,为NiosⅡ处理器系统软件开发提供的主要功能有工程管理器、编辑器和编译器、调试器、闪存编程器。

1. 工程管理器

(1)新建工程向导

NiosⅡ IDE集成了一个新建工程向导,用于自动建立C/C++应用程序工程和系统库工程。

(2)软件工程模板

NiosⅡ IDE以工程模板的形式提供了软件代码实例。

(3)软件组件(系统软件)

NiosⅡ IDE自动生成开发人员快速定制系统所需的软件组件(系统软件)。自动生成的软件组件放在系统库中,包括:NiosⅡ运行库(硬件抽象层HAL)、轻量级TCP/IP库、MicroC/OS-Ⅱ实时操作系统(RTOS)、Altrea压缩文件系统。

2. 编辑器和编译器

(1)文本编辑器

NiosⅡ IDE文本编辑器是一个成熟的全功能源文件编辑器:工程文件管理、语法高亮显示C/C++、代码辅助/代码协助完成、全面的搜索工具、自动纠错、内置调试功能、广泛的在线帮助主题和教程,如图4.61所示。

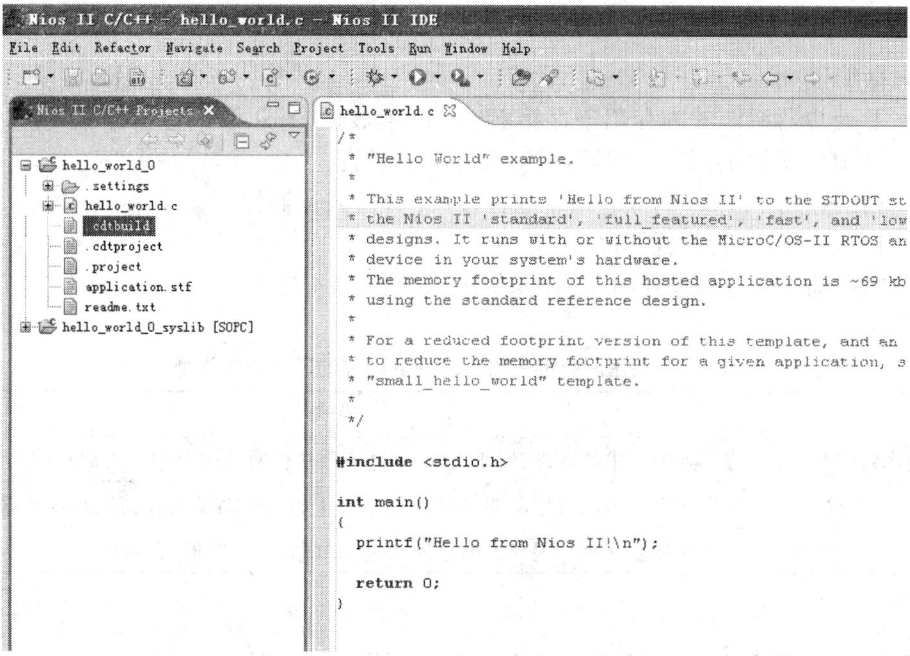

图4.61 NiosⅡ IDE文本编辑器

(2)C/C++编译器

NiosⅡ IDE为GCC编译器提供一个图形化用户界面,提供一个易用的按钮式流程,同时允许开发人员设置高级编译选项。

NiosⅡ IDE编译环境自动地生成一个基于用户特定系统配置(SOPC Builder生成的PTF文件)的makefile,NiosⅡ IDE中编译/链接设置的任何改变都会自动映射到该makefile

中,设置包括生成存储器初始化文件(MIF)的选项、闪存内容、仿真器初始化文件(DAT/HEX)、profile 总结文件的相关选项。

3. 调试器

Nios Ⅱ IDE 包含一个基于 GNU 调试器的软件调试器 - GDB。

基本调试功能　运行控制、调用堆栈查看、软件断点、反汇编代码查看、调试信息查看、指令集仿真器;

高级调试功能　硬件断点调试 ROM 或闪存中的代码、数据触发、指令跟踪。

调试信息查看功能　用户可以访问本地变量、寄存器、存储器、断点以及表达式赋值函数等。

Nios Ⅱ IDE 调试器连接的目标如表 4.1 所示。

表 4.1　Nios Ⅱ IDE 调试器连接的目标

目标	说明
硬件(通过 JTAG)	连接至 Altera 的 FPGA 开发板
指令集仿真器	Nios Ⅱ指令集架构的软件例化;用于硬件平台未搭建好时的系统开发。
硬件逻辑仿真器	连接至 ModelSim HDL 仿真器;用于验证用户创建的外设。

4. 闪存编程器

Nios Ⅱ处理器系统的闪存用于存储 FPGA 配置数据、Nios Ⅱ编程数据、系统参数数据等。Nios Ⅱ IDE 提供的闪存编程器可烧写的闪存包括:

(1)任何连接到 FPGA 的兼容通用闪存接口(CFI)闪存器件;

(2)任何 Altera 串行配置器件。

利用闪存编程器可编程到闪存的通用内容类型如表 4.2 所示。

表 4.2　利用闪存编程器可编程到闪存的通用内容类型

目标	说明
系统固定软件	烧写到闪存中的软件,用于 Nios Ⅱ处理器复位时从闪存中导入启动程序
FPGA 配置	如果使用一个配置控制器,FPGA 能够在上电复位时从闪存获取配置数据
任意二进制数据	开发人员想存储到闪存内的任何二进制数据,例如图形、音频等

4.2.2　基于 Nios Ⅱ IDE 的 Nios Ⅱ软件开发流程

1. Nios Ⅱ 程序的构成

BSP 工程

(1)硬件抽象层(HAL)

HAL 提供一个非线程的、类似 UNIX 的 C/C++运行环境;HAL 可以提供通用的 I/O 设备,允许用户采用 newlib C 标准库函数编程来访问硬件,如 printf();使用 HAL 可以尽量避免通过直接访问硬件的寄存器来控制外设和与外设通信。

(2)Newlib C 标准库

Newlib 是为了嵌入式系统的应用,而对 C 标准库进行精简的开源实现,包括一些常用的函数,如 printf( ),malloc( )和 open( )等。

(3)设备驱动

每个设备驱动管理一个硬件设备。HAL 为 SOPC Builder 系统中的每一个需要驱动程序的设备实例化一个驱动程序。一个设备驱动是和一个特定的 SOPC Builder 设备相关联的;驱动程序有一些设置可以影响驱动程序的编译,这些设置包含在 BSP 的设置中。

(4)可选的软件包

软件包是用户可以选择加入到 BSP 工程中,提供附加功能的源代码。如 Nios Ⅱ版本的 Nich Stack? TCP/IP 协议栈。Nios Ⅱ IDE 和 Nios Ⅱ IDE 设计流程文档使用"软件组件"来指代软件包。软件包和特定的硬件没有关联;软件包有一些设置会影响其编译,这些设置包含在 BSP 的设置中。

(5)可选的实时操作系统(RTOS)

Nios Ⅱ EDS 包含了一个第三方的 μC/OS - Ⅱ 实时操作系统,用户可以选择加入到 BSP 中。μC/OS - Ⅱ基于 HAL,实现了一个简单的调度程序。用户可以修改设置,这些设置包含在 BSP 设置中。

Nios Ⅱ 程序的构成因素如表 4.3 所示。

表 4.3　Nios Ⅱ程序的构成

项目	说明
应用工程	Nios Ⅱ C/C + + 应用工程包括组成一个可执行的. elf 文件的源代码的集合。典型的应用的特征是一个源文件包含 main ( ) 函数。应用工程包括 Libraries 和 BSP 中被调用的函数的源代码
库工程	库工程是一个库文件(. a)中的源代码的集合。库文件中通常包含可重用的、通用的函数,这些函数可被多个应用工程共享。库工程没有 main ( ) 函数
板级支持包 BSP 工程	Nios Ⅱ BSP 工程是包含特定系统支持代码的特殊的库。BSP 为 SOPC Builder 系统的处理器提供定制的软件运行环境。Nios Ⅱ IDE 和 Nios Ⅱ IDE 开发流程文档中使用"system library"来指代 BSP。BSP 包括:硬件抽象层(HAL)、Newlib C 标准库、设备驱动、可选的软件包、可选的实时操作系统(RTOS)

2. Nios Ⅱ IDE 软件开发步骤

采用 Nios Ⅱ IDE 开发 Nios Ⅱ处理器软件:用户使用 Nios Ⅱ IDE 图形用户界面创建、修改、编译、运行和调试 Nios Ⅱ程序。IDE 创建和管理用户的 makefile,用户对编译进程和工程设置干预较少,而且不需要定制的脚本。

(1)新建工程

启动 Nios Ⅱ IDE,如果第一次启动会出现欢迎界面,关闭这个欢迎界面即可,如图 4.62 所示。

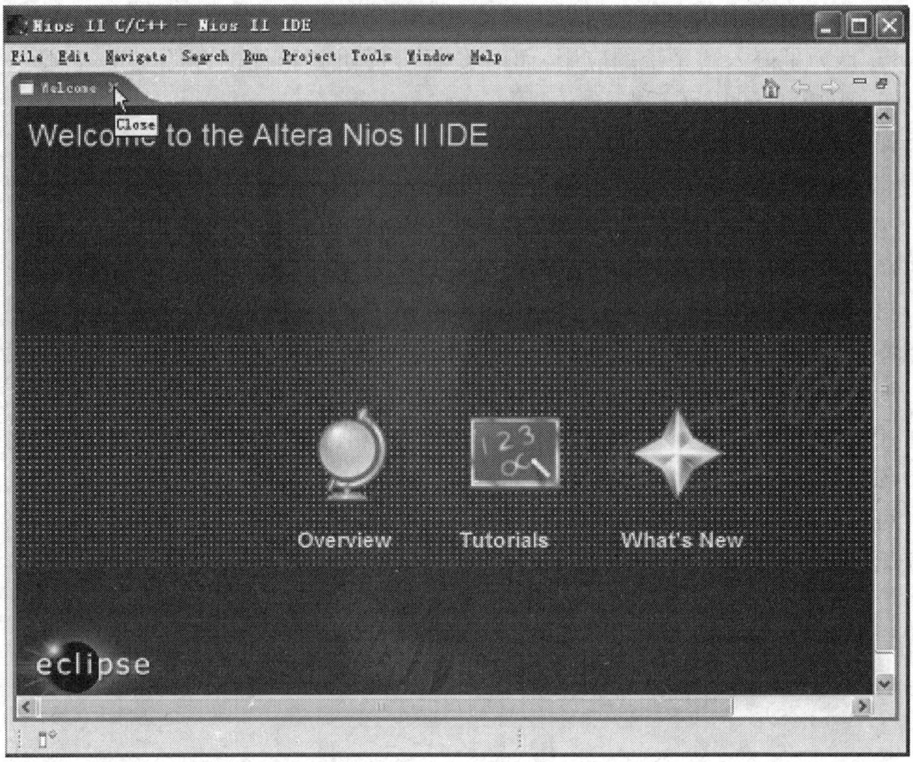

图 4.62　欢迎界面

新建工程,选择 File→New→Project,如图 4.63 所示。

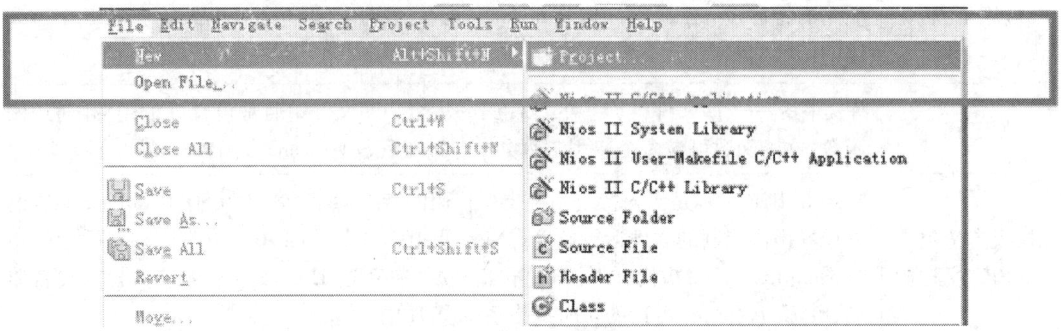

图 4.63　新建工程

在 New Project 对话框中选择 Nios C/C + + Application,如图 4.64 所示。

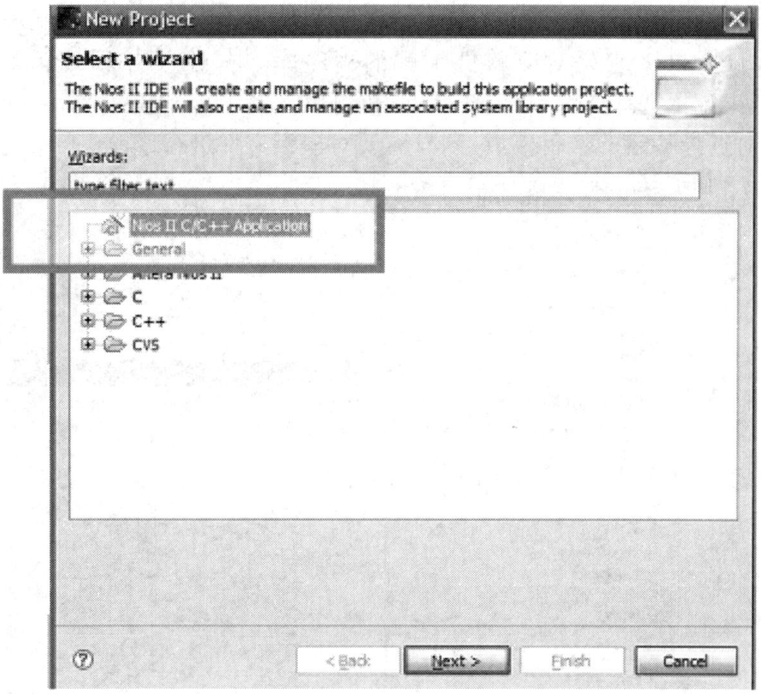

图 4.64　选择 Nios Ⅱ C/C++ Application

单击 Next,左栏中选择 Blank Project 模板,工程名为 Flash_test,如图 4.65 所示。

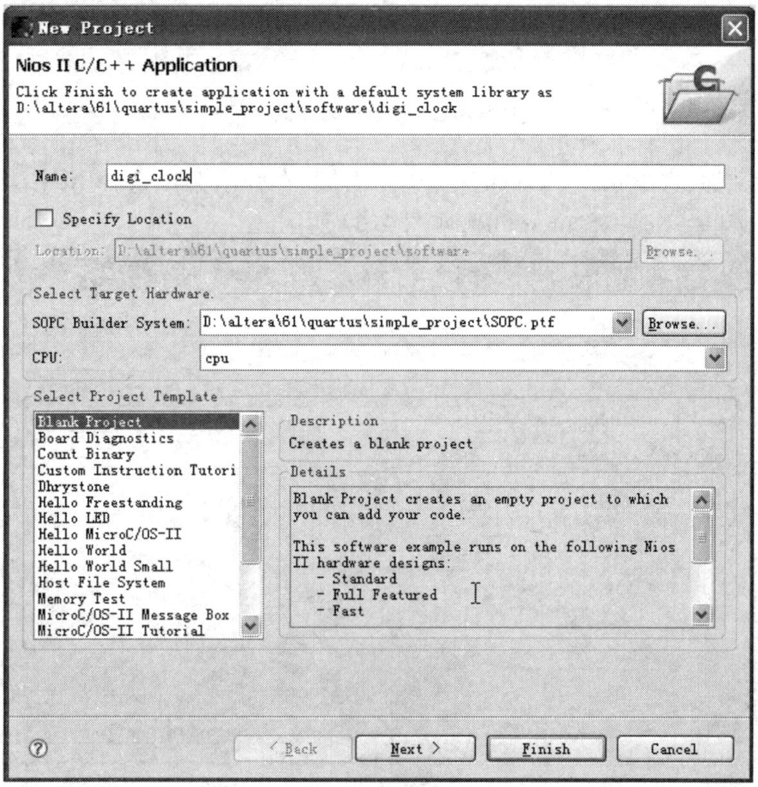

图 4.65　创建系统库

在图 4.66 中会看到新建的软件工程共有两个文件夹，第一个文件夹就是 Flash_test，第二个是 Flash_test_syslib，它是对应软件工程的程序库。右键点击第一个文件夹，也就是 Flash_test，在弹出菜单选择 New→Source File，也可以选择 File 菜单→New→Source File。如果在工程创建时选择特定的工程模板，则只需要对模板文件进行修改。

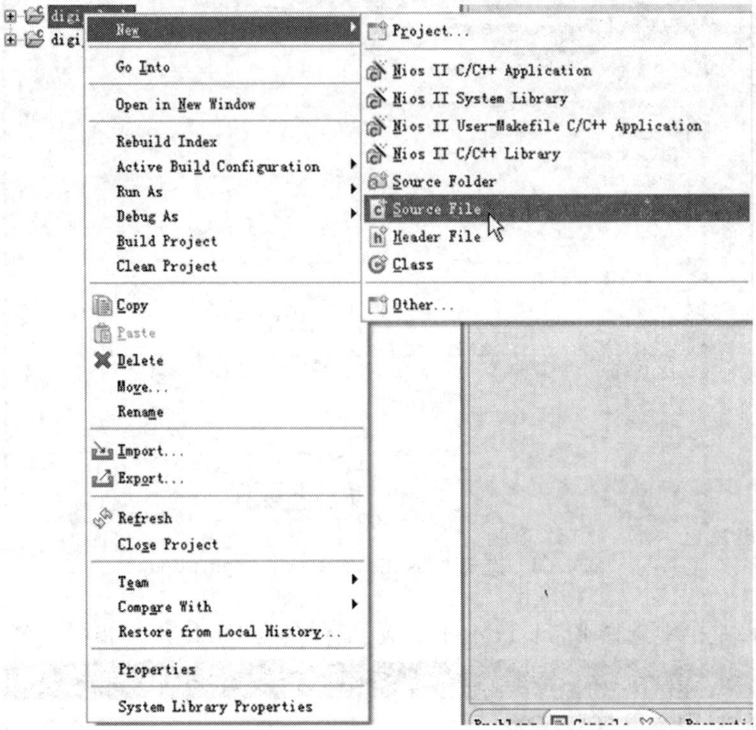

图 4.66　选择源文件类型

建立 C 源文件，选中 digi_clock 工程，单击右键，在弹出菜单选择 New→Source File，也可以选择 File 菜单→New→Source File，如图 4.67 所示。

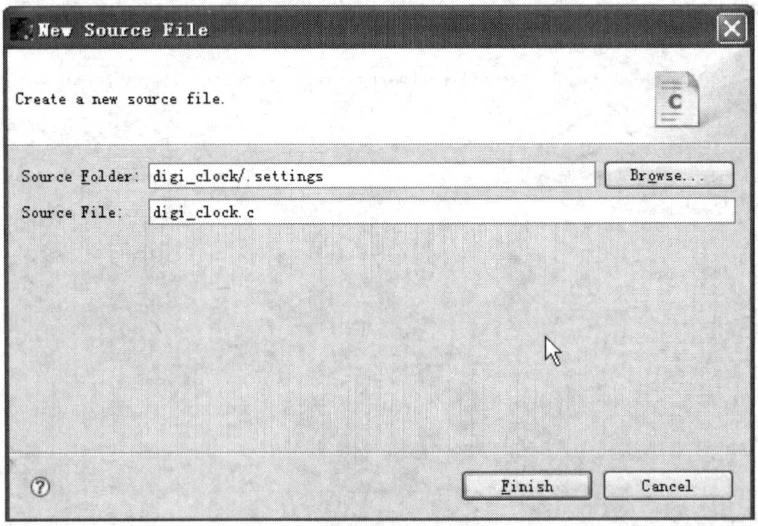

图 4.67　建立 C 源文件

建立源文件后，输入以下程序：

```
#include  <unistd.h>
#include  <string.h>
#include  <io.h>
#include "system.h"
#include "Flash_test.h"

//------------------------------------------
void LCD_Init()
{
  lcd_write_cmd(LCD_BASE,0x38);
  usleep(2000);
  lcd_write_cmd(LCD_BASE,0x0C);
  usleep(2000);
  lcd_write_cmd(LCD_BASE,0x01);
  usleep(2000);
  lcd_write_cmd(LCD_BASE,0x06);
  usleep(2000);
  lcd_write_cmd(LCD_BASE,0x80);
  usleep(2000);
}
//------------------------------------------
void LCD_Show_Text(char * Text)
{
  int i;
  for(i=0;i<strlen(Text);i++)
  {
    lcd_write_data(LCD_BASE,Text[i]);
    usleep(2000);
  }
}
//------------------------------------------
void LCD_Line2()
{
  lcd_write_cmd(LCD_BASE,0xC0);
  usleep(2000);
}
//------------------------------------------
void LCD_Test()
{
```

```
    char Text1[16] = "Cyclon Ⅱ  Board";
    char Text2[16] = "www. up - tech. com";
    //  Initial LCD
    LCD_Init();
    //  Show Text to LCD
    LCD_Show_Text(Text1);
    //  Change Line2
    LCD_Line2();
    //  Show Text to LCD
    LCD_Show_Text(Text2);
}
//-------------------------------

int main()
{
    LCD_Test();
    while(1);
}
```

(2)编译工程和管理工程

我们要设置软件工程的属性,右键点击第一个文件夹,也就是 Flash_test,选择 System Library Properties,如图 4.68 所示。

如图 4.69 所示进入系统设置界面,在 Program memory 和 Read - only data memoryRead/write data memory 下拉菜单中选中 sdram,其他的设置为默认值。Small C Library前面的钩不要打上,sdram 有足够的运行空间,Support C + + 前面的钩选上也可以不选上。stdout,stderr 和 stdin 是系统的标准输入和输出,这里默认使用 jtag_uart。单击 OK 退出界面。

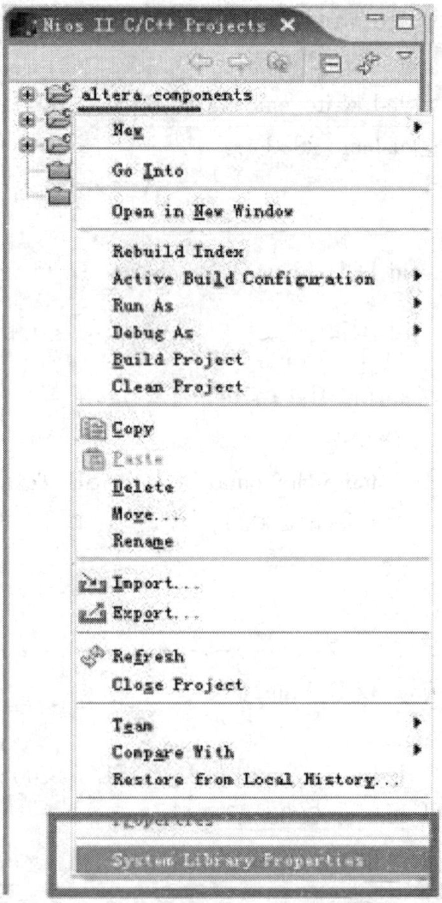

图 4.68 System Library Properties 设置

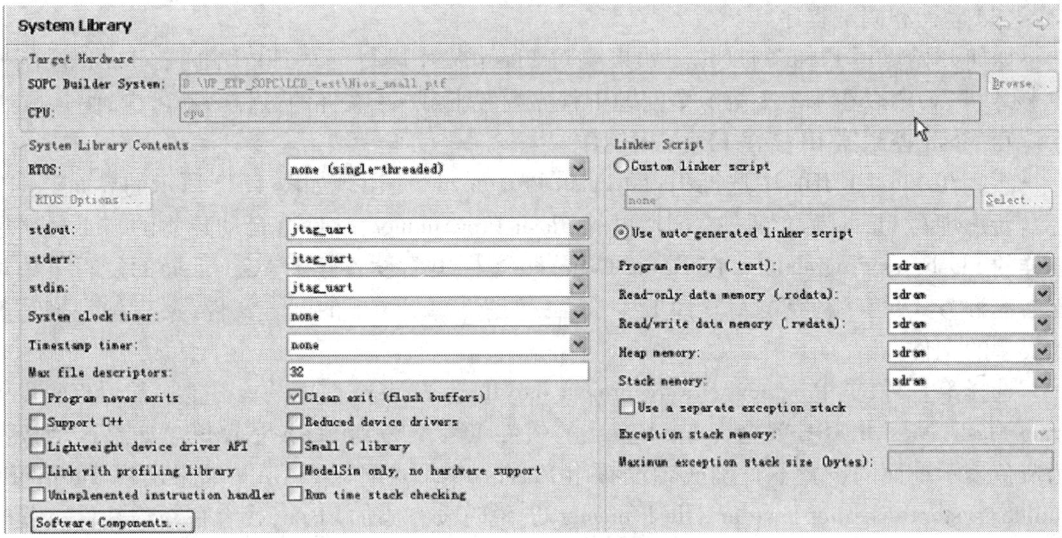

图 4.69 工程系统设置界面

还是右键点击第一个文件夹,也就是 Flash_test,选择 Project→Build all 进行编译,如图 4.70 所示。

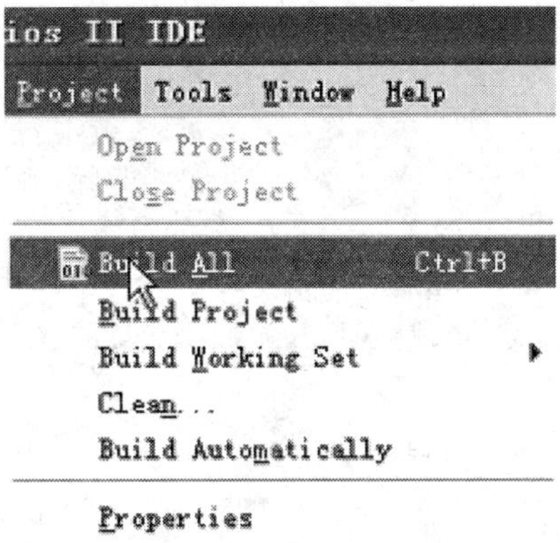

图 4.70 开始编译软件工程

如果是首次编译,Nios Ⅱ IDE 需要等待一段时间,编译过程如图 4.71 所示。

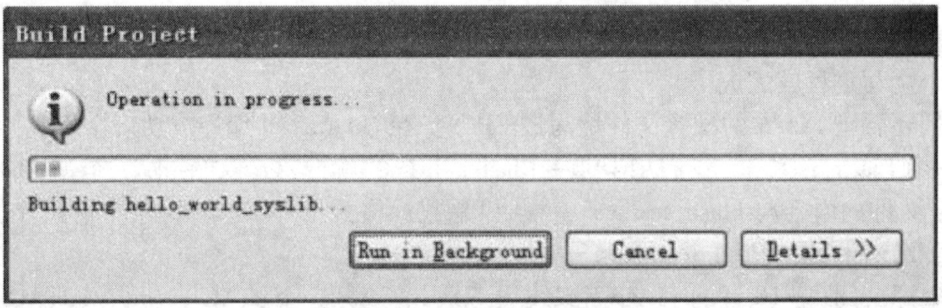

图 4.71 软件工程编译过程

等待进度条结束,下面的信息栏也没有错误提示,说明软件工程也已经设计完毕。

(3)运行和调试程序

如何开始烧写 Flash 的操作。如果要对 Flash 芯片进行读写,FPGA 内有 Flash 控制器 IP 核才可以,所以在 4.1.2 第 5 个问题中程序配置下载 sof 文件的过程必不可少,使 Nios Ⅱ 系统和 Flash 控制器 IP 核在 FPGA 内工作。

然后在 Nios Ⅱ IDE 中选择 Tools(Flash Programmer…出现如图 4.72 所示的界面。

新建烧写 Flash 菜单双击左侧栏里的 Flash Programmer,软件会自动建立的与工程名字一样的 Flash_testProgrammer,在 Target Connection 栏里面设置好 JTAG。下面的烧写菜单里面有三种方式:第一种是烧写软件工程,第二种是烧写 FPGA 的配置文件,第三种是烧写其他类型的文件。

选择第一种,把 Program software project into flash momery 前面的钩打上。然后点击 Program Flash,Nios Ⅱ IDE 就会把 Flash_test 的软件工程烧写到 Flash 芯片里。如果这个按钮为灰色表示前面的设置不正确或者没有用 Flash_test. sof 配置 FPGA。如果出现 The SOPC Builder system does not have any flash memory。说明没有添加 Flash,或者在新建软件工程时选错了 ptf 文件。

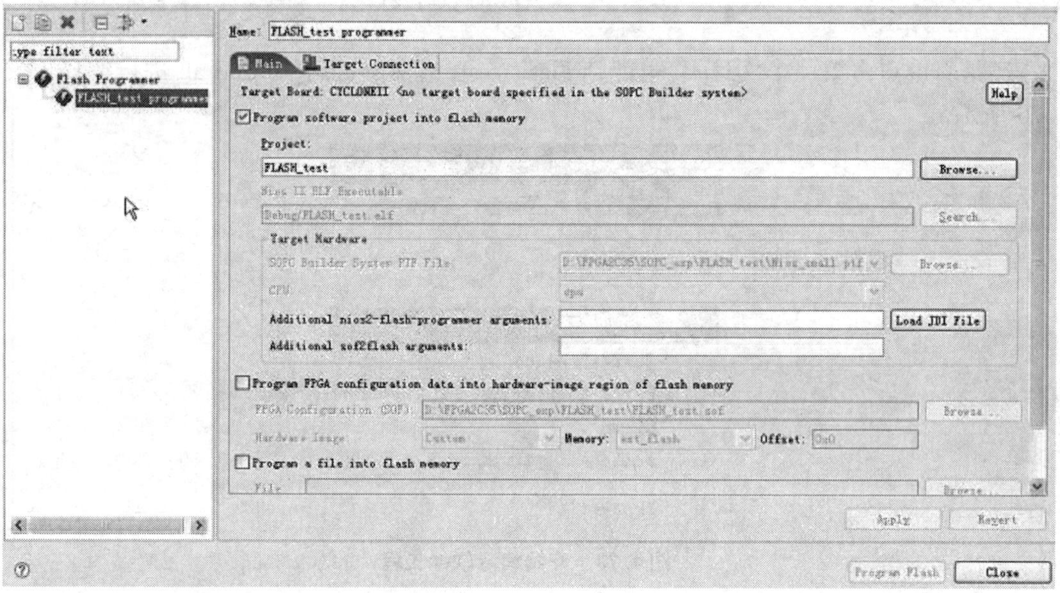

图 4.72 Flash 烧写界面

正常情况,等待一段时间后 Flash Programmer 进入烧写状态,等到出现成功信息的时候。整个烧写过程就完成了。

我们还要把 FPGA 的配置文件烧写进 EPCS。在 Quartus Ⅱ编译成功后会生成两种配置文件:一个 Flash_test. sof,我们用 USB - Blaster 下载的就选这个文件,另一个是 Flash_test. pof,这个文件的内容与 Flash_test. sof 一样,只是数据格式按照 EPCS 的存储格式存放,烧写到 EPCS 的文件就是 Flash_test. pof。

把电源关闭,把 10 针的 JTAG 下载线拔下来,插到另一个 JTAG 口上(AS JTAG 口),再把电源打开(注意:一定要关闭电源再拔下 JTAG 下载线,插上 JTAG 下载线再开电源)。打开 Quartus Ⅱ的 Programmer,在 mode 栏选择 Active Serial Programming,也叫 AS 方式,如图 4.73所示。

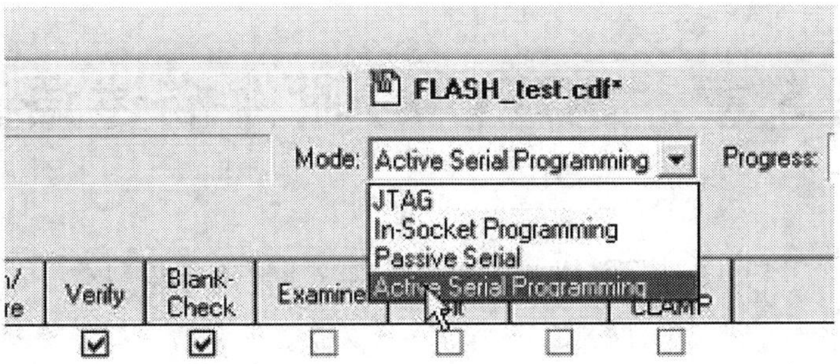

图 4.73　AS 方式选择

之后点击 Add File，弹出如图 4.74 所示的界面，选择 Flash_test. pof 点击打开。

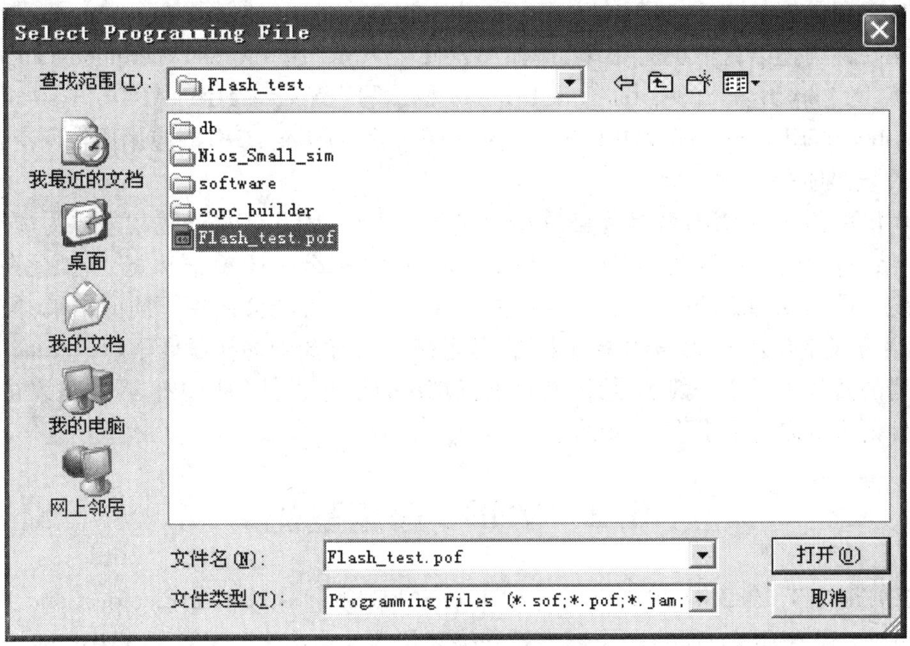

图 4.74　选择下载文件

然后把 Program，Verify，Blank－Check 下面的钩都打上，再点击 Start，如图 4.75 所示。

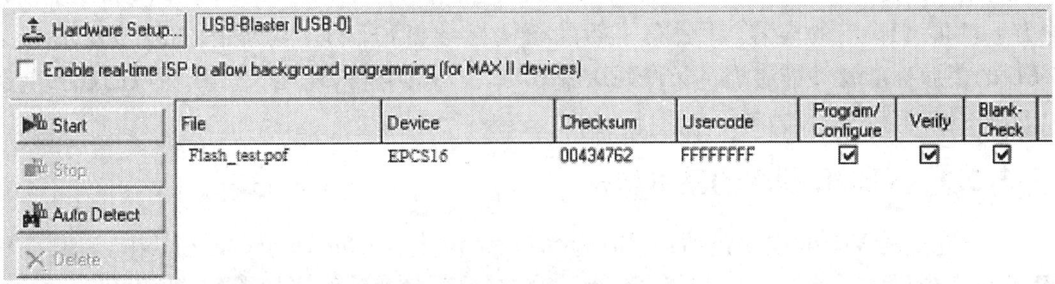

图 4.75　下载界面

开始烧写后，等待三个进度条都结束了，表示烧写完毕。把电源关闭，再重新打开，这时会看到“Cyclon Ⅱ Board”“www. up－tech. com”自动显示在 lcd 上。说明 FPGA 自动配置成功。

第5章　SOPC的硬件描述语言

5.1　硬件描述语言(HDL)概述

随着半导体工艺的快速发展,FPGA,CPLD等大规模可编程器件在数字系统的设计过程中得到了越来越广泛的应用,设计的规模和功能变得庞大而复杂,传统的电路图设计方法已不适合系统设计的要求,因此便于传递、交流、保存、修改、设计灵活的硬件描述语言得到了设计工程师们的广泛使用,大大提高了设计效率。

现在硬件描述语言种类有很多,例如:VHDL(VHSIC Hardware Description Language,其中VHSIC是Very High Speed Integrated Circuit的缩写),Verilog HDL,AHDL,System C,Handel C,System Verilog,System VHDL等。其中VHDL和Verilog HDL的应用比较广泛,其他的HDL尚在发展阶段。

VHDL和Verilog HDL各具优势:VHDL的语法严谨,因此使得描述起来较为烦琐,但是为了避免设计中的一些问题,VHDL也是不错的选择;Verilog HDL语法宽松,因此在描述中容易出现一些问题,而且同一设计在不同的EDA平台下可能会出现不同的结果,但Verilog HDL的语言风格是从C语言继承过来的,因此有C语言基础的初学者学习Verilog HDL是一个不错的选择。对于一般的设计,两种语言都可以满足设计的要求。因此建议初学者不要在两种语言的取舍上下太多的功夫。

5.2　VHDL语言基础

VHDL诞生于1982年,1987年底VHDL被IEEE The Institute of Electrical and Electronics Engineers和美国国防部确认为标准硬件描述语言。自IEEE公布了VHDL的语法标准IEEE STD 1076—1987之后,各EDA厂商相继推出了自己的VHDL设计环境或宣布自己的设计工具可以兼容VHDL。此后VHDL在电子设计领域得到了广泛的应用,并取代了一些原始的硬件描述语言。1993年IEEE对VHDL进行了修订,从更高的抽象层次和系统描述能力上扩展VHDL的内容,并公布了新的语法标准IEEE STD 1076—1993。VHDL作为IEEE的工业标准硬件描述语言又得到众多EDA公司的支持,在电子工程领域已成为事实上的通用硬件描述语言。

5.2.1　VHDL程序的基本结构

一个完整的VHDL程序包括:实体(Entity)、结构体(Architecture)、库(Library)、程序包(Package)、配置(configuration)五个部分。其中主要部分及其作用如图5.1所示。

一个完整的VHDL设计必须包含一个实体和一个与之对应的结构体。一个实体可对应多个结构体,以说明采用不同方法来描述电路。

以2输入端与非门为例,讲解VHDL的基本构件:

```
LIBRARY ieee;                //库、程序包调用
```

```
USE ieee.std_logic_1164.all;
entity andn2 is                     //实体
        port(      a,b: in   std_logic;
                   y: out std_logic);
        end andn2;
architecture behave Of andn2 is   //结构体
Begin
        y < = a nand b;
End behave;
```

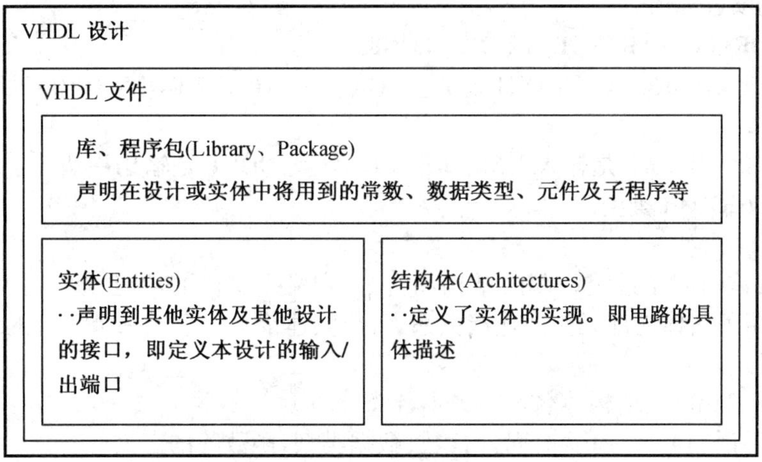

图 5.1　VHDL 语言的基本结构

1. 实体

实体中定义了该设计所需的输入/输出信号,信号的输入/输出类型被称为端口模式,同时,实体中还定义了它们的数据类型。

实体说明的结构如下:(VHDL 语言中不区分大小写)

```
ENTITY   实体名 IS
[端口说明]
END   实体名;
```

端口说明对实体中输入输出端口进行描述,格式如下:

```
PORT(端口名,端口名……:端口方向 数据类型;
                  ⋮
        端口名,端口名……:端口方向 数据类型);
```

端口名为输入输出引脚的名称,一般用几个英文字母组成。端口方向定义引脚是输入还是输出,见表 5.1 所示。

常用的端口数据类型有两种:BIT 和 BIT_VECTOR。当端口被说明为 BIT 时,只能取值“1”或“0”,当端口被说明为 BIT_VECTOR 时,它可能是一组二进制数。

表 5.1 端口方向定义

方向	说明
IN	输入到实体
OUT	从实体输出
INOUT	双向
BUFFER	输出(但可以反馈到实体内部)
LINKAGE	不指定方向

例:ENTITY count IS

```
    PORT(CLK,RESET: IN STD_LOGIC;
         QOUT     : OUT STD_LOGIC_VECTOR(7 DOWNTO 0));
END count;
```

本例中,CLK,RESET 是输入引脚,属于 BIT 类型,QOUT 是输出引脚,为 8 位二进制数据,属于 BIT_VECTOR 类型。

2. 结构体

结构体具体指明了系统内部的结构和行为,定义了实体的功能,规定了所设计实体的数据流程,指明了实体内部元件的连接关系,每个实体都有一个或一个以上的结构体。

结构体格式如下:

```
ARCHITECTURE  结构体名 OF 实体名 IS
[信号声明语句]; --内部信号,常数,数据类型,函数等的定义
BEGIN
[功能描述语句]; --用于描述设计的功能
END 结构体名;
```

结构体描述实体的行为,包含两类语句:

①并行语句:并行语句总是在进程语句(PROCESS)的外部,该语句的执行与书写顺序无关,总是同时被执行。例如:布尔方程语句、条件赋值语句。

②顺序语句:顺序语句总是在进程语句(PROCESS)的内部,从仿真的角度,该语句是顺序执行的。例如:IF-THEN-ELSE 语句和 CASE-WHEN 语句。

一个结构体可能包含几个类型的子结构描述:PROCESS 描述(进程描述),BLOCK 描述(块描述),SUBPROGRAMS 描述(子程序描述)。

(1)进程(PROCESS)描述

在 PROCESS 中的语句是顺序执行的。所以 PROCESS 中的语句可以用于时序电路的仿真。当 PROCESS 中敏感信号发生变化时,PROCESS 中的语句就会执行一遍。可以把 PROCESS 处理的过程相当于一个中断信号的处理,中断子程序就是 PROCESS 中运行的部分,也可以作为时钟脉冲的输入,每个时钟均要运行一次的进程。进程描述的格式如下:

```
[进程名]:PROCESS(敏感信号1,敏感信号2,……)
BEGIN
        ⋮
END PROCESS 进程名;
```

例:

```
process(input)                  //进程(敏感信号)
begin
```

```
            if(input(0) ='0')then       //顺序语句
              y<="11";
            elsif (input(1) ='0')then
              y<="10";
            elsif (input(2) ='0')then
              y<="01";
            elsif (input(3) ='0')then
              y<="00";
            end if;
        end process;
```

另外还有一种不带敏感信号的PROCESS语句,因为应用不多不再详述。

(2)BLOCK语句描述

块语句是并行语句结构,其内部也由并行语句构成。块语句本身没有特殊的功能,只是将一些并行语句放在一起,使程序更加清晰、有层次,便于调试。

使用BLOCK语句描述的格式如下:

```
块名:BLOCK
     BEGIN
       ⋮
     END BLOCK 块名;
```

例:二选一电路

```
ENTITY mux IS
PORT (d0,d1,sel: IN b;
        q: OUT b);
END mux;
ARCHITECTURE behave OF mux IS
SIGNAL tmp1,tmp2,tmp3: b;
BEGIN
  B_name: BLOCK                    //块(B_name为块名)
     BEGIN
        tmp1<=d0 AND sel;
        tmp2<=d1 AND (NOT sel);
        tmp3<=tmp1 OR tmp2;
        q<=tmp3;
     END BLOCK B_name;
  END behave;
```

在程序仿真时,BLOCK中的语句是并行执行的,与书写顺序无关,这一点和结构体中直接写的语句是一样的。

(3)子程序(SUBPROGRAMS)描述

子程序由过程(PROCEDURE)和函数(FUNCTION)组成。函数只能用以计算数值,而不能改变与函数相关参量的值,因此函数的参量只能输入信号与常量,且只能有一个返回值。过程的参量可以为输入、输出、输入输出方式,过程能返回多个变量。

(1)过程的格式

```
PROCEDURE 过程名(参数1,参数2,……)IS
    [定义变量语句];
BEGIN
    [顺序处理语句];
END 过程名;
```

在过程中,语句是顺序执行的。

例:对具有双向模式变量 value 的值做数据转换运算。

```
PROCEDURE prg1(VARIABLE value:INOUT b_VECTOR(0 TO 3))IS
BEGIN
  CASE value IS
    WHEN "0000" => value:"0101" ;
    WHEN "0101" => value:"0000" ;
    WHEN OTHERS => value:"1111" ;
  END CASE ;
END PROCEDURE prg1 ;
```

(2)函数的格式

```
FUNCTION 函数名(参数1,参数2,……)RETURN 数据类型名 IS
    [定义变量语句];
BEGIN
    [顺序处理语句];
RETURN [返回变量名];
END 函数名;
```

在 VHDL 语言中函数的参数都是输入信号。

例:返回两数中较小的数

```
FUNCTION Min(x, y : INTEGER)  RETURN  INTEGER  IS
BEGIN
      IF  x<y  THEN
            RETURN  x;
      ELSE
            RETURN  y;
      END  IF;
END  Min;
```

函数/过程可以在结构体的说明域中定义,在这种方式下同时包含了函数/过程的说明和定义。另外,也可以在程序包的说明和包体中,分别输入函数的说明和定义,并将其编译到库中以便在其他设计中使用。在函数和过程中,所有语句都必须是顺序语句,并且不能在其中说明信号。

3.库与程序包

(1)库(Library)

库存放已经编译的实体、结构体、包集合和配置,库可由用户生成或由 ASIC 芯片制造商提供,以便在设计中为大家所共享。VHDL 的库分为两种类型:一种是设计库,一种是资源库。设计库可以直接调用,一般包括 STD 库和 WORK 库,STD 库中有包括了 STANDARD

和 TEXTIO 两个程序包,WORK 库是 VHDL 语言的工作库,设计者在项目设计中的一些设计单元和程序包都放在 WORK 库中,该库用于保存当前正在进行的设计,是项目开发过程中各种 VHDL 工具处理设计文件的地方。资源库是除了 STD 和 WORK 之外的其他库,其中的有些库是被 IEEE 所认可的,称为 IEEE 库,VHDL 工具厂商及 EDA 工具公司都有自己的资源库,这样可以丰富工具种类和元件的类型,增加 IP 模块的可重复利用率,用户也可以自己建立库文件,以重复利用以往的设计。

使用库的方法是在该设计项目的开头声明选用的库名,用 USE 语句声明选中的库及程序包,一个 VHDL 语言的设计可以调用多个库,这样就可以重复利用其他人或其他公司设计的模块。

例:LIBRARY IEEE ;

USE IEEE. STD_LOGIC_1164. ALL ;

该例说明要使用 IEEE 库中的 1164 包中所有项目。

(2)程序包(PACKAGE)

通常在一个实体中对数据类型、常量等进行的说明只可以在一个实体中使用。为了使这些说明可以在其他实体中使用,VHDL 提供了程序包结构,包中罗列 VHDL 中用到的信号定义、常数定义、数据类型、元件语句、函数定义和过程定义,它是一个可编译的设计单元,也是库结构中的一个层次,使用包时可以用 USE 语句说明,例如:

USE IEEE. STD_LOGIC_1164. ALL;

程序包分为包头和包体,包头中列出所有项的名称,而包体给出各项的具体细节。

包头的格式如下:

```
PACKAGE 包名 IS
    [说明语句];
END  包名;
```

包体的格式如下:

```
PACKAGE BODY 包名 IS
    [说明语句];
END 包名;
```

(3)配置(Configuration)

配置(Configuration)用于从库中选取所需单元来组成系统设计的不同版本,配置语句描述了层与层之间的连接关系以及实体与结构体之间的连接关系。设计者可以利用这种配置语句来选择不同的结构体,使其与要设计的实体相对应。

5.2.2 VHDL 语言要素

1. 信号、常量和变量

(1)信号

信号是一个全局量,可以作为进程之间的通信,通常可以认为是电路中的一根线,除了没有方向的概念以外,其他的特性几乎与端口一致。

信号声明语句的一般格式:

SIGNAL 信号名:数据类型:=初值;

例:
```
SIGNAL temp : STD_LOGIC := 0 ;
SIGNAL flaga flagb : b ;
SIGNAL data : STD_LOGIC_VECTOR(15 DOWNTO 0 );
```

```
SIGNAL a ：INTEGER RANGE 0 TO 15；
```

此例中第一组定义了一个单值信号 temp,数据类型是标准位 STD_LOGIC，信号初始值为低电平；第二组定义了两个数据类型为位 BIT 的信号 flaga 和 flagb；第三组定义了一个位矢量信号或者说是总线信号或数组信号数据类型是标准位矢量 STD_LOGIC_VECTOR,矢量长度为16；最后一组定义信号 a 的数据类型是整数,变化范围是 0 至 15。

信号赋值语句的一般格式 1：

目标信号名 < = 表达式；

其中" < = "表示对信号的直接赋值,可用来指定信号的初始值,不产生延时。

```
例：x < =9；
    carry < =a AND b；
```

信号赋值语句的一般格式 2：

目标信号名 < = 表达式 AFTER 时间表达式；

其中" < = "表示信号的代入赋值,是信号之间的传递,时间表达式用于指定延迟时间。如果省略 AFTER 语句,则延迟时间取默认值。

```
例：s1 < =s2 AFTER 10ns；
```

(2)常数

常数可以在数字电路中代表电源、地线等,它的描述格式：

CONSTANT 常数名：数据类型：= 初值；

```
例：  CONSTANT fbus ：b_VECTOR ：= "010110" ；  //位矢数据类型
      CONSTANT Vcc ：REAL ：= 5.0 ；    //实数数据类型
      CONSTANT dely ：TIME ：= 25ns ；   //时间数据类型
```

(3)变量

变量可以代表某些数值,只能在进程、函数和过程中使用,一旦赋值立即生效。

变量声明语句的一般格式：

VARIABLE　变量名：数据类型：= 初始值

```
例：  VARIABLE   x, y：INTEGER；
      VARIABLE   n：INTEGER RANGE 0 TO 100：=10；
```

其中,变量 x,y,n 为整数类型,RANGE 0 TO 100：=10 是对 INTEGER 的限制,即 n 取值范围在 0 ~ 100 之间,且初值为 10。

变量赋值语句的语法格式如下：

　　目标变量名：= 表达式

```
例：  VARIABLE x y ：REAL ；
      VARIABLE a b ：b_VECTOR( 0 TO 7 )；
      x ：= 100.0 ；                     // 实数赋值,x 是实数变量
      y ：= 1.5 + x ；                   // 运算表达式赋值,y 也是实数变量
      a ：= b ；
      a ：= "1010101" ；                 // 位矢量赋值,a 的数据类型是位矢量
      a (3 TO 6)：= ( '1' '1' '0' '1')；  // 段赋值,注意赋值格式
      a (0 TO 5)：= b (2 TO 7)；
      a (7)：= '0' ；                    // 位赋值
```

2. 标准数据类型

(1)整数(INTEGER)数据类型范围：-2147483647 - - -2147483647,即[$-(2^{31}-1)$,

$(2^{31}-1)$]。

(2)实数(REAL)数据类型范围:[-1.0E +38,1.0E +38],书写时一定要有小数。

(3)自然数(NATURAL)和正整数(POSITIVE)数据类型:自然数是整数的一个子类型,非负的整数即零和正整数;正整数也是整数的一个子类型,它包括整数中非零和非负的数值。

(4)位(BIT)数据类型:在数字系统中,信号经常用位值表示,位值用带单引号的'1'和'0'来表示。

(5)位矢量(BIT_VECTOR)数据类型:位矢量是用双引号括起来的一组位数据。如:“010101”。

(6)布尔(BOOLEAN)数据类型:“真(TRUE)”和“假(FALSE)”两个状态,只能进行逻辑运算。

(7)字符(CHARACTER)数据类型:字符通常用单引号括起来,对大小写敏感。如:如'B'不同于'b'。

(8)字符串(STRING)数据类型:字符串是用双引号括起来的一串字符,如:“abcd”。

(9)时间(TIME)数据类型:时间的单位有 fs,ps,ns,ms,sec,min,hr,如:10 ns。

(10)错误等级(SEVERITY LEVEL):用来表示系统的状态,它共有 4 种:NOTE(注意),WARNING(警告),ERROR(错误)和 FAILURE(失败)。

3. IEEE 预定义标准逻辑位与矢量

在 IEEE 库的程序包 STD_LOGIC_1164 中定义了两个非常重要的数据类型,即标准逻辑位 STD_LOGIC 和标准逻辑矢量 STD_LOGIC_VECTOR。

(1)标准逻辑位(STD_LOGIC)数据类型

以下是定义在 IEEE 库程序包 STD_LOGIC_1164 中的数据类型,STD_LOGIC 的定义如下所示。

```
TYPE STD_LOGIC IS('U'  --  未初始化的
                  'X'  --  强未知的
                  '0'  --  强 0
                  '1'  --  强 1
                  'Z'  --  高阻态
                  'W'  --  弱未知的
                  'L'  --  弱 0
                  'H'  --  弱 1
                  '-'  --  忽略);
```

(2)标准逻辑矢量(STD_LOGIC_VECTOR)数据类型

STD_LOGIC_VECTOR 类型定义如下:

```
TYPE STD_LOGIC_VECTOR IS ARRAY ( NATURAL RANGE < > )OF STD_LOGIC;
```

显然 STD_LOGIC_VECTOR 是定义在 STD_LOGIC_1164 程序包中的标准一维数组。数组中的每一个元素的数据类型都是以上定义的标准逻辑位 STD_ LOGIC。在使用中向标准逻辑矢量 STD_LOGIC_VECTOR 数据类型的数据对象赋值的方式与普通的一维数组ARRAY是一样的,即必须严格考虑位矢量的宽度。同位宽、同数据类型的矢量间才能进行赋值。

4. 其他预定义标准数据类型

(1)无符号数据类型(UNSIGNED TYPE)

UNSIGNED 数据类型代表一个无符号的数值。在综合器中这个数值被解释为一个二进制数,这个二进制数的最左位是其最高位。如十进制的 8 可以做如下表示:UNSIGNED′("1000")。

例: VARIABLE var : UNSIGNED(0 TO 10);　　//var 是一个无符号的十一位二进制变量。

(2)有符号数据类型(SIGNED TYPE)

SIGNED 数据类型表示一个有符号的数值。综合器将其解释为补码,此数的最高位是符号位。例如:

SIGNED′("0101")代表 +5

SIGNED′("1011")代表 -5

例: VARIABLE var SIGNED(0 TO 10);　　//var 是一个有符号的十一位二进制变量,最高位是符号位。

5. 用户定义的数据类型

除了上述一些标准的预定义数据类型外,VHDL 还允许用户自行定义新的数据类型。由用户定义的数据类型可以有多种,如枚举类型(Enumeration Types)、整数类型(Interger Types)、数组类型(Array Types)、记录类型(Record Types)、时间类型(Time Types)、实数类型(Real Types)等。用户自定义数据类型是用类型定义语句 TYPE 和子类型定义语句 SUBTYPE 实现的。

用户定义数据类型的一般格式:

TYPE 数据类型名 IS 数据类型定义 OF 基本数据类型

TYPE 数据类型名 IS 数据类型定义

SUBTYPE 子类型名 IS 基本数据类型 RANGE 约束范围

(1)枚举型(ENUMERATED)

格式:TYPE 数据类型名 IS(元素 1、元素 2……);

例: TYPE m_state IS (state1 state2 state3 state4 state5);
　　SIGNAL present_state , next_state : m_state;

在这里信号 present_state 和 next_state 的数据类型定义为 m_state,它们的取值范围是可枚举的,即从 state1 至 state5 共五种。

(2)整数型(INTEGER)和实数型(REAL)

格式:TYPE 数据类型名 IS 数据类型定义约束范围;

例: SUBTYPE digits IS INTEGER RANGE 0 to 9;
　　TYPE current IS REAL RANGE -1.0E4 TO 1.0E4;

(3)数组型(ARRAY)

格式:TYPE 数组名 IS ARRAY (数组范围)OF 数据类型;

其中,数组范围是指数组元素的数量和排列方式,并以整数形式表示数组的下标。

例: TYPE stb IS ARRAY (7 DOWNTO 0) of STD_LOGIC;

这个数组类型的名称是 stb,它有 8 个元素,下标排序是 7 ~ 0。

(4)记录型(RECORD)

记录类型与数组类型都属数组。由相同数据类型的对象元素构成的数组称为数组类型的对象,由不同数据类型的对象元素构成的数组称为记录类型的对象。

格式:TYPE 数据类型名 IS RECORD
　　　　　元素名:数据类型名;
　　　　　　⋮

```
        元素名:数据类型名;
    END RECORD;
例:      TYPE bank IS RECORD
             addr0: STD_LOGIC_VECTOR(7 DOWNTO 0);
             addr1: STD_LOGIC_VECTOR(7 DOWNTO 0);
             r0: INTEGER;
         END RECORD;
```

(5)时间型(TIME)

```
格式: TYPE  数据类型名 IS 范围;
        UNITS 基本单位;
        单位;
        END UNITS;
例:   TYPE  time RANGE - 1E18 TO 1E18
        UNITS
          fs;
          ps = 1000 fs;
          ns = 1000 ps;
          us = 1000 ns;
          ms = 1000 us;
          sec = 1000 ms;
          min = 60 sec;
          hr = 60 min;
        END UNITS;
```

6. 数据类型的转换

VHDL 语言中,不同类型的数据之间不能直接进行运算和赋值。转换函数通常在程序包中提供。转换函数见表 5.2。

表 5.2 数据类型转换函数表

函数	说明
STD_LOGIC_1164 包 TO_STDLOGICVECTOR(A) TO_BITVECTOR(A) TO_LOGIC(A) TO_BIT(A)	由 BIT_VECTOR 转换成 STD_LOGIC_ VECTOR 由 STD_LOGIC_VECTOR 转换成 BIT_ VECTOR 由 BIT 转换成 STD_LOGIC 由 STD_LOGIC 转换成 BIT
STD_LOGIC_ARITH 包 CONV_STD_LOGIC_VECTOR(A,位长) CONV_INTEGER(A) CONV_UNSIGNED(A)	由 INTEGER,UNSIGNED 和 SIGNED 转换成 STD_LOGIC_VECTOR 由 UNSIGNED 和 SIGNED 转换成 INTEGER 由 INTEGER 和 SIGNED 转换成 UNSIGNED
STD_LOGIC_UNSIGNED 包 CONV_INTEGER(A)	由 STD_LOGIC_VECTOR 转换成 INTEGER

```
例：    SIGNAL A:INTEGER RANGER 0 TO 15;
        SIGNAL B:STD_LOGIC_VECTOR(3 DOWNTO 0);
        B <= CONV_STD_LOGIC_VECTOR(A,4);
```

上例完成了把 INTEGER 数据类型的信号 A 转换为 STD_LOGIC_VECTOR 数据类型,并把数值赋给 B。

7. 运算操作符

VHDL 为构造计算数值的表达式提供了许多预定义运算符。预定义运算符可分为四种类型:算术运算符,关系运算符,逻辑运算符与连接运算符。VHDL 语言中的运算操作符如表 5.3 所示。

表 5.3　VHDL 语言的运算操作符

类型	操作符	功能	操作数据类型
算数运算符	+	加	整数
	-	减	整数
	&	并置	一维数组
	*	乘	整数和实数
	/	除	整数和实数
	MOD	取模	整数
	REM	取余	整数
	SLL	逻辑左移	BIT 或布尔型一维数组
	SRL	逻辑右移	BIT 或布尔型一维数组
	SLA	算数左移	BIT 或布尔型一维数组
	SRA	算数右移	BIT 或布尔型一维数组
	ROL	逻辑循环左移	BIT 或布尔型一维数组
	ROR	逻辑循环右移	BIT 或布尔型一维数组
	**	指数	整数
	ABS	取绝对值	整数
关系运算符	=	等号	任何数据类型
	/=	不等号	任何数据类型
	<	小于	枚举与整数及对应的一维数组
	>	大于	枚举与整数及对应的一维数组
	<=	小于等于	枚举与整数及对应的一维数组
	>=	大于等于	枚举与整数及对应的一维数组

表5.3(续)

类型	操作符	功能	操作数据类型
逻辑运算符	AND	逻辑与	BIT,BOOLEAN,STD_LOGIC
	OR	逻辑或	BIT,BOOLEAN,STD_LOGIC
	NAND	逻辑与非	BIT,BOOLEAN,STD_LOGIC
	NOR	逻辑或非	BIT,BOOLEAN,STD_LOGIC
	XOR	逻辑异或	BIT,BOOLEAN,STD_LOGIC
	NXOR	逻辑异或非	BIT,BOOLEAN,STD_LOGIC
	NOT	逻辑非	BIT,BOOLEAN,STD_LOGIC
正负运算符	+	正	整数
	-	负	整数

操作运算符是有优先顺序的,其优先顺序仅在同一行的程序中优先,不同行的程序是同时的。但为了阅读方便应尽可能加些括号来表明各种运算的顺序。

5.2.3　VHDL 的常用语句

1.顺序描述语句

顺序描述语句只能用在进程和子程序中,它和其他高级语言一样,是按照语句出现的顺序执行的。

(1)IF 语句

格式:
```
IF 条件 THEN
    顺序执行语句;
  ELSIF 条件 THEN
    顺序执行语句;
  ELSE
    顺序执行语句;
  END IF;
```
例:
```
if (en ='1')then
      dout < =din;
  else
      dout < ="ZZZZZZZZ";
  end if;
```
(2)CASE 语句

格式:
```
CASE 表达式  IS
    WHEN 条件表达式 = >顺序处理语句;
  END  CASE;
```
其中 WHEN 的条件表达式可以有4种形式:

WHEN 常数值 = >顺序处理语句;

WHEN 常数值|常数值|常数值|……|常数值 = >顺序处理语句;

WHEN 常数值 TO 常数值 = >顺序处理语句;

WHEN OTHERS = >顺序处理语句;

当 CASE 和 IS 之间的表达式取值满足指定的条件表达式时,程序执行由“ = >”所指的顺序语句。在 CASE 语句中条件表达式的值必须取全且不能重复,不能取全的表达式的值用 OTHERS 表示。

例:
```
case sel is
    when "00" = >y < =d(0);
    when "01" = >y < =d(1);
    when "10" = >y < =d(2);
    when "11" = >y < =d(3);
    when others = >y < ="X";
end case;
```

(3)信号赋值语句

格式:信号赋值目标 < = 赋值源;

例:
```
a < =b;
s1 < = '1' ;
```

(4)变量赋值语句

格式: 变量赋值目标: = 赋值源

例:
```
v1 : = '1' ;
```

(5)LOOP 语句

格式一:
```
[标号]:FOR 循环变量 IN  离散范围  LOOP
        顺序处理语句;
    END LOOP [标号];
```

格式二:
```
[标号]:WHILE 条件 LOOP
        顺序处理语句;
    END LOOP [标号];
```

在该语句中,如果条件为真,则进行循环,否则结束循环。

例:
```
FOR n IN 0 TO 7 LOOP
    tmp < = tmp XOR a(n);
END LOOP ;
    y < = tmp;
```

例:
```
WHILE i < 4 LOOP
    b : = a(3 - i)AND b;
    out1(i) < = b;
END LOOP;
```

(6)NEXT 语句

在 LOOP 语句中用 NEXT 语句跳出循环,NEXT 语句用于控制内循环的结束。

格式:
```
NEXT // 第一种语句格式
NEXT LOOP 标号// 第二种语句格式
NEXT LOOP 标号 WHEN 条件表达式// 第三种语句格式
```

例：　　NEXT L_x WHEN (e>f)；

(7)EXIT 语句

EXIT 语句用于结束 LOOP 循环状态。

格式： EXIT // 第一种语句格式

EXIT LOOP 标号// 第二种语句格式

EXIT LOOP 标号 WHEN 条件表达式 - - 第三种语句格式

```
例： a_less_then_b <= FALSE ; // 设初始值
    FOR i IN 1 DOWNTO 0 LOOP
      IF (a(i) ='1' AND b(i) ='0')THEN
      a_less_then_b <= FALSE ; // a > b
  EXIT ;
```

(8)WAIT 语句

进程的执行过程包括两种状态：执行或挂起，进程的状态变化受等待语句的控制，当进程执行到等待语句，就被挂起，并等待再次执行进程。

等待语句的有以下几种：

WAIT // 第一种语句格式

WAIT ON 信号表 // 第二种语句格式

WAIT UNTIL 条件表达式 // 第三种语句格式

WAIT FOR 时间表达式 // 第四种语句格式超时等待语句

第一种语句格式中未设置停止挂起条件的表达式表示永远挂起；

第二种语句格式称为敏感信号等待语句在信号表中列出的信号是等待语句的敏感；

第三种语句表示当进程执行到该语句时暂停，直到表达式为真时进程将被启动；

第四种语句表示进程暂停一段表达式指定的时间后再启动。

WAIT 语句产生无限等待，WAIT FOR 0ns 语句产生无限循环，此时电路均表现为“死机”；而以上 4 种 WAIT 语句中只有 WAIT UNTIL 语句能够进行逻辑综合，其他均被忽略，因此要慎重使用 WAIT 语句。

```
例： PROCESS
     BEGIN
     WAIT UNTIL clk ='1';
     ave <= a;
     WAIT UNTIL clk ='1';
     ave <= ave + a;
     WAIT UNTIL clk ='1';
     ave <= ave + a;
     WAIT UNTIL clk ='1';
     ave <= (ave + a)/4 ;
     END PROCESS ;
```

(9)断言语句(ASSERT)

格式：ASSERT 条件表达式

REPORT 字符串

```
SEVERITY 错误等级[SEVERITY_LEVEL];
```

执行到断言语句时，判断条件，若条件满足就继续执行，否则输出文字和错误级别信息。

例：
```
ASSERT (S = '1' AND R = '1')
REPORT "Both values of signals S and R are equal to '1'"
SEVERITY ERROR;
```

2. 并发描述语句

(1)进程语句

在一个结构体中多个 PROCESS 语句可以同时并行执行，该语句有如下特点：

①可以和其他进程语句同时执行，并可以存取结构体和实体中所定义的信号；

②进程中的所有语句都按照顺序执行；

③为启动进程，在进程中必须包含若干个敏感信号表或 WAIT 语句；

④进程之间的通信是通过信号量来实现的。

(2)并发信号代入语句

在进程中使用带入语句是顺序执行的，但是在进程外使用则是并行语句，相当于一个进程。信号代入语句的右边可以是算数表达式、逻辑表达式或关系表达式。可以仿真加法器、乘法器、除法器、比较器等各种逻辑电路。

(3)条件信号代入语句

条件代入语句也是并发语句，它可以将符合条件的表达式代入信号量。

格式：
```
目的信号量 <= 表达式1 WHEN 条件1
        ELSE   表达式2 WHEN 条件2;
        ELSE   表达式3 WHEN 条件3;
          ⋮
        ELSE   表达式n;
```

(4)选择信号代入语句

当表达式取不同值时，将使信号表达式不同的值代入目标信号量。

格式：
```
WITH 表达式 SELECT
        目的信号量 <= 表达式1 WHEN 条件1
                      表达式2 WHEN 条件2
                          ⋮
                      表达式n WHEN 条件n;
```

(5)并行过程调用语句

并行过程调用语句可以作为一个并行语句直接出现在结构体中或块语句中，并行过程调用语句的功能等效于包含了同一个过程调用语句的进程。

格式：过程名 关联参量名

例：
```
PROCEDURE adder(SIGNAL a, b :IN STD_LOGIC;    //过程名为 adder
      SIGNAL sum : OUT STD_LOGIC );
        ⋮
      adder(a1 b1 sum1);                 // 并行过程调用
```

过程调用语句可以并发执行,但要注意以下问题:

①并发过程调用是一个完整的语句,在它之前可以加标号。

②并发过程调用语句应带有 IN,OUT 或 INOUT 的参数,他们应该列在过程名后的括号内。

③并发过程调用可以有多个返回值。

5.2.4　VHDL 的保留字

如下为 VHDL 的保留字,又称关键字,在 VHDL 语言中有特殊的含义,不能作为标识符出现。此外,不同的综合系统还定义各自的子程序,子程序名也不能作为标识符出现。对于逻辑综合而言,并不是所有的保留字都有意义。

Abs	else	nand	then
Access	elsif	new	severity
After	end	next	signal
Alias	entity	nor	subtype
All	exit	null	then
And	file	of	to
Architecture	for	on	transport
Array	function	open	type
Assert	generate	or	units
Attribute	generic	others	util
Begin	guarded	process	use
Block	if	range	variable
Body	in	record	wait
Buffer	inout	register	when
Bus	is	rem	while
Case	label	report	with
Component	library	return	xor
configuration	linkage	select	
Constant	loop	severity	
Disconnect	map	signal	
Downto	mod	subtype	

5.3　Verilog HDL 语言基础

Verilog HDL 语言最初产生是在 1983 年,由 Gateway Design Automation 公司为其模拟器产品开发的硬件建模语言。那时它只是一种专用语言。由于该公司的模拟、仿真器软件应用比较广泛,因此 Verilog HDL 因为其实用性为越来越多的设计者所青睐。在一次努力增加语言普及性的活动中，Verilog HDL 语言于 1990 年被推向公众领域。Open Verilog International（OVI）是促进 Verilog 发展的国际性组织。1992 年，OVI 决定致力于推广 Verilog OVI 标准成为 IEEE 标准。这一努力最后获得成功，Verilog 语言于 1995 年成为 IEEE 标准，称为 IEEE Std 1364—1995。完整的标准在 Verilog 硬件描述语言参考手册中有详细描述。

5.3.1 Verilog HDL 模块的基本结构

Verilog HDL 模块结构完全嵌在 module 和 endmodule 关键字之间。一个完整的 Verilog HDL 设计模块包括：模块声明、端口定义、信号类型声明、逻辑功能定义等四个部分。

例：
```
module FA_Seq (A, B, Cin, Sum, Cout);   //模块声明
input A, B, Cin;                        //输入端口定义
output Sum, Cout;                       //输出端口定义
reg Sum, Cout;                          //信号类型声明
reg T1, T2, T3;
always@ ( A or B or Cin )               //逻辑功能定义
  begin
    Sum  = (A ^ B)^ Cin;
    T1  = A & Cin;
    T2  = B & Cin;
    T3  = A & B;
    Cout  = (T1| T2)| T3;
  end
endmodule
```

1. 模块声明

模块声明部分包括模块名字以及模块所有输入/输出端口列表，格式为

module 模块名(端口 1，端口 2，……)；

例：　module module_name(portl, port2,…)；

2. 端口定义

Verilog HDL 端口的类型有三种：input(输入)，output(输出)和 inout(双向)。在模块名后的端口都应在此处说明其 I/O 类型。说明的格式为

端口类型 端口名；

例：
```
input    a,b,c;
Output   x,y;
```

3. 信号类型声明

Verilog 支持的数据类型有连线型(wire)、寄存器型(reg)、整型(integer)、实型(real)和时间型(time)等。系统默认的变量类型为 1 位 wire 类型。信号类型声明格式为

数据类型 端口名；

例：
```
wire       a,b,c;
reg[3:0]   count;
```

4. 逻辑功能定义

模块中最重要的部分是逻辑功能定义。有 3 种方法可以在模块中描述逻辑，分别如下

所述。

(1)用 assign 持续赋值语句建模

这种方法的句法很简单,只需在 assign 后加一个方程式即可。assign 语句一般适合于对组合逻辑进行赋值,称为连续赋值方式。

例: assign Y =A&B;

(2)用元件例化(instantiate)方式建模

Verilog 提供了一些基本的逻辑门。被调用的元件即为例化元件,用户也可以调用自己定义的模块,被调用的模块称为例化模块。格式为

门类型关键字 <例化名>(<端口列表>);

例: and zishe_and4(y,a,b,c,d); //描述了一个四输入与门 zishe_and4,y 为输出。

(3)用 always 块语句建模

always 块可用于产生各种逻辑,常用于描述时序逻辑。格式为

always @(敏感信号或表达式);

当敏感信号或表达式的值发生变化时,执行 always 块内的语句。

例:
```
always @(posedge cp)
begin
    Y = a&b;
End
```

上述语句描述的功能是当时钟的上升沿到达时,输入信号 a 和 b 运算后将结果送给 Y。posedge 为一个关键字,表明该时序逻辑电路是上升沿触发的,下降沿触发的时序逻辑电路用 negedge 表示。

5.3.2 Verilog HDL 语言的词法

Verilog HDL 的源文本文件是由一串词法符号构成的,这些词法符号包括:空白符、注释符、常数、字符串、标识符、关键字和操作符等。

1. 空白符和注释

空白符主要有空格、TAB 键、换行符、换页符。其主要用于分隔其他字符,合理使用空白符可以加强程序的条理性与可读性。空白符在编译时是可以被忽略的。但是在字符串中空格和 TAB 键会被认为是有意义的字符。

Verilog HDL 有两种注释形式:行注释和段注释。行注释只能注释单行,以“//”起始,以新一行结束;段注释可注释一段程序,以“/ * ”起始,以“ * /”结束。段注释不能嵌套,且段注释中单行注释标识符无特殊意义。

2. 常数

Verilog HDL 有下列四种基本的值:

0:低电平、逻辑 0 或假状态

1:高电平、逻辑 1 或真状态

x:不确定或未知的逻辑状态

z:高阻态

x 和 z 都是不分大小写的,z 也可以写成“?”,Verilog HDL 中的常量是由以上这四类基本值组成的。

(1)整数

在 Verilog HDL 中,整数有以下四种进制表示形式:b 或 B(表示二进制整数)、o 或 O(表示八进制整数)、d 或 D(表示十进制整数)、h 或 H(表示十六进制整数)。

完整的整数格式有以下三种:

<位宽>'<进制符号> <数值>　全面的描述方式

'<进制符号> <数值>　采用默认位宽,默认 32 位

<数值>　默认进制为十进制

例: 4'b010z　　//4 位二进制数,最低位为高阻态

'h85　　//十六进制数 85

25　　//十进制数 25

若要表示负数,在位宽表达式前加一负号。

例: -8'd2 //用八位二进制数表示十进制数 2 的补码

下划线可分隔数值表达式以提高程序可读性,但不可以用在位宽和进制处。

例: 12'b1010_1011_1111

(2)实数

①十进制表示,由数字和小数点组成。

例: 53.2

②科学计数法表示,由数字与字符 e 组成,且字符 e 的前面必须有数字,后面必须有整数,e 不分大小写。

例: 82_1.1e1　　//其值为 8211,忽略下划线

4.7E3　　//其值为 4700.0

5e-4　　//其值为 0.0005

3. 字符串

字符串常量是由一对双引号括起来的字符序列,但不能分多行书写。

例: "Come Here"

可用反斜线(\)来说明特殊字符。

例: \n　　//换行符

\t　　//制表符

\　　//字符"\"本身

"　　//字符"

\206　　//八进制数 206 对应的 ASCⅡ字符

4. 标识符

标识符是赋给对象的唯一的名字,标识符可以是字母、数字、MYM 符和下划线的任意组合。标识符的开头必须是大小写不限的字母或是下划线,不能是数字或 MYM 符。

例: Clk_50M　　//正确的标识符

183input　　//错误的标识符

5. 关键字

与 VHDL 语言一样,Verilog HDL 也保留了一系列关键字。但只有小写的关键字才是保留字,因此在实际开发中,建议将不确定是否为保留字的标志符首字母大写。例如:标志符 if(关键字)与标志符 IF 是不同的。

Verilog HDL 中的关键字如下(注意只有小写时为关键字)。

always	and	assign	begin	buf
bufif0	bufif1	case	casex	casez
cmos	deassign	default	defparam	disable
edge	else	end	endcase	endmodule
endfunction	endprimitive	endspecify	endtable	endtask
event	for	force	forever	fork
function	highz0	highz1	if	ifnone
initial	inout	input	integer	join
large	macromodule	medium	module	nand
negedge	nmos	nor	not	notif0
notif1	or	output	parameter	pmos
posedge	primitive	pull0	pull1	pullup
pulldown	rcmos	real	realtime	reg
release	repeat	rnmos	rpmos	rtran
rtranif0	rtranif1	scalared	small	specify
specparam	strong0	strong1	supply0	supply1
table	task	time	tran	tranif0
tranif1	tri	tri0	tri1	triand
trio	trireg	vectored	wait	wand
weak0	weak1	while	wire	wor
xnor	xor			

6. 操作符

操作符也称作运算符,Verilog HDL 中的操作符可以分为下述类型:

(1)算术操作符

算术操作符有 +(加)、-(减)、*(乘)、/(除)、%(求余)。其中除法只取整数部分。

例:　8/5　　　　　　　　　　　　//结果为 1

求余操作求出与第一个操作符符号相同的余数。

例:　8%5　　　　　　　　　　　　//结果为 3

　　　-8%5　　　　　　　　　　　//结果为 -3

如果算术操作符中的任意操作数是 *x* 或 *z*,那么整个结果为 *x*。

例:　A = 'b00x1;B = 'b1101;A + B = 'bxxxx//结果为不确定数

(2)逻辑操作符

逻辑操作符有 &&(与)、||(或)、!(非)。对于位操作,与数字电子技术中的与、或、非操作完全一样;对于向量操作,0 向量作为 0 处理,非 0 向量作为 1 处理。

例:　A = 'b0000;B = 'b0100;

则 A||B 结果为 1;A &&B 结果为 0。

(3)位运算操作符

位运算操作符有 ~(按位取反)、&(按位与)、|(按位或)、^(按位异或)、~ ^或^ ~(按位同或,~ ^与^ ~是等价的)。位运算操作使原向量在对应位上按位操作,产生结果向量。

若两向量长度不相等,长度较短的在最左侧添0补位。

例: A = 'b1101; B = 'b10000;

A = 'b01101; B = 'b10000; //A|B 结果均为'b11101

(4)关系操作符

关系操作符有:>(大于)、<(小于)、> =(大于等于)、< =(小于等于)。关系操作符的结果为真(1)或假(0)。如果待比较数中有一位为x或z,那么结果为x。

例: 63 < 23 //结果为假(0)

63 >4'b11x1 //结果为真(x)

若两向量长度不相等,长度较短的在最左侧添0补位。

例: A = 'b1001; B = 'b00110;

A = 'b01001; B = 'b00110; //A > =B 结果为真(1)

(5)等值操作符

等值关系操作符有= =(等于)、! =(不等于)、= = =(全等)、! = =(不全等)。操作符的结果为真(1)或假(0)。在等于操作符使用中,如果待比较数中有一位为x或z,那么结果为x。在全等操作符使用中,值x和z严格按位比较。

例: A = 'b0zx0; B = 'b0zx0; //A = =B 结果为值为x;A = = =B 结果为值为1

若两向量长度不相等,长度较短的在最左侧添0补位。

例: A = 'b1001; B = 'b01001;

A = 'b01001; B = 'b01001; //A = =B 结果均为真(1)

(6)缩减操作符

缩减操作符有&(与)、~&(与非)、|(或)、~|(或非)、^(异或)、~ ^(同或)。缩减操作符在单一操作数的所有位上操作,并产生1位结果。如果操作符中的任意操作数是x或z,那么整个结果为x。

例: A = 'b0110; //|A = =1

B = 'b01x0; //^B = =x

(7)转移操作符

移位操作符有< <(左移)、> >(右移)。移位操作是进行逻辑移位,移位操作符左侧是操作数,右侧是移位的位数。移位所产生的空闲位由0来添补。如果操作符右侧的值为x或z,移位操作的结果为x。

例: A = 'b0110; //A > >2 结果是 A = 'b0001

(8)条件操作符

条件操作符:?:(条件操作符)。

条件操作符的使用格式:操作数 = 条件 ? 表达式1:表达式2;

当条件为真(1)时,操作数 = 表达式1;当条件为假(0)时,操作数 = 表达式2。

例: y = a? b:c; //当 a =1 时,y = b;当 a =0 时,y =c

(9)并接操作符

并接操作符:{}。

并接操作符的使用格式:

{操作数1的某些位,操作数2的某些位,…操作数n的某些位};

例: {cout,sum} = ina + inb + inc; //ina,inb,inc 三数相加;数组中 cout 为高

位,sum 为低位

(10)操作符的优先级

Verilog HDL 中的操作符及其优先级顺序如表 5.4 所示。

表 5.4　操作符的优先级

优先级序号	操作符	操作符名称
1	!, ~	逻辑非、按位取反
2	*,/,%	乘、除、求余
3	+, -	加、减
4	< <, > >	左移、右移
5	<, < =, >, > =	小于、小于等于、大于、大于等于
6	= =,! =, = = =,! = =	等于、不等于、全等、不全等
7	&, ~&	缩缩减与非减与、
8	^, ~^	缩减异或、缩减同或
9	|, ~|	缩减或、缩减或非
10	&&	逻辑与
11	||	逻辑或
12	?:	条件操作符

为了提高程序的可读性,明确表达各运算符间的优先关系,建议使用圆括号。

7. Verilog HDL 的数据对象

数据对象是用来表示数字电路中的数据存储和传送单元的,Verilog HDL 语言的数据对象包括常量和变量。

(1)常量

在 Verilog HDL 中,用 parameter 语句来定义常量。其定义格式如下:

parameter 常量名 1 = 表达式,常量名 2 = 表达式……

例:　parameter a = 5, b = 8′hc0;　　　//定义 a 为常数 5(十进制),b 为常数 c0(十六进制)

(2)变量

①连线型

连线型指输出始终根据输入的变化而更新其值的变量,它一般指的是硬件电路中的各种物理连接。Verilog HDL 中提供了多种连线型变量,具体见表 5.5。

表 5.5　常用的连线型变量及说明

类型	功能说明
wire, tri	连线类型(wire 和 tri 功能完全相同)
wor, trior	具有线或特性的连线(两者功能一致)
wand, triand	具有线与特性的连线(两者功能一致)

表 5.5(续)

类型	功能说明
tri1,tri0	分别为上拉电阻和下拉电阻
supply1,supply0	分别为电源(逻辑 1)和地(逻辑 0)

wire 型变量是连线型变量中最常见的一种。wire 型变量常用来表示 assign 语句赋值的组合逻辑信号。Verilog HDL 模块中信号默认为 wire 型。

wire 型变量格式如下：

a. 定义宽度为 1 位的变量:

wire 数据名 1,数据名 2,……数据名 n;

例： wire a,b; //定义了两个宽度为 1 位的 wire 型变量 a,b

b. 定义宽度位 n 位的向量(vectors):

wire[n-1:0] 数据名 1,数据名 2,……数据名 n;

wire[n:1] 数据名 1,数据名 2,……数据名 n;

例： wire[7:0] a; wire[8:1] b; //均定义一个 8 位 wire 型向量

若只使用其中某几位,可直接指明,注意宽度要一致。如:

wire[7:0] a;

wire[3:0] b;

assign a[6:3]=b; //a 向量的第 6 位到第 3 位与 b 向量相等

②寄存器型

寄存器型变量对应的是具有状态保持作用的电路元件,如触发器、寄存器等。寄存器型变量与连线型变量的根本区别在于,寄存器型变量被赋值后,且在被重新赋值前一直保持原值。寄存器型变量必须放在过程块语句(initial,always)中,通过过程赋值语句赋值。过程块内被赋值的每一个信号都必须定义成寄存器型。

Verilog HDL 中,有 4 种寄存器型变量,如表 5.6 所示。

表 5.6 常用的寄存器型变量及功能说明

类型	功能说明
reg	常用的寄存器型变量
integer	32 位带符号整数型变量
real	64 位带符号整数型变量
time	无符号时间变量

integer,real,time 等 3 种寄存器型变量都是纯数学的抽象描述,不对应任何具体的硬件电路。reg 型变量是最常用的一种寄存器型变量,下面介绍 reg 型变量。

reg 型寄存器变量格式如下:

reg 数据名 1,数据名 2,……数据名 n;

例： reg a,b; //定义两个宽度为 1 位的 reg 型变量 a,b

向量 reg 型寄存器变量格式如下：

reg[n-1:0]　数据名 1,数据名 2,……数据名 n;

reg[n:1]　数据名 1,数据名 2,……数据名 n;

例：　reg[7:0] a;　reg[8:1] b;　　　//均定义一个 8 位 reg 型向量

③数组

若干个相同宽度的向量构成数组,reg 型数组变量即为 memory 型变量,即可定义存储器型数据。

例：　reg[7:0] mymem[1023:0];

上面的语句定义了一个 1024 个字节,每个字节宽度为 8 位的存储器。

通常,存储器采用如下方式定义：

parameter wordwidth = 8, memsize = 1024;

reg[wordwidth - 1:0] mymem[memsize - 1:0];

上面的语句定义了一个宽度为 8 位、1024 个存储单元的存储器,该存储器的名字是 mymem,若对该存储器中的某一单元赋值的话,采用如下方式：

mymem[8] = 1;　　　//mymem 存储器中的第 8 个单元赋值为 1

5.3.3　Verilog HDL 语言语句

Verilog HDL 的语句包括：过程语句、块语句、赋值语句、条件语句、循环语句等。

1. 过程语句

过程语句一般有四种形式,分别为 initial 语句、always 语句、task 语句和 function 语句。一个程序可以有多条 initial 语句、always 语句、task 语句和 function 语句。

(1) initial 语句

一个 initial 语句沿时间轴只执行一次,在执行完一次后,不再执行。若程序中有两条 initial 语句,则同时从开始并行执行。其格式如下：

```
initial
  begin
    语句 1;
    语句 2;
      ⋮
  end
```

例：

```
initial
  begin
    a  = 'b000000;          //初始时刻 a 为 0
    #10 a = 'b000001;       //经 10 个时间单位 a 为 1
    #10 a = 'b000010;       //经 20 个时间单位 a 为 2
    #10 a = 'b000011;       //经 30 个时间单位 a 为 3
    #10 a = 'b000100;       //经 40 个时间单位 a 为 4
  end
```

(2) always 语句

always 语句只要敏感信号被触发就可以一直重复执行,语句中的敏感条件可以有多个并且用"or"连接。其格式如下:

```
always @ (敏感信号表)
  begin
    语句 1;
    语句 2;
    ⋮
end
```

敏感信号分为两种:电平型和边沿型。电平型通常是指高低电平的变化,而边沿型是指检测上升沿(posedge)、下降沿(negedge)。最好不要将这两种敏感信号用在一条 always 语句中。

```
例:        always @ (a or b or c )         //电平型敏感信号
               begin
                   f = a & b & c;
               end
例:        always @ (posedge clk)          //边沿型敏感信号
               begin
                   counter = counter + 1;
               end
```

(3)task 语句

task 语句是包含多个语句的子程序,使用 task 语句可以简化程序结构,增加程序的可读性。task 语句可以接收参数,但不向表达式返回值。格式如下:

```
task 任务名;
端口声明;
信号类型声明;
语句 1;
语句 2;
⋮
endtask;
```

```
例: task add4;
input[3..0]    a,b;
output[3..0]    sum;
input    ci;
output    co;
{co,sum} = a + b + ci;
endtask
```

(4)function 语句

函数的目的是返回一个用于表达式的值。函数的定义格式如下:

```
function <返回值位宽或类型说明> 函数名;
端口声明;
信号类型声明;
其他语句;
endfunction
```

<返回值位宽或类型说明>这一项是可选项，如不特别声明默认返回值为一位寄存器类型数据。

例：

```
function[7:0] gefun;
input[7:0] x;
reg[7:0] count;
integer i;
  begin
    count = 0;
    for(i = 0;i < = 7;i = i + 1)
      if(x[i] = 1'b0) count = count + 1;
    gefun = count;
  end
endfunction
```

2. 块语句

块语句为多个语句的组合，它在格式上类似一条语句。有两种类型的块语句，一种是 begin - end 语句，通常用来表示顺序执行语句，用它来标识的块称为顺序块。另一种是 fork - join 语句，通常用来表示并行执行语句，用它来标识的块称为并行块。

(1)顺序块

顺序块有以下特点：

①块内的语句是按顺序执行的，即只有上面一条语句执行完后，下面的语句才能执行；

②每条语句的延迟时间是相对于前一条语句的仿真时间而言的；

③直到最后一条语句执行完，程序流程控制才跳出该语句块。

顺序块的格式如下：

```
begin
语句1;
语句2;
⋮
end
```

或

```
begin:块名
块内声明语句
语句1;
语句2;
⋮
```

```
end
例：  begin
       a  =  b;
       c  =  a;                                //c 的值为 b
       end
```

(2)并行块

并行块有以下四个特点：

①块内语句是同时执行的，即程序流程控制一进入到该并行块，块内语句则开始同时并行地执行；

②块内每条语句的延迟时间是相对于程序流程控制进入到块内时的仿真时间；

③延迟时间是用来给赋值语句提供执行时序的；

④当按时间顺序排在最后的语句执行完后或一个 disable 语句执行时，程序流程控制跳出该程序块。

并行块的格式如下：

```
fork
语句1；
语句2；
⋮
join
或
fork:块名
块内声明语句
语句1；
语句2；
⋮
join
例：  fork
                wave =0;                     //初值为 0 应该加以说明为好
        #50     wave =1;                     //50 个时间单位后为 1
        #100    wave =0;                     //100 个时间单位后为 0
        #150    wave =1;                     //150 个时间单位后为 1
        #200    $finish;                     //200 个时间单位后结束
      join
```

3. 赋值语句

(1)连续赋值语句

连续赋值语句 assign，主要对 wire 型变量进行赋值。格式如下：

```
assign 变量 = 表达式;
例：    assign c = a&b;
```

a，b 的任何变化，都即时的在 c 反映出来，因此称为连续赋值方式。

(2)过程赋值语句

过程赋值语句用于对寄存器类型(reg)的变量进行赋值。过程赋值有以下两种方式。

①非阻塞(non_blocking)赋值语句

赋值符号为 <=,如 b<=a;

非阻塞赋值在块结束时才完成赋值操作,即 b 的值并不是立刻就改变的。

例 1:
```
always @ (posedge clk)
begin
m =2;
n =25;
n <=m;                          //非阻塞赋值方式
r = n
end
```

此例中 r =25,而不是 2,因为 n <=m;是非阻塞赋值方式,要等到本语句块结束之后 n 的值才能改变,也就是说下一时钟上升沿过后 r =2。

②阻塞(blocking)赋值语句

赋值号为 =,如 b = a;

阻塞赋值在该语句结束时就完成赋值操作,即 b 的值在该赋值语句结束后立刻改变。之所以称之为阻塞赋值语句,是因为在一个语句块中,若有多条阻塞赋值语句,前面的赋值语句没有完成时,后面的语句是不能被执行的,就像被阻塞(blocking)一样。

例 2:
```
always @ (posedge clk)
begin
m =2;
n =25;
n = m;                          //阻塞赋值方式
r = n;
end
```

此例中 r =2,n = m;是阻塞赋值方式,这条语句结束时 n 的值已经改变了。

由此可见,例 1 的结果滞后于例 2 一个时钟周期。

为避免两种赋值语句的混淆错误,初学者最好只熟练掌握一种。若有 C 语言的基础,可先掌握和 C 语言较类似的阻塞赋值语句"="。为避免出错,在同一语句块内,不要将输出重新作为输入使用。如要用阻塞赋值语句实现非阻塞赋值功能,可采用两个"always"块来实现。

例:
```
always @ (posedge clk)
  begin
      m =2;
      n =25;
  end
always @ (posedge clk)
  begin
      n = m;
```

```
        r = n;
    end
```

4. 条件语句

条件语句主要包括 case 语句和 if 语句，它们都是顺序语句，应放在 always 块中。

(1) if 语句

if 语句是用来判定所给定的条件是否满足，根据判定的结果(真或假)决定执行给出的两种操作之一。if 语句主要有三种形式：

①if(表达式)

语句；

②if(表达式)语句 1；

else 语句 2；

③if(表达式)

语句 1；

else if(表达式)

语句 2；

⋮

else 语句 n；

语句可以是单句，也可以是多句，多句时用"begin - end"括起来。如果条件表达式的结果为 x 或 z，按逻辑"假"处理。

例：
```
if(a > b)
    begin
        q1 <= a;
        q2 <= b;
    end
else
    begin
        q1 <= b;
        q2 <= a;
    end
```

(2) case 语句

if 语句只有两个选择，而 case 语句是一种多分支选择语句。case 语句主要有三种形式：

a. case(敏感信号表)　<case 分支项>　endcase

b. casez(敏感信号表)　<case 分支项>　endcase

c. casex(敏感信号表)　<case 分支项>　endcase

在 case 语句中，敏感信号与值 1 ~ 值 n 之间的比较是一种全等比较，每一位必须全相等。在 casez 语句中，如果敏感信号的某些位为高阻 z，这些高阻位的比较不做考虑，只需关注其他位的比较结果。在 casex 语句中，进一步扩展到对不确定状态 x 的处理，如果比较双方某些位的值是 x 或 z，这些位的比较也不予考虑。此外，还有另外一种标识 x 或 z 的方式，即用表示无关值的"?"来表示。

例：　case(a)

```
2'b1x:out = 1;                    //只有 a = 1x,才有 out = 1
casez(a)
2'b1x:out = 1;                    //只有 a = 1x,1z,才有 out = 1
casex(a)
2'b1x:out = 1;                    //有 a = 10,11,1x,1z,就有 out = 1
```

5. 循环语句

Verilog HDL 语言中有 4 种循环语句来控制语句的执行次数。分别为 for,repeat,while,forever。

(1) for 语句

for 循环语句与 C 语言的 for 循环语句非常相似,只是 Verilog HDL 语言需要用 n = n + 1 的形式,格式如下:

for (循环变量初值;循环结束条件;循环变量增值) 执行语句;

例: for(n = 0;n < 8;n = n + 1) out = out^a[n]; //8 位奇偶校验

(2) repeat 语句

repeat 语句执行指定循环数,如果循环计数表达式的值不确定,即为 x 或 z 时,那么循环次数按 0 处理,格式如下:

```
    repeat(循环次数表达式)语句;
或  repeat(循环次数表达式)
        begin
        多条语句;
        end
```

```
例:  repeat (size)
        begin
        a = b < < 1;                  //b 左移 size 位
        end
```

(3) while 语句

while 语句执行时,首先判断循环执行表达式是否为真,若为真,执行循环体中语句。然后,再判断循环执行条件表达式是否为真,直至条件表达式不为真为止。循环体中语句可以是单句,也可以是多句,多句时用“begin - end”括起来。如果表达式条件在开始不为真(包括假、x 以及 z),那么过程语句将永远不会被执行,格式如下:

```
    while(循环执行条件表达式)  语句;
或  while(循环执行条件表达式)
        begin
        多条语句;
        end
```

```
例:  while (temp)
        begin
        count = count + 1;            //加 temp 次 1
        end
```

(4)forever 语句

forever 语句连续执行过程语句。中止语句与过程语句共同使用可跳出循环。在过程语句中必须使用某种形式的时序控制,否则 forever 循环将永远循环下去。forever 语句必须写在 initial 模块中,用于产生周期性波形,格式如下:

```
        forever   语句;
    或  forever
            begin
            多条语句;
            end
```

例:

```
forever
    begin
        if(d)a = b + c;          //d=1 时 a = b + c,否则 a = 0
    else
        a = 0;
    end
```

6. 语句的顺序执行与并行执行

编写 Verilog HDL 程序时,首先要弄清楚哪些操作是并行执行的,哪些操作是顺序执行的。在 always 模块内,语句按照书写顺序顺序执行。always 模块之间是并行执行的。两个或更多个 always 模块、assign 语句、实例元件等都是并行执行的。

下面的例子说明 always 模块内的语句是顺序执行的。

例:

```
module  exl(q,a,clk)
output  q,a;
input   clk;
reg     q,a;
always @ (posedge clk);
    begin
        q =  ~ q;
        a =  ~ q;
    end
endmodule
```

```
module  ex2(q,a,clk)
output  q,a;
input   clk;
reg     q,a;
always @ (posedge clk);
    begin
        a = ~ q;
        q =  ~ q;
    end
endmodule
```

ex1 中 q 先取反,取反再给 a;a,q 的结果始终逻辑反;ex2 中,q 取反后分别给 q,a,它们的结果始终是相同的。

如果将上述两句赋值语句分别放在两个"always"模块中,这两个"always" 模块放置的顺序对结果并没有影响,因为这两个模块是并行执行的。

例:

```
module exl(q,a,clk);
output  q,a;
input   clk;
reg   q,a;
    always @ (posedge clk)
        begin
```

```
module ex2(q,a,clk);
output  q,a;
input   clk;
reg   q,a;
always @ (posedge clk)
    begin
```

```
        q =  ~ q;
    end
  always @ (posedge clk)
    begin
        a =  ~ q;
    end
  endmodule
```

```
        a =  ~ q;
    end
  always @ (posedge clk)
    begin
        q =  ~ q;
    end
  endmodule
```

5.4 硬件描述语言设计实例

5.4.1 8-3编码器

1. VHDL实现

```
library IEEE;
use IEEE.STD_LOGIC_1164.all;
entity encode_vhdl is
  port(
    a : in STD_LOGIC_VECTOR(7 downto 0);
    b : out STD_LOGIC_VECTOR(2 downto 0)
      );
end encode_vhdl;
architecture rtl of encode_vhdl is
begin
  process (a)
  begin
    case a is
      when "00000001"  => b <= "000";
      when "00000010"  => b <= "001";
      when "00000100"  => b <= "010";
      when "00001000"  => b <= "011";
      when "00010000"  => b <= "100";
      when "00100000"  => b <= "101";
      when "01000000"  => b <= "110";
      when "10000000"  => b <= "111";
      when others  => b <= "000";
    end case;
  end process;
end rtl;
```

2. Verilog HDL实现

```
module encode_verilog ( a ,b );
```

```
input [7:0] a ;
wire [7:0] a ;
output [2:0] b ;
reg  [2:0] b;
always @ ( a )
  begin
  case ( a )
    8'b0000_0001 : b < =3'b000;
    8'b0000_0010 : b < =3'b001;
    8'b0000_0100 : b < =3'b010;
    8'b0000_1000 : b < =3'b011;
    8'b0001_0000 : b < =3'b100;
    8'b0010_0000 : b < =3'b101;
    8'b0100_0000 : b < =3'b110;
    8'b1000_0000 : b < =3'b111;
    default : b < = 3'b000;
  endcase
  end
endmodule
```

5.4.2 8-3 优先编码器

1. VHDL 实现

```
LIBRARY ieee;
USE ieee. std_logic_1164. ALL;
entity p_encode_vhdl is
port(       I : in b_vector(7 downto 0);
            EI: in std_logic;
            A : out b_vector(2 downto 0);
            GS : out std_logic;
            EO : out std_logic);
end p_encode_vhdl;
architecture rtl of p_encode_vhdl is
begin
    process(I, EI)
    begin
      if EI = '1' then
        A < = "111";
        GS < = '1';
        EO < = '1';
        else
```

```
        if I(7) = '0' then
          A <= "000";
          GS <= '0';
          EO <= '1';
        elsif I(6) = '0' then
          A <= "001";
          GS <= '0';
          EO <= '1';
        elsif I(5) = '0' then
          A <= "010";
          GS <= '0';
          EO <= '1';
        elsif I(4) = '0' then
          A <= "011";
          GS <= '0';
          EO <= '1';
        elsif I(3) = '0' then
          A <= "100";
          GS <= '0';
          EO <= '1';
        elsif I(2) = '0' then
          A <= "101";
          GS <= '0';
          EO <= '1';
        elsif I(1) = '0' then
          A <= "110";
          GS <= '0';
          EO <= '1';
        elsif I(0) = '0' then
          A <= "111";
          GS <= '0';
          EO <= '1';
        elsif I = "11111111" then
          A <= "111";
          GS <= '1';
          EO <= '0';
        end if;
      end if;
    end process;
end rtl;
```

2. Verilog HDL 实现

```
module p_encode_verilog ( A ,I ,GS ,EO ,EI );
input [7:0] I ;
wire [7:0] I ;
input EI ;
wire EI ;
output [2:0] A ;
reg [2:0] A ;
output GS ;
reg GS ;
output EO ;
reg EO ;
always @ ( I  or EI )
  if ( EI )
    begin
      A <= 3'b111;
      GS <= 1;
      EO <= 1;
    end
  else if ( I[7] == 0 )
    begin
      A <= 3'b000;
      GS <= 0;
      EO <= 1;
    end
  else if ( I[6] == 0 )
    begin
      A <= 3'b001;
      GS <= 0;
      EO <= 1;
    end
  else if ( I[5] == 0 )
    begin
      A <= 3'b010;
      GS <= 0;
      EO <= 1;
    end
  else if ( I[4] == 0 )
    begin
      A <= 3'b011;
```

```
        GS <= 0;
        EO <= 1;
      end
    else if ( I[3] == 0 )
      begin
        A <= 3'b100;
        GS <= 0;
        EO <= 1;
      end
    else if ( I[2] == 0 )
      begin
        A <= 3'b101;
        GS <= 0;
        EO <= 1;
      end
    else if ( I[1] == 0 )
      begin
        A <= 3'b110;
        GS <= 0;
        EO <= 1;
      end
    else if ( I[0] == 0 )
      begin
        A <= 3'b111;
        GS <= 0;
        EO <= 1;
      end
    else if ( I == 8'b11111111)
      begin
        A <= 3'b111;
        GS <= 1;
        EO <= 0;
      end
endmodule
```

5.4.3 3-8 译码器

1. VHDL 实现

```
library IEEE;
use IEEE.STD_LOGIC_1164.all;
entity decoder_vhdl is
```

```
   port(
      A : in STD_LOGIC_VECTOR(2 downto 0);
      G1 : in b;
      G2 : in b;
      G3 : in b;
      Y : out STD_LOGIC_VECTOR(7 downto 0)
         );
end decoder_vhdl;
architecture rtl of decoder_vhdl is
   signal s :bit ;
begin
   process ( A ,G1 ,G2 ,G3)
   begin
      s <= G2 or G3;
      if G1 = '0' then
         Y <= "11111111";
      elsif s = '1' then
         Y <= "11111111";
   else
      case A is
         when "000" => Y <="11111110";
         when "001" => Y <="11111101";
         when "010" => Y <="11111011";
         when "011" => Y <="11110111";
         when "100" => Y <="11101111";
         when "101" => Y <="11011111";
         when "110" => Y <="10111111";
         when others  => Y <="01111111";
         end case;
   end if;
   end process;
end rtl;
```

2. Verilog HDL 实现

```
module decoder_verilog ( G1 ,Y ,G2 ,A ,G3 );
input G1 ;
wire G1 ;
input G2 ;
wire G2 ;
input [2:0] A ;
wire [2:0] A ;
```

```
input G3 ;
wire G3 ;
output [7:0] Y ;
reg [7:0] Y ;
reg s;
always @ ( A ,G1, G2, G3)
  begin
    s <= G2 | G3 ;
    if ( G1 == 0)
      Y <= 8'b1111_1111;
    else if ( s)
      Y <= 8'b1111_1111;
    else
      case ( A )
        3'b000 : Y <= 8'b1111_1110;
        3'b001 : Y <= 8'b1111_1101;
        3'b010 : Y <= 8'b1111_1011;
        3'b011 : Y <= 8'b1111_0111;
        3'b100 : Y <= 8'b1110_1111;
        3'b101 : Y <= 8'b1101_1111;
        3'b110 : Y <= 8'b1011_1111;
        3'b111 : Y <= 8'b0111_1111;
    endcase
  end
endmodule
```

5.4.4 数据选择器

1. VHDL 实现

```
library ieee;
use ieee.std_logic_1164.all;
entity mux8_1_vhdl is port(
  D0, D1, D2, D3, D4, D5, D6, D7:
            in std_logic;   //input data
    A: in std_logic_vector(2 downto 0);
    G: in std_logic;        //enable
    Y: out std_logic);
end mux8_1_vhdl;
architecture rtl of mux8_1_vhdl is
begin
  process (A, G)
```

```
    begin
      if G = '1' then
        Y <= '0';
      else
        case A is
          when "000" => Y <=D0;
          when "001" => Y <=D1;
          when "010" => Y <=D2;
          when "011" => Y <=D3;
          when "100" => Y <=D4;
          when "101" => Y <=D5;
          when "110" => Y <=D6;
          when others => Y <=D7;
        end case;
      end if;
    end process ;
end rtl;
```

2. Verilog HDL 实现

```
module mux8_1_verilog ( Y ,A ,D0, D1, D2, D3, D4, D5, D6, D7 ,G );
input [2:0] A ;
wire [2:0] A ;
input  D0 ;
input  D1 ;
input  D2 ;
input  D3 ;
input  D4 ;
input  D5 ;
input  D6 ;
input  D7 ;
input G ;
wire G ;
output Y ;
reg Y ;
always @ (G or A or D0 or D1 or D2 or D3 or D4 or D5 or D6 or D7   )
  begin
    if (G  == 1)
      Y  <= 0;
    else
      case (A )
        3'b000 : Y  = D0 ;
```

```
            3'b001 : Y   = D1 ;
            3'b010 : Y   = D2 ;
            3'b011 : Y   = D3 ;
            3'b100 : Y   = D4 ;
            3'b101 : Y   = D5;
            3'b110 : Y   = D6 ;
            3'b111 : Y   = D7 ;
          default : Y   = 0;
        endcase
    end
endmodule
```

5.4.5　多位数值比较器

1. VHDL 实现

```
library IEEE;
use IEEE.STD_LOGIC_1164.all;
entity compare_vhdl is
   port(
      A : in STD_LOGIC_VECTOR(3 downto 0);
      B : in STD_LOGIC_VECTOR(3 downto 0);
      Y : out STD_LOGIC_VECTOR(2 downto 0)
         );
end compare_vhdl;
architecture rtl of compare_vhdl is
begin
   process ( A, B)
   begin
      if ( A > B )then
         Y <= "001";
      elsif ( A = B)then
         Y <= "010";
   else
         Y <= "100";
   end if;
   end process ;
end rtl;
```

2. Verilog HDL 实现

```
module compare_verilog ( Y ,A ,B );
input [3:0] A ;
wire [3:0] A ;
```

```
input [3:0] B ;
wire [3:0] B ;
output [2:0] Y ;
reg [2:0] Y ;
always @ ( A or B )
  begin
    if ( A > B )
        Y <= 3'b001;
  else if ( A == B)
        Y <= 3'b010;
  else
        Y <= 3'b100;
  end
endmodule
```

5.4.6 全加器

1. VHDL 实现

```
library IEEE;
use IEEE.STD_LOGIC_1164.all;
entity sum_vhdl is
    port(
          A : in STD_LOGIC;
          B : in STD_LOGIC;
          Ci : in STD_LOGIC;
          Co : out STD_LOGIC;
          S : out STD_LOGIC
          );
end sum_vhdl;
architecture rtl of sum_vhdl is
begin
  process ( A, B, Ci)
  begin
    if ( A = '0' and B = '0' and Ci = '0') then
          S <= '0';
          Co <= '0';
    elsif ( A = '1' and B = '0' and Ci = '0') then
        S <= '1';
        Co <= '0';
    elsif ( A = '0' and B = '1' and Ci = '0') then
        S <= '1';
```

```
        Co  < =  '0';
      elsif( A  =  '1' and B = '1' and Ci = '0') then
        S  < =  '0';
        Co  < =  '1';
      elsif ( A  =  '0' and B = '0' and Ci = '1') then
        S  < =  '1';
        Co  < =  '0';
      elsif ( A  =  '0' and B = '1' and Ci = '1') then
        S  < =  '0';
        Co  < =  '1';
      elsif ( A  =  '1' and B = '0' and Ci = '1') then
        S  < =  '0';
        Co  < =  '1';
      else
        S  < =  '1';
        Co  < =  '1';
      end if;
      end process;
end rtl;
```

2. Verilog HDL 实现

```
module sum_verilog ( A ,Co ,B ,S ,Ci );
input A ;
wire A ;
input B ;
wire B ;
input Ci ;
wire Ci ;
output Co ;
reg Co ;
output S ;
reg S ;
always @ ( A  or B or Ci)
  begin
    if ( A = = 0 && B  = = 0 && Ci  = = 0 )
      begin
        S  < = 0;
        Co  < = 0;
      end
    else if ( A = = 1 && B  = = 0 && Ci  = = 0 )
      begin
```

```
            S <= 1;
            Co <= 0;
        end
    else if ( A == 0 && B == 1 && Ci == 0 )
        begin
            S <= 1;
            Co <= 0;
        end
    else if ( A ==1 && B == 1 && Ci == 0 )
        begin
            S <= 0;
            Co <= 1;
        end
    else if ( A == 0 && B == 0 && Ci == 1 )
        begin
            S <= 1;
            Co <= 0;
        end
    else if ( A == 1 && B == 0 && Ci == 1 )
        begin
            S <= 0;
            Co <= 1;
        end
    else if ( A == 0 && B == 1 && Ci == 1 )
        begin
            S <= 0;
            Co <= 1;
        end
    else
        begin
            S <= 1;
            Co <= 1;
        end
    end
endmodule
```

5.4.7 D触发器

1. VHDL 实现

```
library IEEE;
use IEEE.STD_LOGIC_1164.all;
```

```
entity Dfilpflop is
  port(
        D : in STD_LOGIC;
        CLK : in STD_LOGIC;
        RESET : in STD_LOGIC;
        SET : in STD_LOGIC;
        Q : out STD_LOGIC;
        Qn : out STD_LOGIC
        );
end Dfilpflop;
architecture rtl of Dfilpflop is
signal Q_Temp :std_logic ;
begin
  process ( CLK, RESET, SET)
  begin
  if ( RESET = '0')then
    Q_Temp < =  '0';
  elsif ( SET = '0')then
    Q_Temp < = '1' ;
  elsif ( CLK'event and CLK = '1')then
    Q_Temp < = D;
  end if  ;
    end process  ;
  Qn < = NOT Q_Temp;
  Q < = Q_Temp;
end rtl;
```

2. Verilog HDL 实现

```
module Dflipflop ( Q ,CLK ,RESET ,SET ,D ,Qn );
input CLK ;
wire CLK ;
input RESET ;
wire RESET ;
input SET ;
wire SET ;
input D ;
wire D ;
output Q ;
reg Q ;
output Qn ;
wire  Qn ;
```

```
assign Qn  =  ~Q ;
always @ ( posedge CLK or negedge SET or negedge RESET )
   begin
      if ( ! RESET)
         Q <= 0 ;
      else if ( ! SET)
         Q  <= 1;
      else Q  <= D;
end
endmodule
```

5.4.8 寄存器

1. VHDL 实现

```
library IEEE;
use IEEE.STD_LOGIC_1164.all;
entity reg8 is
   port(
         clr : in STD_LOGIC;
         clk : in STD_LOGIC;
         D : in STD_LOGIC_VECTOR(7 downto 0);
         DOUT : out STD_LOGIC_VECTOR(7 downto 0)
             );
end reg8;
architecture rtl of reg8 is
begin
process ( clk, clr)
begin
   if ( clr  =  '1' ) then
      DOUT  <=  "00000000";
   elsif ( clk'event and clk = '1') then
      DOUT  <=  D;
   end if;
   end process;
end rtl;
```

2. Verilog HDL 实现

```
module reg8 ( clr ,clk ,DOUT ,D );
input clr ;
wire clr ;
input clk ;
wire clk ;
```

```
input [7:0] D ;
wire [7:0] D ;
output [7:0] DOUT ;
reg [7:0] DOUT ;
always @ ( posedge clk or posedge clr)
  begin
    if ( clr = = 1'b1)
      DOUT < = 0;
    else DOUT < = D ;
    end
endmodule
```

5.4.9 双向移位寄存器

1. VHDL 实现

```
library IEEE;
use IEEE.STD_LOGIC_1164.all;
entity shiftdata is
  port(
        clk : in STD_LOGIC;
        load : in STD_LOGIC;
        clr : in STD_LOGIC;
        left_right : in STd_logic ;
        DIN : in STD_LOGIC_VECTOR(3 downto 0);
        DOUT : out STD_LOGIC_VECTOR(3 downto 0)
          );
end shiftdata;
architecture rtl of shiftdata is
signal data_r: STD_LOGIC_VECTOR(3 downto 0);
begin
  process ( load, left_right, clr, clk)
  begin
    if clr = '1' then
      data_r < = "0000"   ;
    elsif load = '1' then
      data_r < = DIN;
    elsif ( clk'event and clk = '1')then
      if left_right = '1' then
        data_r < = data_r(2 downto 0)& '0';
      else
        data_r < = '0' & data_r(3 downto 1);
```

```
          end  if;
        end if    ;
      end process    ;
      DOUT < = data_r;
    end rtl;
```

2. Verilog HDL 实现

```
module shiftdata ( left_right ,load ,clr ,clk ,DIN ,DOUT );
input left_right ;
wire left_right ;
input load ;
wire load ;
input clr ;
wire clr ;
input clk ;
wire clk ;
input [3:0] DIN ;
wire [3:0] DIN ;
output [3:0] DOUT ;
wire [3:0] DOUT ;
reg [3:0] data_r;
assign      DOUT    = data_r    ;
always @ ( posedge clk or posedge clr or posedge load )
   begin
   if ( clr  = = 1)
      data_r  < =  0;
   else if ( load )
      data_r  < =  DIN;
   else begin
   if ( left_right)
      begin
      data_r  < =  (data_r < <1);
      data_r[0]  < = 0;
      end
   else begin
      data_r  < =  (data_r > >1);
      data_r[3]  < = 0;
      end
   end
   end
endmodule
```

5.4.10 4位二进制加减法计数器

1. VHDL 实现

```
library IEEE;
use IEEE.STD_LOGIC_1164.all;
use IEEE.STD_LOGIC_unsigned.all ;
entity counter4 is
  port(
        load : in STD_LOGIC;
        clk : in STD_LOGIC;
        clr : in STD_LOGIC;
        up_down : in  STD_LOGIC;
        DIN : in STD_LOGIC_VECTOR(3 downto 0);
        DOUT : out STD_LOGIC_VECTOR(3 downto 0);
        c : out STD_LOGIC
          );
end counter4;
architecture rtl of counter4 is
signal data_r : STD_LOGIC_VECTOR
(3 downto 0);
begin
  process ( clk , clr ,load ,DIN )
  begin
    if  clr = '1'  then                    //同步清零
       data_r < = "0000";
  elsif load = '1' then                     //同步预置
    data_r < = DIN;
    else if clk'event and clk = '1' then
      if (up_down = '1')  then             //加计数
        if ( data_r = "1111")then
          c < = '1';
          data_r < = "0000";
        else
          data_r < = data_r + 1;
          c < = '0' ;
        end if;
      else                                  //减计数
        if ( data_r = "0000")then
          c < = '1';
          data_r < = "1111";
```

```
        else
          data_r < = data_r -1;
          c < = '0' ;
        end if;
      end  if;
    end  if;
  end if;
    DOUT < = data_r;
  end process;
end rtl;
```

2. Verilog HDL 实现

```
module counter4 ( load ,clr ,c ,DOUT ,clk, up_down ,DIN);
input load ;
input clk;
wire load ;
input clr ;
wire clr ;
input up_down ;
wire up_down ;
input [3:0] DIN ;
wire [3:0] DIN ;
output c ;
reg c ;
output [3:0] DOUT ;
wire [3:] DOUT ;
reg     [3:0] data_r;
assign DOUT = data_r;
always @ ( posedge clk or posedge clr or posedge load)
  begin
    if ( clr = = 1)                          //同步清零
      data_r < = 0;
    else if ( load = = 1)                    //同步预置
      data_r < = DIN;
    else begin if ( up_down = =1)
      begin
        if ( data_r = = 4'b1111)begin   //加计数
          data_r < = 4'b0000;
          c = 1;
          end
        else  begin                          //减计数
```

```
            data_r <= data_r +1;
            c = 0 ;
          end
        end
        else
          begin
          if ( data_r == 4'b0000)begin   //加计数
            data_r <= 4'b1111;
            c = 1;
            end
          else  begin                    //减计数
            data_r <= data_r -1;
            c = 0 ;
          end
        end
      end
    end
endmodule
```

5.4.11 十进制加减法计数器

1. VHDL 实现

```
library IEEE;
use IEEE.STD_LOGIC_1164.all;
use IEEE.STD_LOGIC_unsigned.all ;
entity counter10 is
  port(
        load : in STD_LOGIC;
        clk : in STD_LOGIC;
        clr : in STD_LOGIC;
        up_down : in  STD_LOGIC;
        DIN : in STD_LOGIC_VECTOR(3 downto 0);
        DOUT : out STD_LOGIC_VECTOR(3 downto 0);
        seven_seg : out STD_LOGIC_VECTOR(7 downto 0);
        c : out  STD_LOGIC
          );
end counter10;
architecture rtl of counter10 is
signal data_r : STD_LOGIC_VECTOR(3 downto 0);
signal Y_r : std_logic_vector (7 downto 0);
begin
```

```
    process ( clk , clr ,load ,DIN )
    begin
    if  clr = '1'  then                     //同步清零
        data_r < = "0000";
    elsif load ='1' then                    //同步预置
        data_r < = DIN;
    else
    if  clk'event and clk ='1' then
      if (up_down = '1' and data_r = 9)then
        c < = '1';
        data_r < = "0000";
      elsif ( up_down = '0' and data_r = "0000")then
        c < = '1';
        data_r < = "1001";
      else
        if  up_down = '1'  then   --加计数
            data_r < = data_r + 1;
            c < = '0' ;
        else                                //减计数
            data_r < = data_r - 1 ;
              c < = '0' ;
          end  if;
        end  if;
      end  if;
    end if;
      DOUT < = data_r;
end process;                                //数码管译码
seg: process(data_r)
begin
    Y_r < = (others = > '1');
  case data_r is
when "0000"  = > Y_r < = "00000011"; -- 0
when "0001"  = > Y_r < = "10011111"; -- 1
when "0010"  = > Y_r < = "00100101"; -- 2
when "0011"  = > Y_r < = "00001101"; -- 3
when "0100"  = > Y_r < = "10011001"; -- 4
when "0101"  = > Y_r < = "01001001"; -- 5
when "0110"  = > Y_r < = "01000001"; -- 6
when "0111"  = > Y_r < = "00011111"; -- 7
when "1000"  = > Y_r < = "00000001"; -- 8
```

```
when "1001"  => Y_r <= "00010001"; -- 9
when others  => NULL;
  end case;
end process;
  seven_seg  <= Y_r ;
end rtl;
```

2. Verilog HDL 实现

```
module counter10 ( load ,clr ,c ,DOUT ,clk,
  up_down ,DIN ,seven_seg);
input load ;
input clk;
wire load ;
input clr ;
wire clr ;
input up_down ;
wire up_down ;
input [3:0] DIN ;
wire [3:0] DIN ;
output c ;
reg c ;
output [3:0] DOUT ;
output [7:0] seven_seg;
wire [3:0] DOUT ;
reg     [3:0] data_r;
assign DOUT = data_r;
always @ ( posedge clk or posedge clr or posedge load)
  begin
    if ( clr == 1)                          //同步清零
      data_r <= 0;
  else if ( load == 1)                      //同步预置
      data_r <= DIN;
  else if ( up_down ==1 & data_r == 9)
    begin
      c = 1;
      data_r <= 4'b0000;
    end
  else if ( up_down ==0 & data_r == 0)
    begin
      c = 1;
      data_r <= 9;
```

```
      end
    else
      begin
        if (up_down  = =1)begin                //加计数
          data_r  < =  data_r  +1;
          c  =  0  ;
          end
        else   begin                           //减计数
          data_r  < =  data_r  -1  ;
          c  =  0  ;
        end
      end
end
/* * * * * * * * * * * * *数码管* * * * * * * * * * * * * * * */
assign seven_seg  =Y_r;
reg [7:0] Y_r;
  always @ (data_r   )
  begin
  Y_r  =8'b11111111;
  case (data_r )
    4'b0000: Y_r  =  8'b00000011; // 0
    4'b0001: Y_r  =  8'b10011111; // 1
    4'b0010: Y_r  =  8'b00100101; // 2
    4'b0011: Y_r  =  8'b00001101; // 3
    4'b0100: Y_r  =  8'b10011001; // 4
    4'b0101: Y_r  =  8'b01001001; // 5
    4'b0110: Y_r  =  8'b01000001; // 6
    4'b0111: Y_r  =  8'b00011111; // 7
    4'b1000: Y_r  =  8'b00000001; // 8
    4'b1001: Y_r  =  8'b00001001; // 9
    default: Y_r  =  8'b11111111;
  endcase
end
endmodule
```

5.4.12 顺序脉冲发生器

1. VHDL 实现

```
library IEEE;
use IEEE. STD_LOGIC_1164. all;
entity pulsegen is
```

```
  port(
        clk : in STD_LOGIC;
        clr : in STD_LOGIC;
        Q : out STD_LOGIC_VECTOR(7 downto 0)
              );
end pulsegen;
architecture rtl of pulsegen is
signal temp : std_logic_vector (7 downto 0)   ;
begin
  process ( clr, clk)
  begin
    if ( clr = '1')then
      temp < = "00000001";
    elsif ( clk'event and clk  = '1')then
      temp < = temp( 6 downto 0)& temp(7);
    end if;
      Q < = temp;
  end process;
end rtl;
```

2. Verilog HDL 实现

```
module pulsegen ( Q ,clr ,clk);
input clr ;
wire clr ;
input clk ;
wire clk ;
output [7:0] Q ;
wire [7:0] Q ;
reg [7:0] temp   ;
reg x;
assign Q  =temp;
always @ ( posedge clk or posedge clr )
begin
  if ( clr = =1)
    begin
      temp < = 8'b00000001;
      x= 0 ;
    end
  else
    begin
      x < =  temp[7]   ;
```

```
        temp  < =  temp < < 1     ;
        temp[0]  < = x;
      end
    end
endmodule
```

5.4.13　序列信号发生器

1. VHDL 实现

```
library IEEE;
use IEEE. STD_LOGIC_1164. all;
entity xlgen is
   port(
         clk  : in STD_LOGIC;
         res  : in STD_LOGIC;
         Q  : out STD_LOGIC
            );
end xlgen;
architecture rtl of xlgen is
signal temp  : std_logic_vector (7 downto 0)    ;
begin
   process ( res, clk)
   begin
      if ( res = '1')then
         temp  < =  "11100100";
      elsif ( clk'event and clk = '1')   then
         temp  < =  temp( 6 downto 0)& temp(7);
      end if;
         Q  < =  temp(0);
   end process;
end rtl;
```

2. Verilog HDL 实现

```
module xlgen (  Q  ,clk  ,res);
input clk  ;
wire clk  ;
input res  ;
wire res  ;
output Q  ;
reg Q  ;
reg [7:0] Q_r  ;
always @ (  posedge clk or posedge res)
```

```
  begin
    if (res  = =1)
      begin
        Q  < =  1'b0;
        Q_r  < =  8'b11100100    ;
      end
      else
        begin
          Q  < =  Q_r[7];
          Q_r  < =  Q_r< <1;
          Q_r[0]  < =Q;
        end
      end
endmodule
```

5.4.14　分频器

1. VHDL 实现

```
library IEEE;
use IEEE. STD_LOGIC_1164. all;
use IEEE. STD_LOGIC_unsigned. all;
entity clockdiv is
  port(
      sysclk  : in STD_LOGIC;
      rst  : in STD_LOGIC;
      sel  : in STD_LOGIC_VECTOR(1 downto 0);
      QOUT  : out STD_LOGIC
        );
end clockdiv;
architecture rtl of clockdiv is
signal q  : std_logic_vector ( 2 downto 0);
signal clk  : STD_LOGIC ;
signal cnt  : std_logic_vector ( 21 downto 0);
begin
 - -时钟分频模块
clk1 :process( sysclk ,rst )
begin
  if rst ='0' then
    cnt  < =  "0000000000000000000000";
    clk  < =  '1';
  elsif ( sysclk'event and sysclk  =  '1')then
```

```
        cnt  < =  cnt  +  1;
        if (cnt  ="10011000100101101000000")then
          cnt  < =  "000000000000000000000"  ;
          clk  < =  NOT clk  ;
        end if ;
      end if;
  end process ;
  --分频器模块
  a: process   (clk ,rst)
      begin
      if rst = '0' then
        q(0) < = '0';
      elsif (  clk'event and clk  =  '1')then
        q(0) < = NOT q(0);
      end if;
  end process ;
  b: process   (q(0),rst)
      begin
      if rst = '0' then
        q(1) < = '0';
      elsif (  q(0)'event and q(0) =  '1')then
        q(1) < = NOT q(1);
      end if;
  end process ;
  c: process   (q(1),rst )
      begin
      if rst = '0' then
        q(2) < = '0';
      elsif (  q(1)'event and q(1)    =  '1')then
        q(2) < = NOT q(2);
      end if;
      end process ;
      with sel select
        QOUT  < =  clk when "00",
                   q(0)   when "01"  ,
                   q(1)when "10"  ,
                   q(2)when others   ;
  end rtl;
```

2. Verilog HDL 实现

```
module clockdiv (  Q ,rst ,sysclk ,sel );
```

```
input rst ;
wire rst ;
input sysclk ;
wire sysclk ;
input [1:0] sel ;
wire [1:0] sel ;
output Q ;
wire Q ;
reg [2:0] q;
reg [31:0] cnt ;
reg clk ;
//时钟分频模块
always @( posedge sysclk or negedge rst)
  begin
  if ( ! rst )begin
  cnt < = 0 ;
  clk < = 1'b1 ;
  end
  else begin
    cnt < = cnt + 1'b1 ;
    if (cnt > = 32'd2500000 )begin
        clk < = ~clk;
        cnt < = 0 ;
    end
  end
end
//分频器模块
always @ ( posedge clk or negedge rst )
  if ( ! rst )q[0] < = 0;
  else    q[0] < = ~q[0] ;
always @ ( posedge q[0] or negedge rst )
  if ( ! rst )q[1] < = 0;
  else    q[1] < = ~q[1] ;
always @ ( posedge q[1] or negedge rst )
  if ( ! rst )q[2] < = 0;
  else    q[2] < = ~q[2] ;
assign  Q = (sel = = 2'd0)? clk :
            (sel = = 2'd1)? q[0] :
            (sel = = 2'd2)? q[1] :
            (sel = = 2'd3)? q[2] : 0;
endmodule
```

第 6 章　SOPC 用户定制方法

Nios Ⅱ软核处理器具有可定制性、性能可配置性。其中可定制性体现在:三种类型内核、参数化的可配置的外围设备。性能可配置性体现在:多 CPU 结构、Avalon 交换架构、用户定制指令、硬件加速(用户定制外设、C2H 编译器)。

6.1　用户定制指令

6.1.1　概述

用户定制指令是将一个包含多条标准指令的指令序列减少为硬件实现的一条指令。对于 Nios Ⅱ嵌入式处理器,通过增加定制指令,系统设计者能提高对时间要求较高的软件算法的执行速度。定制指令可将标准指令的复杂序列减少为一条由硬件实现的指令,这个特点可以优化 DSP 软件的内部循环、包头(packet header)处理及需要大量计算的应用。SOPC Builder 中的 Nios Ⅱ处理器配置向导提供了图形化界面(GUI)添加封装用户定制指令,可为 Nios Ⅱ处理器增加最多 256 条指令。Nios Ⅱ IDE 在 system. h 中为每条定制指令产生一个宏,用户在应用程序中通过调用宏访问定制指令。

定制指令逻辑直接与算术逻辑单元连接,如图 6.1 所示。

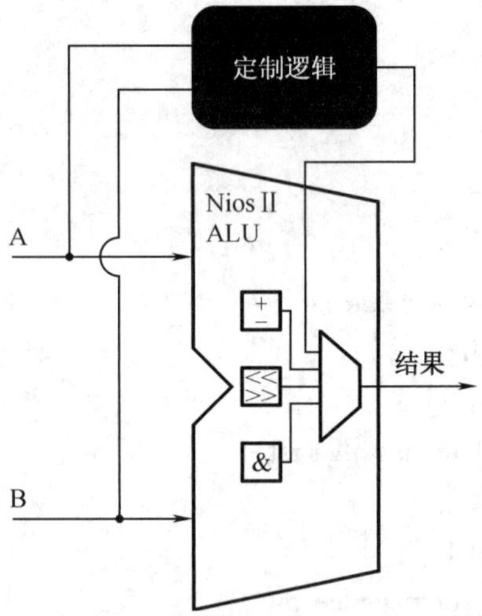

图 6.1　定制指令逻辑与算术逻辑单元的连接

利用定制指令,系统设计者能充分利用 FPGA 的灵活性,以满足系统的性能需求。定制指令允许系统设计者增加定制的功能到 Nios Ⅱ处理器的 ALU。

定制指令是在 CPU 的数据路径中与 ALU 相邻的定制的逻辑块。这使得系统设计者可以裁减 Nios Ⅱ处理器核来满足特殊应用的需要。在嵌入式系统的实现阶段,定制指令为软硬件的折中试验提供了一个简单的途径。

6.1.2 定制指令的体系结构

Nios Ⅱ处理器定制指令的硬件方框图如图 6.2 所示。Nios Ⅱ处理器支持不同结构类型的定制指令。实现特定的定制指令时,只有某些信号被需要。图中显示了一个可选的对外部逻辑的接口,这个接口可以包含一个到 Nios Ⅱ处理器数据路径外部的系统资源的定制接口。有不同的定制指令类型来满足各种应用需求,有从简单的、单周期的组合结构到可扩展的变长、多周期定制指令等多种类型。所选择的定制指令类型决定硬件接口的结构。

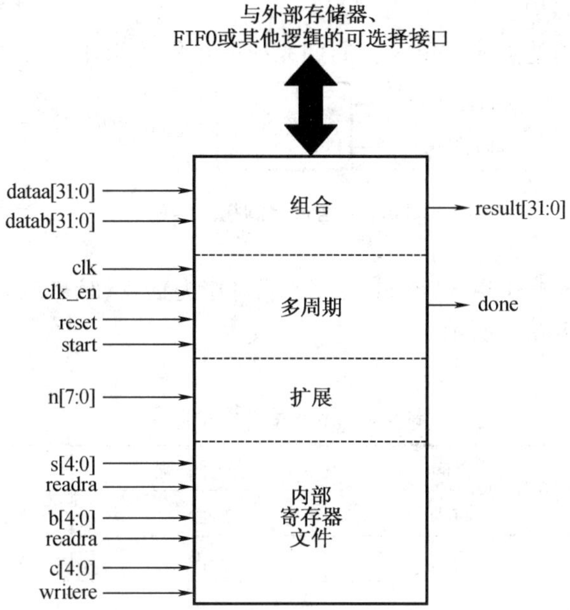

图 6.2 Nios Ⅱ处理器定制指令的硬件方框图

组合逻辑定制指令,能够在一个时钟周期内完成的定制指令,不需要控制端口。

多时钟周期定制指令,能够在多个时钟周期内完成的定制指令,需要控制端口。固定时钟周期数在系统生成时指定,而可变时钟周期数需要使用 start,done 握手信号。

扩展定制指令允许一个定制指令实现多个不同的操作。

内部寄存器文件定制指令允许一个定制指令访问其自身的内部寄存器文件,从而提供了用户定制指令访问 Nios Ⅱ处理器寄存器文件和自身寄存器文件的灵活性,内部寄存器文件定制指令端口如表 6.1 所示。

表 6.1 内部寄存器文件定制指令端口

端口名	方向	必需	应用
readra	输入	否	如果 readra 为高电平,Nios Ⅱ处理器提供 dataa 和 datab。如果 readra 为低电平,定制指令逻辑读由 a 索引的内部寄存器文件
readrb	输入	否	如果 readrb 为高电平,Nios Ⅱ处理器提供 dataa 和 datab。如果 readrb 为低电平,定制指令逻辑读由 b 索引的内部寄存器文件
writere	输入	否	定制指令写结果到 c 索引的定制指令内部寄存器文件

表 6.1(续)

端口名	方向	必需	应用
a	输入	否	定制指令内部寄存器文件索引
b	输入	否	定制指令内部寄存器文件索引
c	输入	否	定制指令内部寄存器文件索引

(1)组合定制指令结构

组合定制指令结构是由能在单时钟周期完成的逻辑块组成。其方框图如图 6.3 所示。

图 6.3　组合定制指令结构

图6.3 中使用 dataa[31:0]和 datab[31:0]端口作为输入,结果从 result[31:0]端口输出。组合定制指令信号如表 6.2 所示。

表 6.2　组合定制指令信号

信号名称	方向	是否必需	作用
dataa[31:0]	输入	否	定制指令的输入操作数
datab[31:0]	输入	否	定制指令的输入操作数
result[31:0]	输出	是	定制指令的结果

组合定制指令信号唯一必需的端口是 result[31:0]。dataa[31:0]和 datab[31:0]端口是可选的,当应用需要输入操作数时才选择。若只需一个操作数,则使用 dataa[31:0]。

组合定制指令硬件接口时序图如图 6.4 所示。dataa[31:0]和 datab[31:0]在 CPU 时钟的上升沿有效。在时钟的下一个上升沿读 result[31:0]端口。

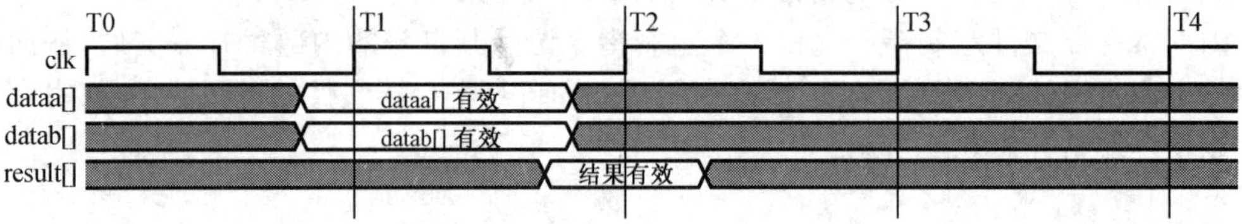

图 6.4　组合定制指令接口时序图

组合定制指令没有外部接口。使用扩展的定制指令结构可对组合定制指令做进一步优化。

(2)多周期定制指令结构

多周期或序列定制指令是由需要 2 个或更多个时钟来完成某个操作的逻辑块组成的。多周期定制指令能在一个固定的或可变的时钟周期内完成。多周期定制指令需要附加控制信号。其方框图如图 6.5 所示。

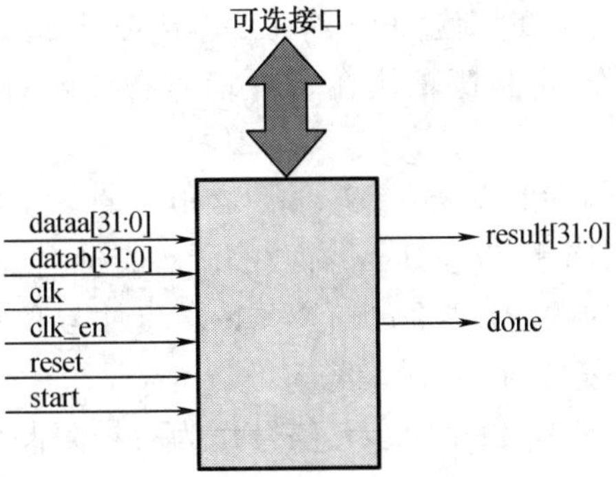

图 6.5　多周期定制指令方框图

固定时钟周期在系统创建时,指定所需要的时钟周期数。

可变时钟周期 tart 和 done 信号用于握手模式,以决定定制指令何时完成。多周期定制指令信号如表 6.3 所示。

表 6.3　多周期定制指令信号

信号名称	方向	是否必需	作用
clk	输入	是	系统时钟
clk_en	输入	是	时钟允许
reset	输入	是	同步复位
start	输入	否	开始执行定制指令逻辑信号
done	输出	否	执行已完成信号
dataa[31:0]	输入	否	定制指令的输入操作数
datab[31:0]	输入	否	定制指令的输入操作数
result[31:0]	输出	否	定制指令的结果

如表所列,clk,clk_en 和 reset 信号是多周期定制指令必需的信号,而 start,done,dataa[31:0],datab[31:0]和 result[31:0]信号是可选的,仅在需要时才使用。

多周期定制指令时序如图 6.6 所示。

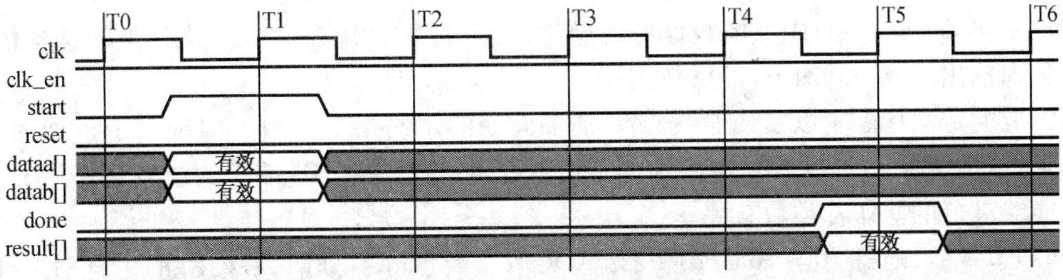

图 6.6　多周期定制指令时序图

当定制指令通过 ALU 执行时,CPU 在执行的第一个时钟周期使 start 为高,dataa[31:0]和 datab[31:0]信号有效,且保持有效直到执行周期结束。

定长定制指令端口操作:CPU 使 start 有效,等待一个指定的周期数,然后读 result[31:0]。对一个 n 周期的操作,定制逻辑块在 start 信号有效后的第(n-1)个上升沿必须提供有效的数据。

变长定制指令端口操作:CPU 等待直到 done 高电平有效,在 done 有效的时钟沿,CPU 读 result[31:0]端口。定制逻辑块应在 done 有效的同一时钟在 result[31:0]端口提供数据。

Nios Ⅱ系统时钟提供定制逻辑块的 clk 信号,Nios Ⅱ主复位提供高电平有效的 reset 信号,仅当整个 Nios Ⅱ系统被复位时,reset 信号有效。

定制逻辑块应使用高电平有效的 clk_en 信号作为时钟限制信号,当 clk_en 无效时,应忽略所有的时钟上升沿。

在定制逻辑块中未被识别为定制指令信号的任何端口被认为是一种外部接口信号。

通过使用扩展的定制指令、内部寄存器文件和外部接口定制指令,可对多周期定制指令进行优化。

(3)扩展的定制指令结构

扩展的定制指令结构允许单个的定制逻辑块为不同的操作输出结果。扩展的定制指令利用 N 域指明定制逻辑进行的逻辑操作类型。操作码中的 8 位的 N 域允许一个定制逻辑块有 256 种不同的操作。

具有位交换、字节交换和半字交换操作的扩展定制指令的方框图如图 6.7 所示。

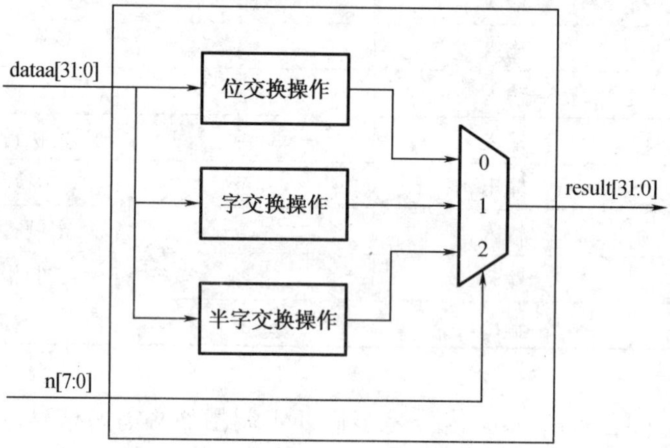

图 6.7　具有交换操作的扩展的定制指令

对来自 dataa[31:0]端口的数据进行操作,n[7:0]端口作为输出多路开关的选择信号,用来选择输出到 result[31:0]的操作类型。

扩展的定制指令可以是组合的或者是多周期的定制指令。为了实现一个扩展的定制指令,简单地增加一个 n[7:0]端口到定制指令逻辑接口。n[7:0]端口的位宽与扩展的定制指令能够进行的操作种类数有关。

n[7:0]端口的行为与 dataa[31:0]端口类似。当 start 有效时,在时钟的上升沿 CPU 使 n[7:0]端口有效,n[7:0]端口在定制指令执行期间保持稳定。

所有其他的定制指令端口操作保持不变。

(4)内部寄存器文件定制指令结构

Nios Ⅱ处理器允许定制指令逻辑为了 I/O 而访问它自己的内部寄存器文件,这提供了一种灵活性，操作数可从 Nios Ⅱ处理器的寄存器文件或者从定制指令内部的寄存器文件被读出。另外，操作结果可写到内部寄存器文件中，而不是 Nios Ⅱ处理器的寄存器文件中。

访问定制指令的内部寄存器时，使用 readra，readrb 和 writerc 来决定 I/O 是否应发生在内部寄存器文件之间，或者在 Nios Ⅱ处理器的寄存器文件之间。另外，信号 a[4:0]，b[4:0]和 c[4:0]指明读/写的内部寄存器。例如，如果 readra 无效，则 a[4:0]为内部寄存器文件提供一个索引。

一个简单的、多累加的定制逻辑块如图 6.8 所示。

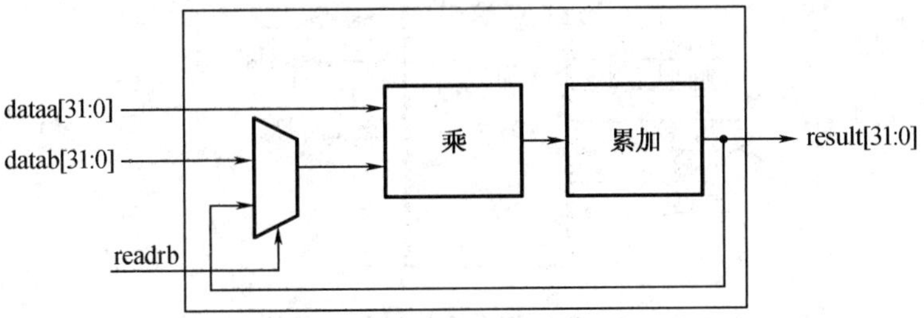

图 6.8　多累加的定制逻辑块

当 readrb 无效时，dataa[31:0]和 datab[31:0]相乘，结果存储在累加寄存器中。Nios Ⅱ处理器可将结果读回，或者通过使 readrb 有效，累加器的值可作为乘法器的输入。表 6.4 列出了内部寄存器文件定制指令信号。信号是可选的，仅在应用需要时被使用。

表 6.4　内部寄存器文件定制指令信号

信号名称	方向	是否必需	作用
readra	输入	否	若 readra 为高电平，则 dataa[31:0]和 datab[31:0]由 Nios Ⅱ CPU 提供，若 readra 为低电平，则定制指令逻辑应读由 a[4:0]所指示的内部寄存器文件
readrb	输入	否	若 readrb 为高电平，dataa[31:0]和 datab[31:0]由 Nios Ⅱ CPU 提供。若 readrb 为低电平，则定制指令逻辑应该读由 a[4:0]所指示的内部寄存器文件
writere	输入	否	定制指令写 c[4:0]的结果到定制指令内部寄存器文件的信号
a[4:0]	输入	否	定制指令内部寄存器文件索引
b[4:0]	输入	否	定制指令内部寄存器文件索引
c[4:0]	输入	否	定制指令内部寄存器文件索引

readra，readrb，writerc，a[4:0]，b[4:0]和 c[4:0]端口的行为与 dataa[31:0]类似。当 start 信号有效时，在时钟信号的上升沿，CPU 提供以上的信号，在定制指令执行期间，所有端口保持稳定。readra、readrb 和 writerc 高电平有效信号决定定制指令逻辑如何处理寄存器文件 I/O。a[4:0]，b[4:0]和 c[4:0]端口用作寄存器文件的索引。当 readra 和 readrb 无效时，定制指令逻辑应忽略相应的 a[4:0]或 b[4:0]端口。当 writerc 无效时，CPU 忽略 result[31:0]端口的值。所有其他的定制指令端口操作保持不变。

(5)外部接口定制指令

从图6.9可看出,Nios Ⅱ处理器定制指令允许增加一个接口与处理器数据路径之外的逻辑通信。在系统创建时,任何非定制指令信号将被传递到SOPC Builder的顶层模块,外部逻辑能够访问这些信号。

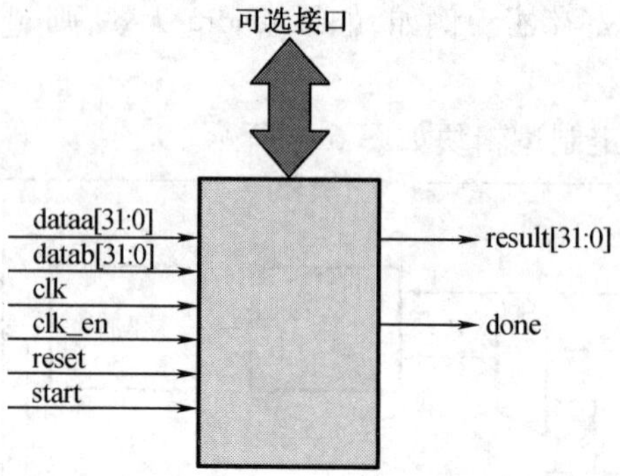

图6.9　定制指令允许增加外部接口

显示了一个有存储器接口的多周期定制指令。因为,定制指令逻辑能访问CPU外部的存储器,它扩展了定制指令的逻辑。

定制指令逻辑可以进行不同的操作。例如,控制定制指令的操作、存储立即结果或读存储器。可选的外部接口也为数据的流入或流出提供一个指定的路径。例如,定制指令逻辑可将CPU寄存器文件的数据直接传递到一个外部的FIFO存储器缓冲器,旁路处理器的数据总线。

6.1.3　用户定制指令的软件接口(软件访问方式)

Nios Ⅱ处理器定制指令的软件接口简单,并且对定制指令的细节进行了抽象。对每一条定制指令,Nios Ⅱ IDE产生一个宏,这个宏在系统头文件中被定义。在C或C++程序中可以像函数一样调用宏,而不需要编写汇编语言程序去访问定制指令。定制指令也可通过汇编代码访问。

下面介绍定制指令的软件接口,包括以下内容:位交换定制指令,内建函数和用户定义宏,定制指令汇编程序软件接口。

1.位交换定制指令

以下实例显示出为位交换定制指令定义宏的system.h头文件的一部分。位交换实例使用一个32位的输入,只完成一项功能:

```
# define ALT_CI_BSWAP_N 0x00
# define  ALT_CI_BSWAP(A)_builtin_custom_ini(ALT_CI_BSWAP_N,(A))
```

ALT_CI_BSWAP_N被定义为0x0.它是定制指令的操作码编号,ALT_CI_BSWAP(A)宏被映射到一个gcc内建的宏,它仅需要一个参数。

2.位交换定制指令

下面的实例说明了在应用代码中使用的一个位交换定制指令。

```
# include "system.h"
int main (void)
```

```
{
int a =0X12345678;
int a_swap  =  0;
a_swap  =  ALT_CI_BSWAP(a);
return 0;
}
```

本例中,system.h文件被包含在第1行,对定制指令的宏定义进行定位。2个整数被声明,其中一个在第4行,一个在第5行。整数a作为输入被传递到位交换定制指令,在第6行结果被装载到a_swap。

此例适合使用定制指令的大部分应用。Nios Ⅱ IDE定义的宏仅仅使用c的整数类型。个别场合,应用程序需要使用输入类型而不是整数,所以,需要传递期望的返回值而不是整数。

Nios Ⅱ处理器定制指令允许定义定制宏,允许其他的32位输入类型与定制指令接口。

3. 内建函数和用户定义宏

Nios Ⅱ处理器使用映像到定制指令的gcc内建的函数。使用内建函数允许定制指令使用类型(types)而不是整数(integers)。有52个内建函数来满足所支持类型的不同组合。内建函数有以下格式:

```
_builtin_custom_<return type>n<parameter types>
```

表6.5列出了定制指令支持的32位输入类型和在内建函数定义中所使用的缩写。

表6.5　定制指令支持的32位输入类型

类别	在内嵌函数中的缩写
int	l
float	F
void *	p

下面的实例给出了2个内建函数的原型定义:

```
void _builtin_custom_nf(int n,float dataa);
float _builtin_custom_fnp(int n, void *  dataa);
```

以上实例中,_builtin_custom_nf()函数有int和float两个输入,没有返回值。而_builtin_custom_fnp()函数的输入为一个整数和一个指针,返回一个浮点数。

为了支持非整数类型,一个映射到应用程序所需的特定内建函数的宏应被定义。

下面的实例显示了用户定义的定制指令宏:

```
/*   define void udef_macrol(float data);   */
# define UDEF_MACRO1_N 0x00
# define UDEF_MACRO1(A)   _builtin_custom_nf(UDEF_MACRO1_N,(A));
/*   define float udef_macrO2(void * data);   */
# define UDEF_MACRO2_N 0x01
# define UDEF_MACRO2(B)_builtin_custom_fnp(UDEF_MACRO2_N,(B));
```

```
int main (void)
{
float a  = 1.789;
float b  = 0.0;
float  * pt_a  =  &a;

UDEF_MACRO1(a);
b  =  UDEF_MACRO2((void  *  )pt_a);
return 0;
}
```

在第2~6行,用户定义宏被声明,且被映射到相应的内建函数。宏UDEF_MACRO1有一个浮点输入参数,没有返回值。宏UDEF_MACRO2有一个指针输入参数,返回一个浮点数。第14和15行使用了2个用户定义宏。

4. 定制指令汇编程序接口

使用汇编代码也可访问定制指令。

汇编接口描述如下:定制指令是R-type指令,具有6位操作码,3个5位寄存器索引域,11位操作码扩展域。11位操作码扩展域分为2部分:一个是扩展定制指令的8位N域;另一个是3位readra,readrb和writerc。

图6.10是定制指令操作码图。

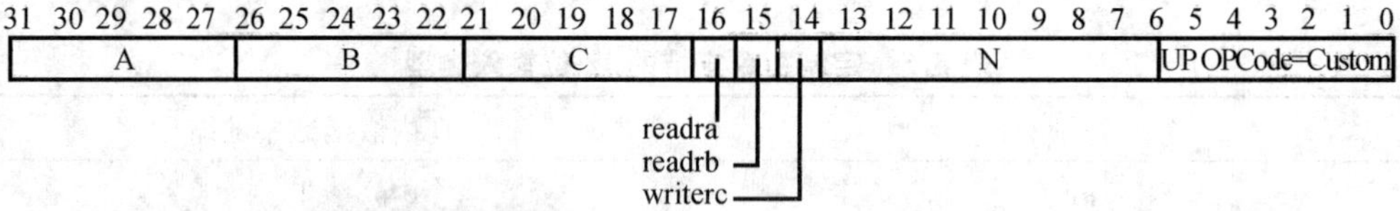

指令域: A= 操作数A的寄存器索引
B= 操作数B的寄存器索引
C= 操作数C的寄存器索引
N= 选择指令的8位数
若指令使用rA，则readra = 1：否则为0
若指令使用rB，则readra = 1：否则为0
若指令将结果存储rC，则writere = 1：否则为0

图6.10　定制指令操作码图

定制指令汇编程序语法是custom N,xC,xA,xB。这里N是定制指令操作码编号,xC是result[31:0]端口的目的寄存器,xA是操作数1,xB是操作数2。为了访问Nios Ⅱ CPU的寄存器文件,用r代替x;为了访问定制的寄存器文件,用c代替x。下面是定制指令汇编程序调用的2个例子。

例1:custom 0,r6,r7,r8。

例2:custom 3,c1,r2,c4。

例1执行操作码编号为0的定制指令。处理器寄存器r7和r8的内容作为输入,结果保存在处理器寄存器r6。例2执行操作码编号为3的定制指令。处理器寄存器r2和定制寄存器c4的内容作为输入,结果保存在定制寄存器c1。

6.1.4　实现用户定制指令的相关软件操作

实现用户定制指令的相关软件操作步骤如下：

(1)打开定制指令硬件设计

选择 Programs→Altera→Quartus Ⅱ < version >(Windows Start menu)。

选择 Open Project(File menu)。

浏览其工程目录。

对 Cyclone Ⅱ选择 standard. qpf,其他选择 custom_instruction. qpf,单击 Open 按钮。

选择 SOPC Builder,启动 SOPC Builder。

(2)增加前导 0 定制指令逻辑

在 Altera SOPC Builder 的 System Contents 页选择 cpu_0,选择 Edit(Module menu),打开 Nios Ⅱ处理器配置向导,单击 Custom Instructions 标签,如图 6.11 所示.

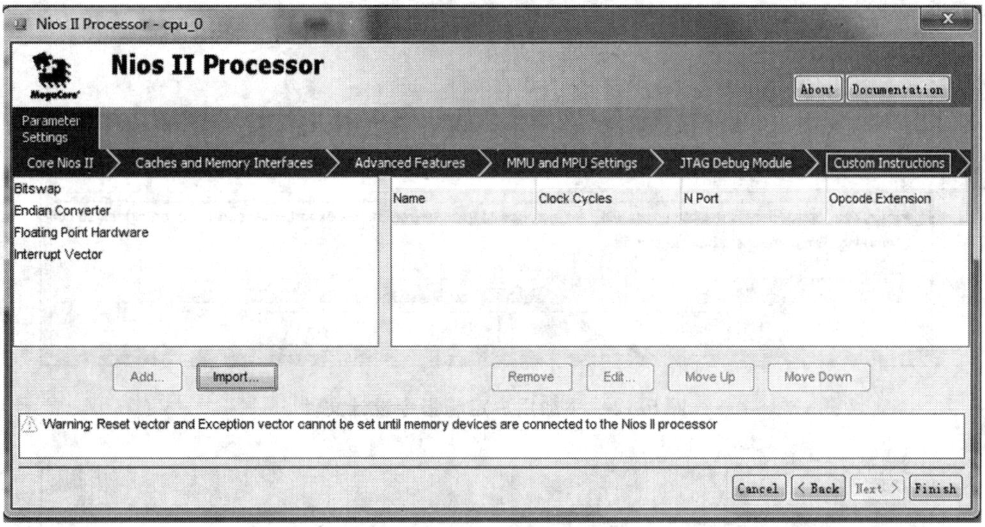

图 6.11　Nios Ⅱ处理器配置

①选择 Import,用户逻辑向导出现,如图 6.12 所示。

用户逻辑向导接口用来导入 Nios Ⅱ定制指令逻辑。为了导入定制指令逻辑到系统,必须增加源文件到列表中,指明顶端模块,读入端口列表。单击 Add 按钮,添加文件。如图 6.13所示。

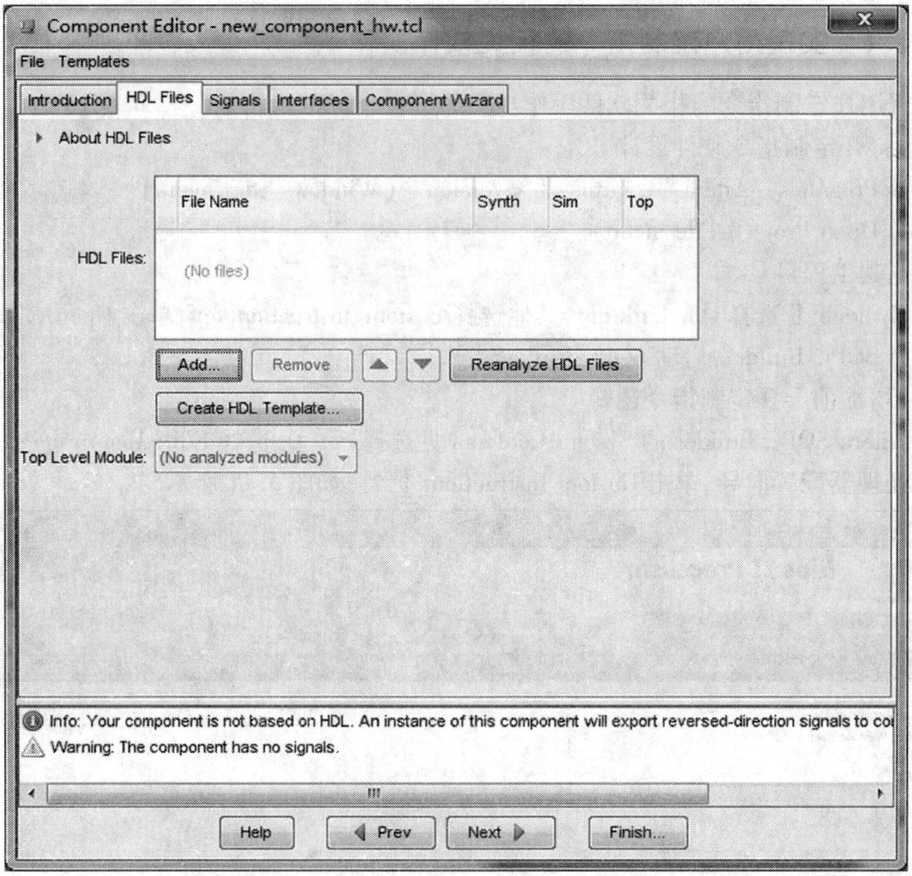

图 6.12 添加用户定制指令设计文件

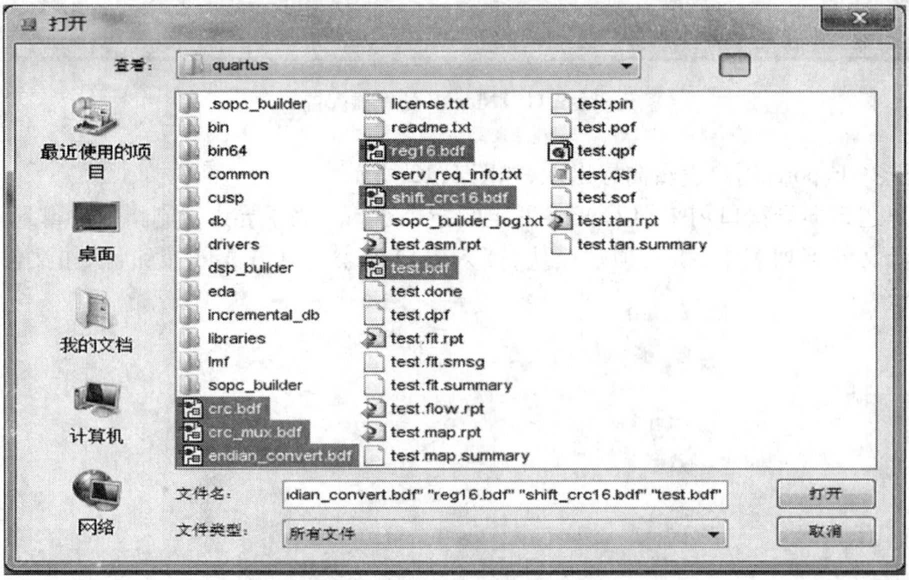

图 6.13 选择源文件

②单击 Open 按钮,返回用户逻辑向导接口。如图 6.14 所示

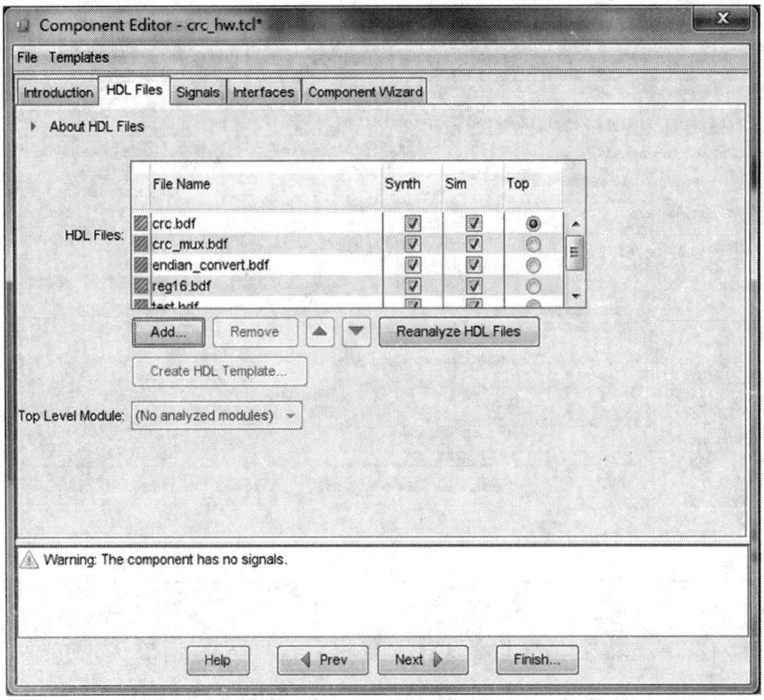

图 6.14　返回用户接口界面

③单击 Read port – list from files 按钮。这将从文件中读接口信息,如图 6.15 所示。

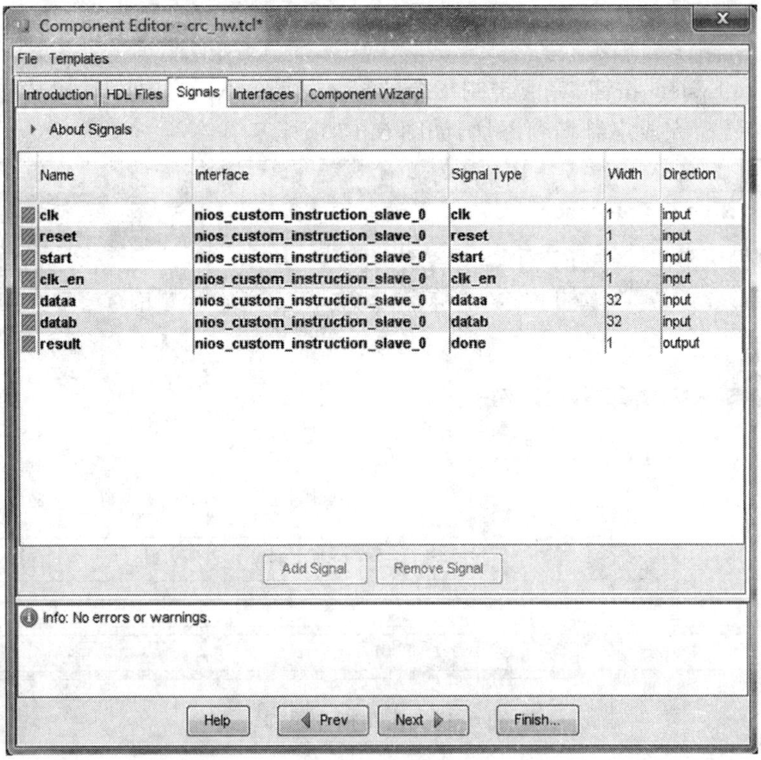

图 6.15　接口信息

单击 Next,如图 6.16 所示。

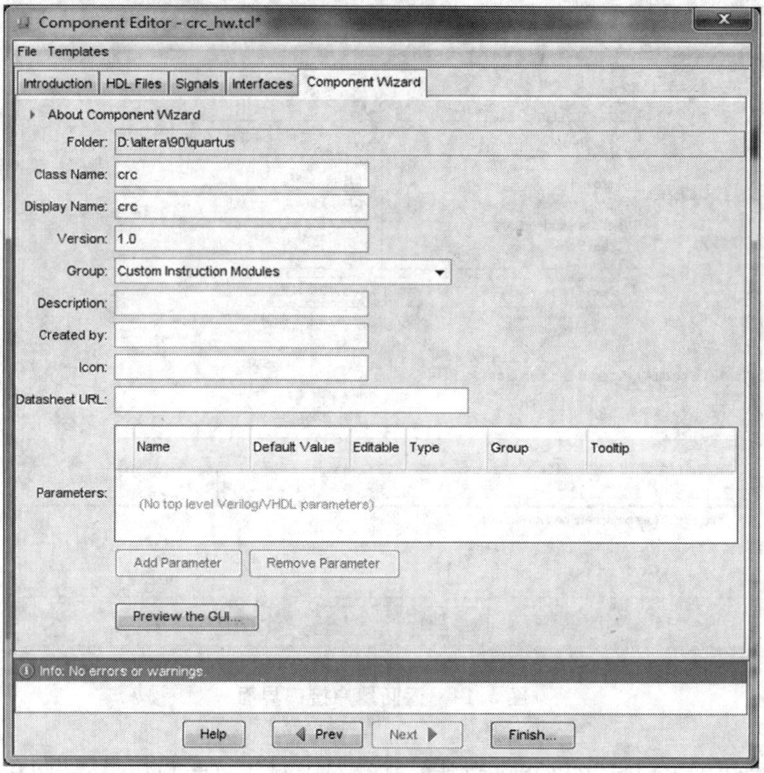

图 6.16　接口信息

单击 Add to System 按钮,完成定制指令的导入过程。Nios Ⅱ处理器配置向导出现。将定制指令加入系统,完成定制指令添加,如图 6.17 所示。

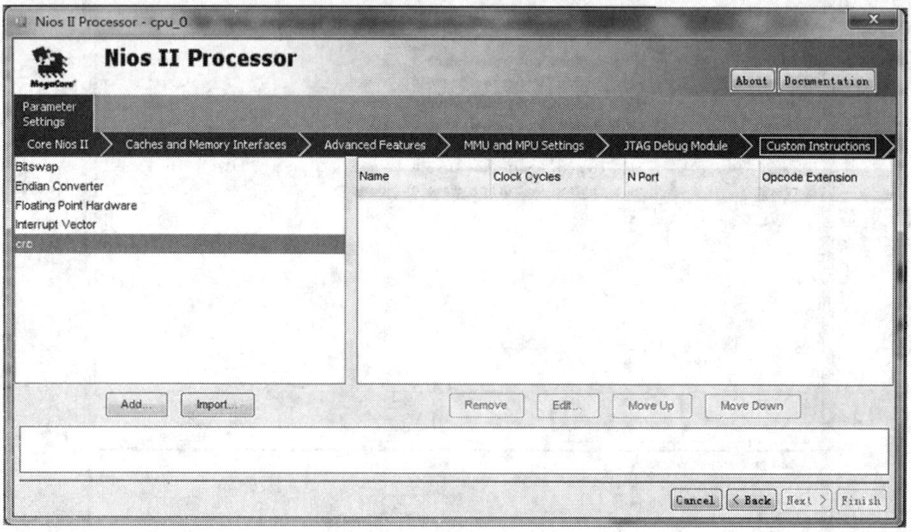

图 6.17　定制指令添加

单击 Finish 按钮,增加定制指令到系统,返回到 SOPC Builder 窗口。

6.2 用户定制外设(SOPC Builder 元件)

用户定制外设:开发一个定制的 SOPC Builder 元件。

SOPC Builder 元件的构成:

(1)硬件文件:描述元件硬件的 HDL 描述文件;

(2)软件文件:定义元件寄存器映射的 C 语言头文件和元件驱动程序;

(3)元件描述文件(class. ptf):定义元件的结构,由元件编辑器根据硬件文件、软件文件及用户在元件编辑器的图形用户界面中指定的参数自动产生该文件。

6.2.1 用户定制 SOPC Builder 元件的开发流程

(1)指定硬件功能;

(2)指定微处理器访问和控制该硬件的应用程序接口;

(3)定义一个 AVALON 接口:提供正确的控制机制、足够的吞吐性能;

(4)采用 VHDL 或 Verilog 编写硬件设计;

(5)单独测试硬件设计;

(6)编写 C 头文件,定义寄存器映射;

(7)使用元件编辑器将硬件和软件文件打包成一个元件;

(8)例化元件为 SOPC 系统的一个模块;

(9)使用 Nios Ⅱ处理器测试元件的寄存器级访问;

(10)编写元件的驱动程序;

(11)反复改进元件的设计:硬件、软件、元件更新;

(12)编译完整的包含一个或多个该元件的 SOPC 系统;

(13)执行系统级的验证,若必要,进行反复设计;

(14)完成元件设计,发布共享元件。

6.2.2 用户定制 SOPC Builder 元件的硬件设计

任务逻辑:实现元件的基本功能。

寄存器文件:任务逻辑内部信号同外部通信的通路。

AVALON 接口:提供访问寄存器文件的传输。

6.2.3 用户定制 SOPC Builder 元件的软件设计

软件文件:定义了元件的软件视图。

最小化的软件设计:定义元件的寄存器映射 C 头文件。

软件驱动程序:抽象了元件的硬件细节,使应用程序可以在一个高层次上访问元件。

元件编辑器可以方便地将 C 头文件和驱动程序打包到 HAL 库中。

6.2.4 打包的相关操作

启动元件编辑器,如图 6.18 所示。

HDL Files 选项卡,如图 6.19,6.20 所示。

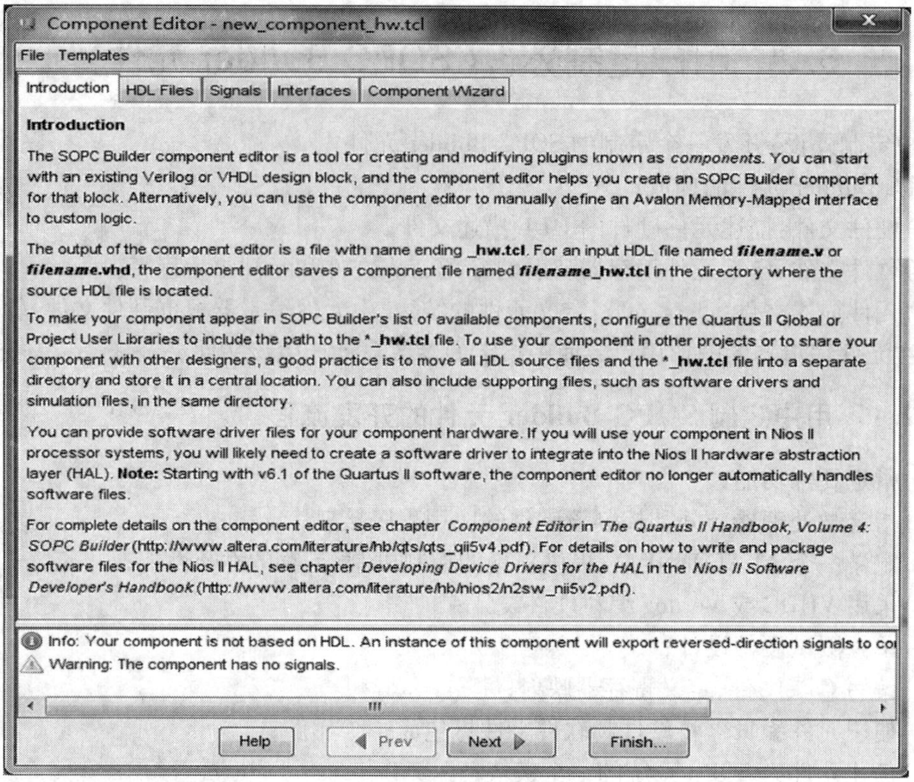

图 6.18　启动元件编辑器

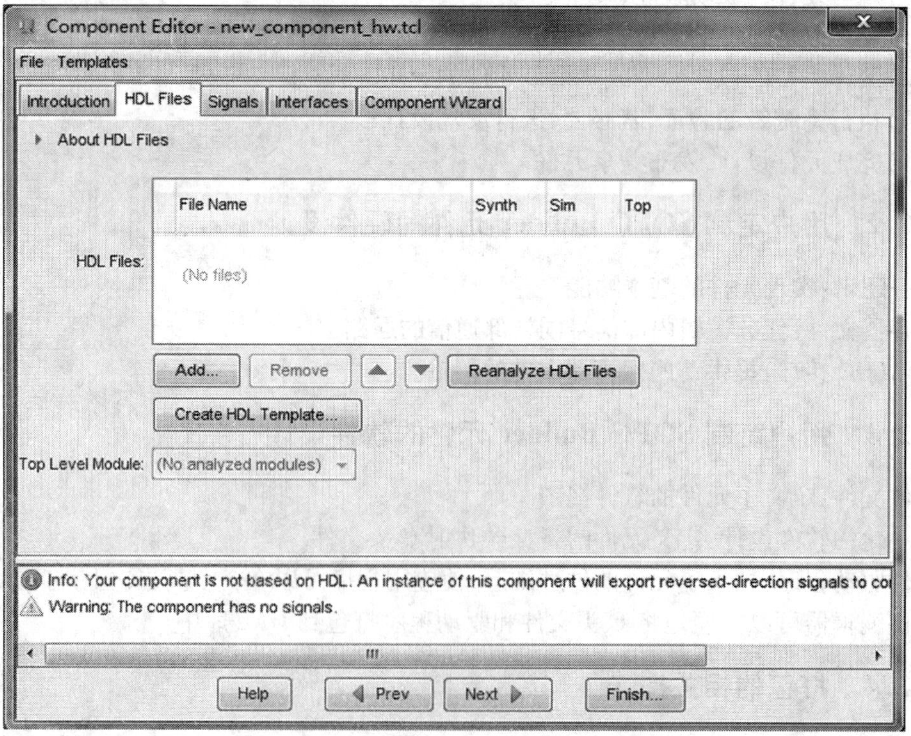

图 6.19　HDL Files 选项卡 1

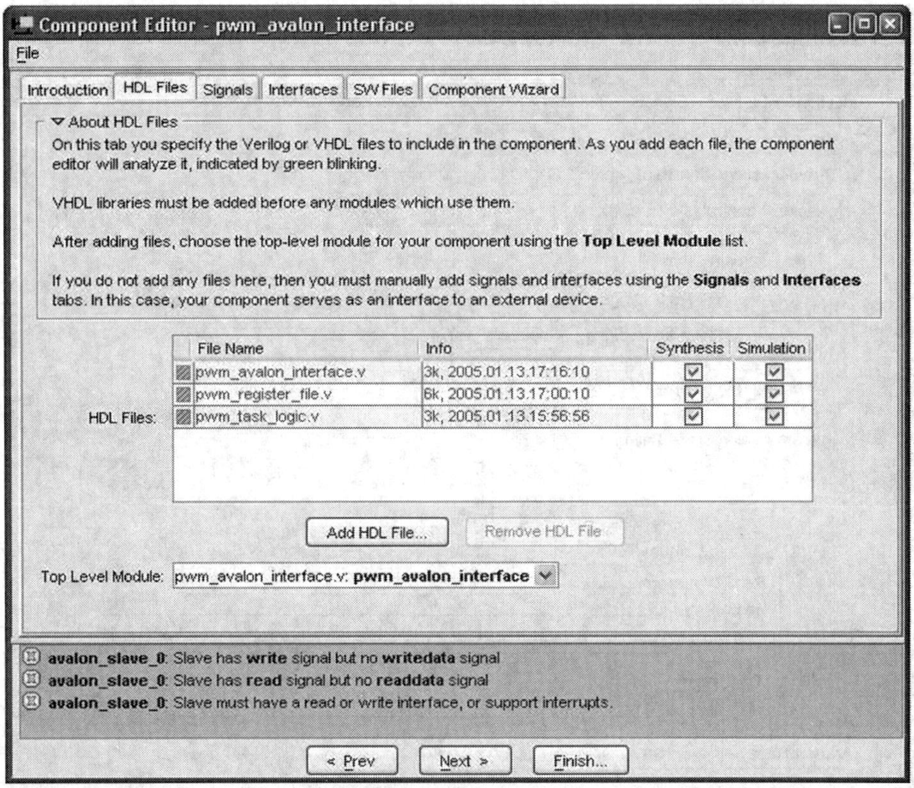

图 6.20 HDL Files 选项卡 2

Signals 选项卡，如图 6.21 所示。

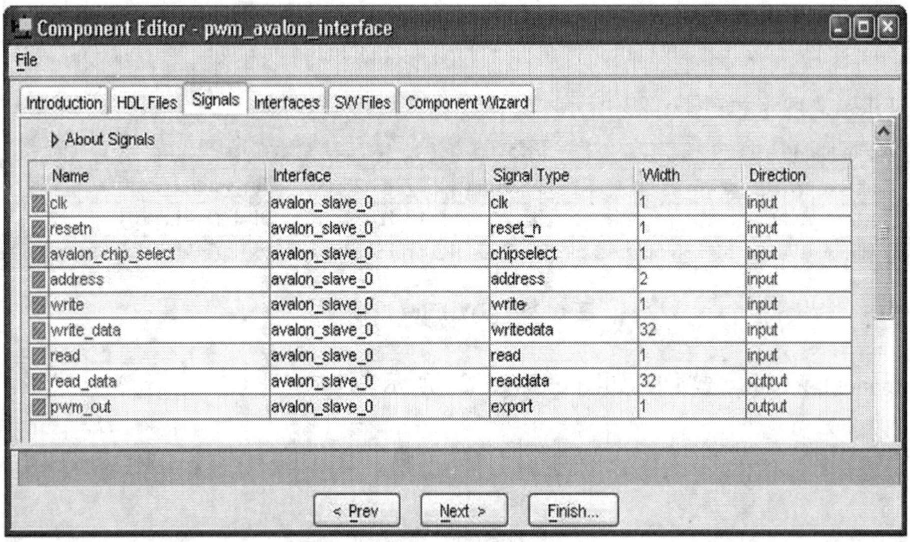

图 6.21 Signals 选项卡

interfaces 选项卡，如图 6.22 所示。

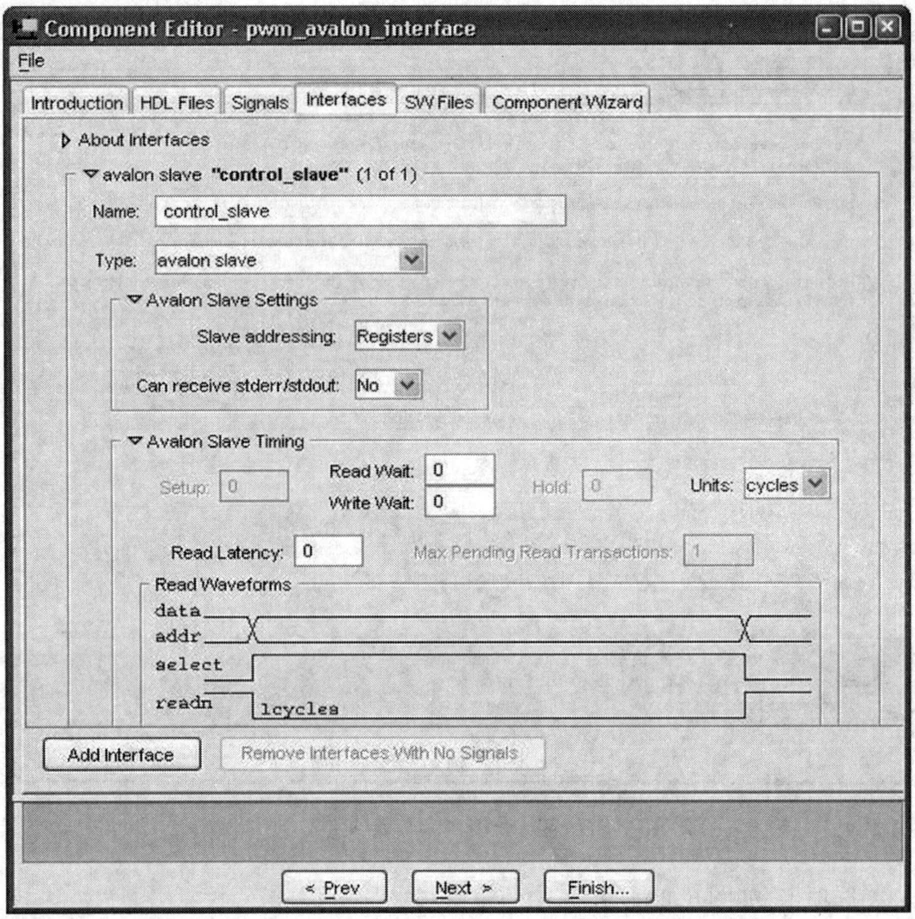

图 6.22　interfaces 选项卡

SW Files 选项卡,如图 6.23 所示。

File Name	Info	Type
altera_avalon_pwm_regs.h	3k, 2004.12.17.16:21:10	Registers (inc/)
altera_avalon_pwm_routines.h	2k, 2004.12.17.16:04:28	HAL (HAL/inc/)
altera_avalon_pwm_routines.c	3k, 2004.12.17.16:27:04	HAL (HAL/src/)

图 6.23　SW Files 选项卡

Component Wizard 选项卡,如图 6.24,6.25 所示。

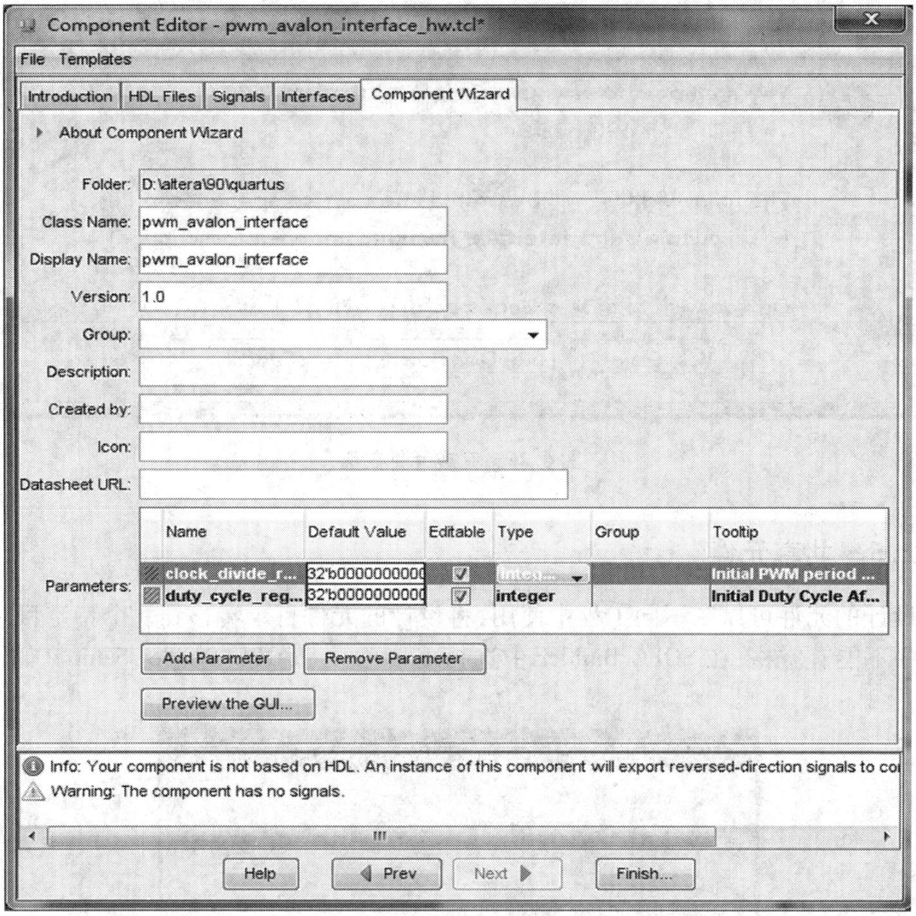

图 6.24　Component Wizard 选项卡 1

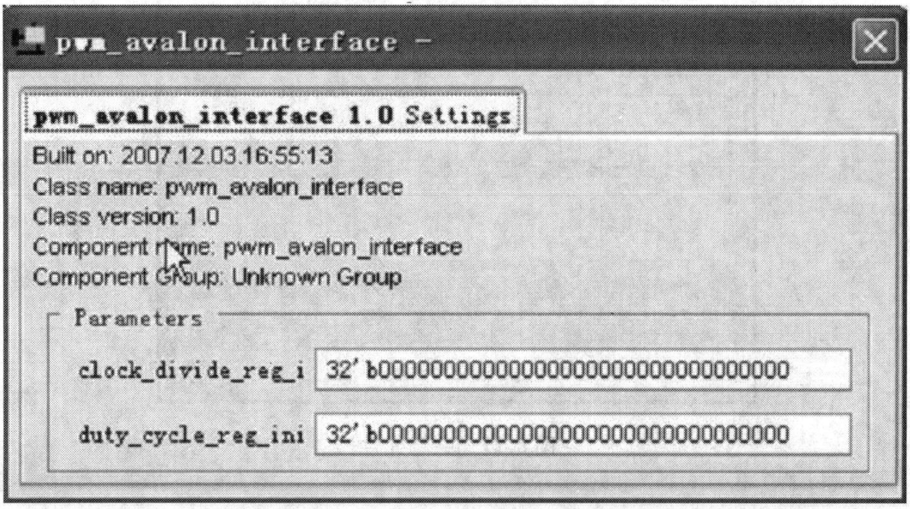

图 6.25　Component Wizard 选项卡 2

完成元件封装，如图 6.26 所示。

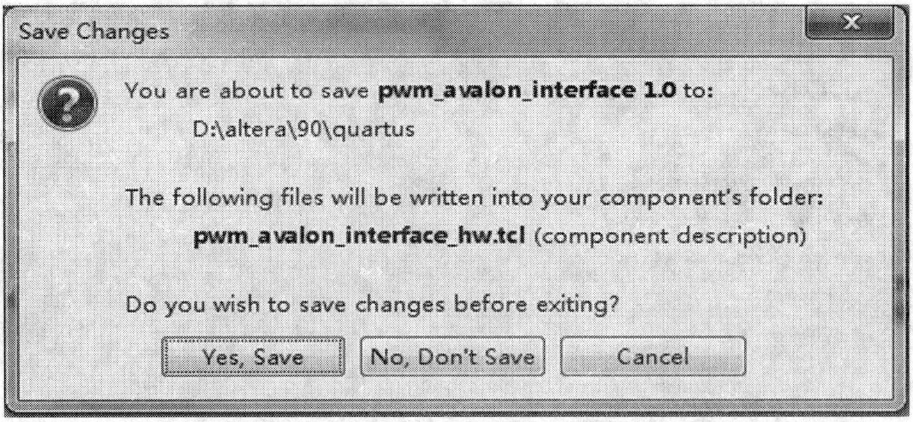

图 6.26　完成元件封装

6.2.5　共享元件

使设计的元件可以在不同工程中使用,将设计的元件目录转移到一个特定目录,目录路径名中不能有空格,在 SOPC Builder 中选择 File - - - SOPC Builder Setup。如图 6.27 所示。

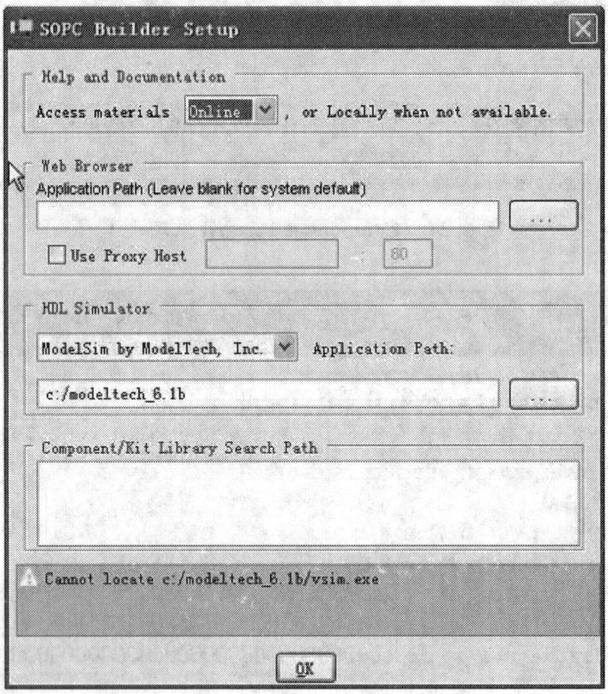

图 6.27　共享元件

6.3 C2H 技术

6.3.1 概述

C2H:用户可以直接从 ANSIC 源代码创建定制外设加速器。

C2H 编译器可以将特定 C 函数实现为硬件加速器以改善 Nios Ⅱ程序的性能,但 C2H 不是将 C 作为设计语言产生任意硬件系统的工具。

C2H 编译器的使用前提:

(1)ANSIC 语法足以描述计算密集或存储器访问频繁的任务;

(2)C2H 工具不能打乱已有的软件和硬件开发流程。

C2H 编译器提供的特性:

(1)兼容 ANSIC:支持大部分 C 构造,包括指针、数组、结构、全局变量、局部变量、循环、子函数调用;

(2)直接的 C 到硬件的映射;

(3)同 Nios Ⅱ IDE 集成:操作简单;

(4)基于 SOPC Builder 和 Avalon 交换架构:C2H 加速器是 Nios Ⅱ系统的一个元件;

(5)详细的编译报告:硬件结构、资源使用。

6.3.2 C2H 相关概念

(1)C2H 编译器工作在函数级:用户想要加速的代码必须为一个独立的函数。

(2)包含 C2H 加速器的 Nios Ⅱ的系统结构:SOPC Builder 自动将 C2H 加速器以元件的形式集成到系统中;C2H 加速器与 Nios Ⅱ处理器是分离的,可以访问处理器访问的存储器;用户能够在 SOPC Builder 中手动配置 C2H 加速器与系统的连接。

(3)C2H 中 C 语法到硬件结构的一对一映射:

数学运算符(如 + 、- 、* 、> >)转换成硬件的等效电路(如加法、减法、乘法和移位电路);

循环(如 for, while, do - while)转换成重复循环中的操作的状态机,知道循环条件不满足;

指针和数组访问(如 * p, array[i][j])变成 avalon 主端口,主端口和处理器访问相同的存储器。

不依赖之前的操作的结果的声明,被尽可能地向前调度,以允许最大程度的并行执行。

加速函数调用的子函数也使用相同的映射规则被转换成硬件。C2H 编译器只创建一个子函数的实例,不管子函数被调用多少次。将被加速的 C 代码放到一个子函数中,提供了一个在加速器内部创建共享的硬件资源的方法。

(4)系统性能瓶颈的转化:依靠处理器运行的应用的性能瓶颈是处理器执行指令的速度,高速缓存降低了系统性能对存储器访问时间的依赖;采用 C2H 加速器,系统性能的瓶颈主要取决于存储器访问的时间和带宽。

6.3.3 C2H 的 C 代码选择

(1)理想的加速 C 代码:包含相对小而简单的循环或包含嵌套的循环;对一组数据反复操作,每次对数据进行一个或多个操作,然后存储结果。

(2)不理想的加速 C 代码:包含很多顺序操作,不能形成一个循环的代码;代码包含 C2H 不支持的语法的 C 代码,如浮点运算和递归函数;调用系统和运行时库函数的 C 代码,如 printf( )。

6.3.4 C2H 编译器使用的相关操作

创建 C2H 硬件加速器,如图 6.28 所示。

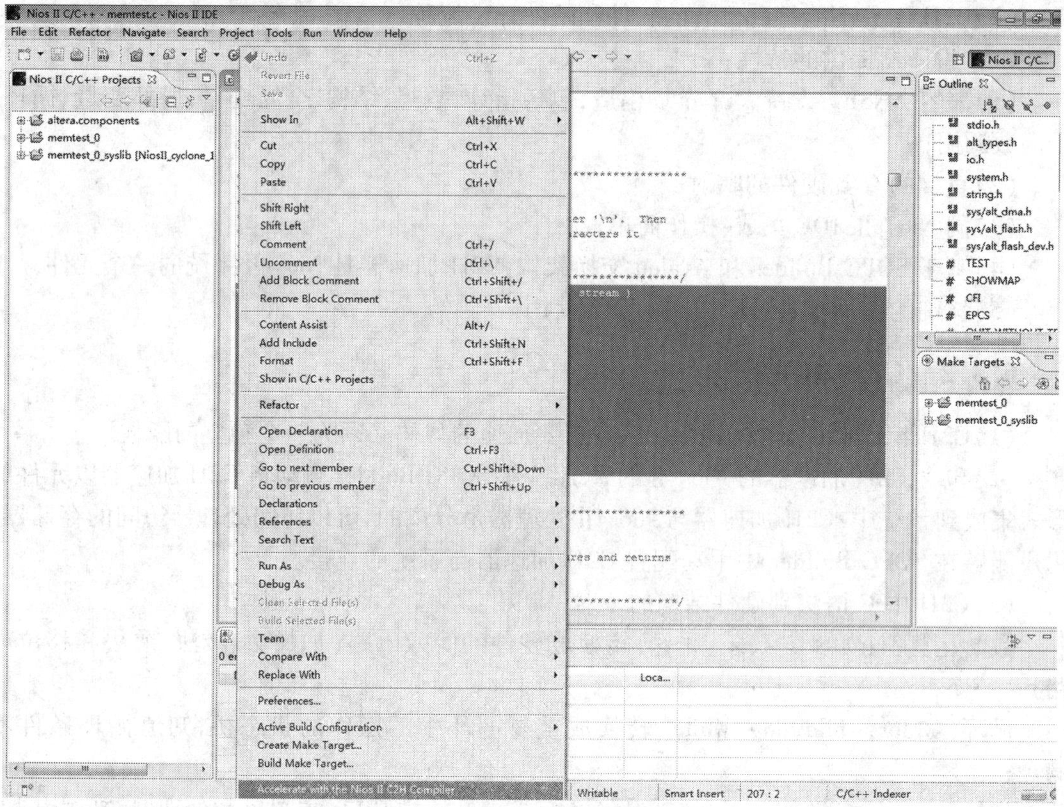

图 6.28 创建 C2H 硬件加速器

设置 C2H 硬件加速器的编译选项,如图 6.29,图 6.30 所示。

图 6.29 编译选项 1

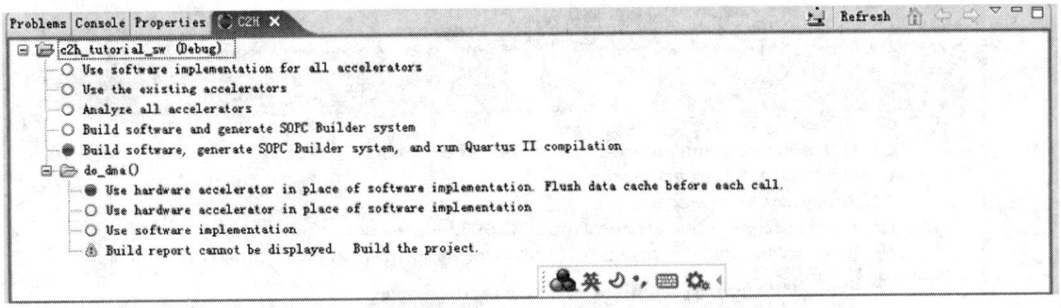

图 6.30　编译选项 2

C2H 视图中的详细编译报告，如图 6.31 所示。

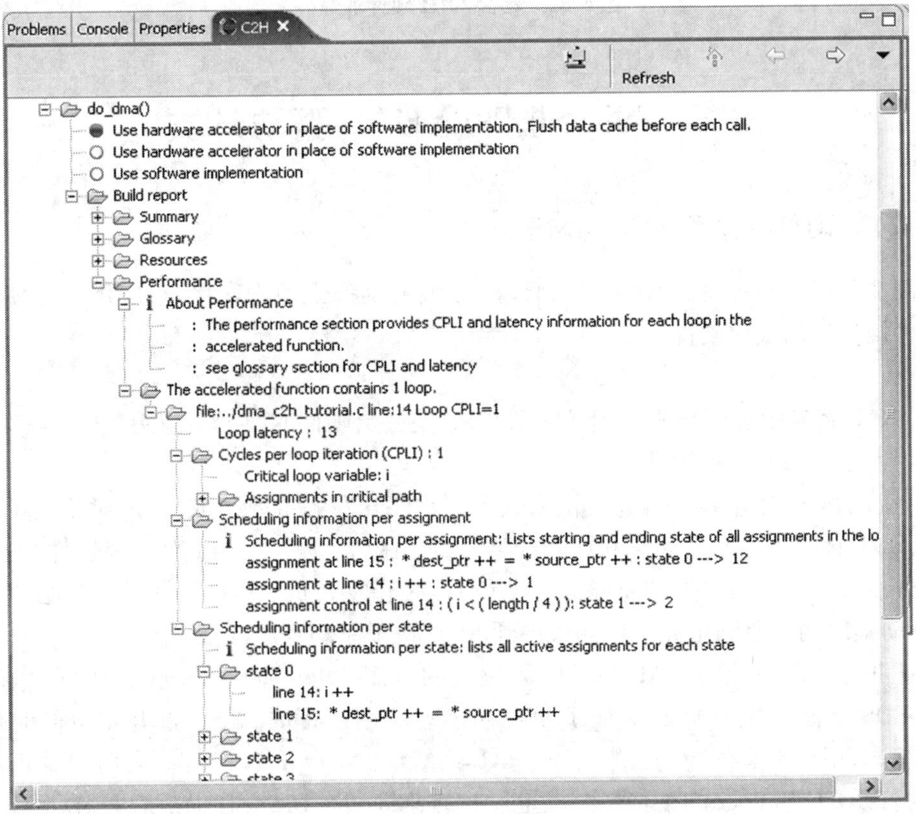

图 6.31　编译报告

用户可以在 SOPC Builder 中查看 C2H 加速器，但不能修改 C2H 加速器，更不能删除 C2H 加速器；当在 Nios Ⅱ IDE 中编译 C2H 编译工程时，必须要关闭 SOPC Builder。

移除 C2H 硬件加速器：必须在 Nios Ⅱ IDE 中使用 Remove C2H Accelerator 命令移除 C2H 加速器，如图 6.32 所示。

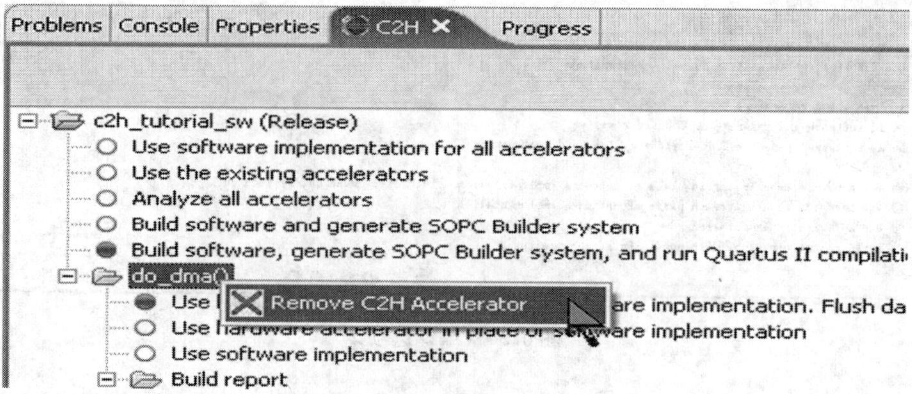

图 6.32　移除 C2H 硬件加速器

6.4　NiosⅡ外设 HAL 驱动开发

6.4.1　硬件抽象层 HAL 概述

硬件抽象层 HAL 是轻量级的运行环境，提供了设备驱动程序接口，应用程序使用设备驱动程序接口访问底层硬件。

优点：

(1)HAL 将应用程序与驱动程序区别开来，使底层硬件的改变对应用程序没有影响，保证了应用程序代码的可重用性；

(2)应用程序、驱动程序开发是嵌入式系统软件开发的主要组成部分，对于应用程序开发人员，HAL 提供了一套初始化和访问各类设备的函数，统一的 API 对系统硬件是透明的，开发人员不必关心底层硬件的差异；对于驱动程序开发人员，HAL 提供了一套必要的驱动函数，驱动程序调用驱动函数来访问底层硬件，加快了驱动程序的开发。

Nios Ⅱ处理器系统的 HAL 基于一个特定的 SOPC Builder 系统创建，SOPC Builder 与 Nios Ⅱ EDS 之间的紧密集成保证了用户在创建应用工程时，Nios Ⅱ IDE 也同时创建了 HAL 系统库，用户不必创建、复制、编辑 HAL 系统库，Nios Ⅱ IDE 自动为用户管理和维护 HAL 库；若 SOPC Builder 的硬件系统发生了改动，Nios Ⅱ IDE 会自动地对 HAL 系统库进行更新，保证了底层硬件与应用程序的一致性。

HAL 提供的服务：

(1)提供 newlib ANSIC 标准库；

(2)提供设备驱动程序；

(3)提供统一的 HAL 应用程序接口 API；

(4)提供系统初始化：main()函数执行之前，执行处理器和运行环境的初始化任务；

(5)提供设备初始化：main()函数执行之前，例化和初始化系统中的各个设备。

HAL 系统库对设备提供的两个服务层次：通用设备模型和驱动程序、头文件和访问函数。

(1)通用设备模型和驱动程序：通用设备模型是 HAL 强大功能的核心，用户可采用统一的 API 编写程序访问提供通用设备模型的设备；HAL 为大多数 Nios Ⅱ系统外设提供驱动程序，使用户可以通过 HAL API 访问硬件。

字符型设备：UART 核、JTAG UART 核、LCD 16207 显示控制器。

定时器设备：TIMER 核。

文件子系统：基于 ALTERA 主机的文件系统、ALTERA 压缩只读文件子系统。

以太网设备：Ethernet 核、LAN91C111 Ethernet MAC/PHY 控制器。

DMA 设备：DMA 控制器核、Scatter－gather DMA 控制器核。

FLASH 存储设备：CFI FLASH 接口、EPCS 串口配置控制器。

(2)头文件和访问函数：对于部分 Nios Ⅱ系统外设和一些自定制外设，HAL 只提供头文件和访问函数。

Nios Ⅱ系统的通用 IO 核：PIO 核。

用户自定制的外设。

此外，对于具有特殊硬件特性的外设，不能使用通用 API，HAL 提供了 UNIX 类型的 ioctl( )函数。

6.4.2　基于 HAL 的 Nios Ⅱ系统应用程序开发

基于 HAL 的程序使用 ANSIC 标准库函数和运行环境，可通过 HAL API 通用(generic)设备模型访问硬件资源。尽管 ANSIC 标准库和 HAL 系统库是独立的，但是 HAL API 由熟悉的 ANSIC 标准库函数来广泛定义。ANSIC 标准库与 HAL 的紧密结合使得开发应用程序成为可能，而这些程序可以不直接调用 HAL 系统库函数。例如，用户可使用 ANSIC 标准库的 I/O 函数来操作字符模式设备和文件，如 printf( )，scanf( )等。

1. Nios Ⅱ IDE 工程结构

HAL 系统库工程包含了所有的用户程序与系统硬件接口的必要信息，HAL 系统库工程紧密依赖于 SOPC Builer 系统，保证了 HAL 与目标硬件的同步。

基于 HAL 系统库的软件工程的创建与管理是与 Nios Ⅱ集成开发环境紧密结合的。如图 6.33 所示显示了 Nios Ⅱ程序的块结构，重点强调 HAL 系统库是如何装配的。对于每个块的标注描述了该块的含义及如何产生，结构图中的箭头指明了块之间的依赖关系。

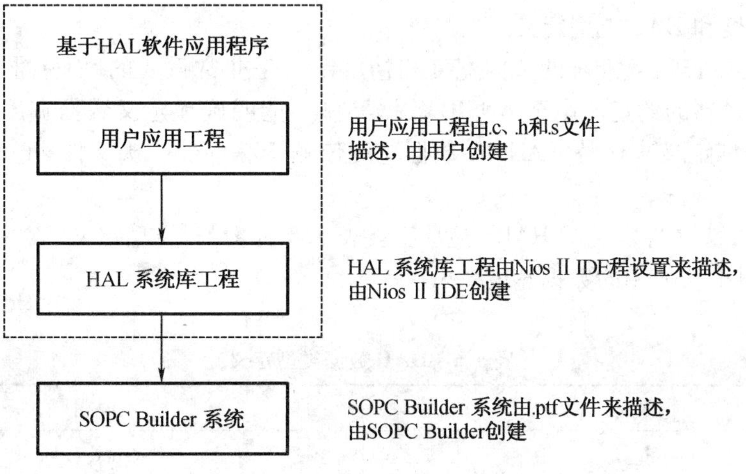

图 6.33　Nios Ⅱ IDE 工程结构

基于 HAL 的系统由两个 Nios Ⅱ工程所构建,用户的程序包含在一个工程中(用户应用工程),该工程依赖一个独立的系统库工程(HAL 系统库工程)。用户应用工程包含开发的所有代码,编译该工程可以产生可执行文件。HAL 系统库工程包含涉及处理器硬件接口的所有信息。系统库工程依赖于由 SOPC Builder 产生的扩展名为. ptf 的 Nios Ⅱ处理器系统。

由于该工程的依赖结构,如果 SOPC Builder 生成的系统改变(即. ptf 文件已修改),则 Nios Ⅱ IDE 管理 HAL 系统库并且修改驱动配置来正确地反映系统硬件。HAL 系统库将用户程序与底层硬件变化分离,这样,用户可以不用考虑自己的程序是否与目标硬件匹配来开发和调试代码。简而言之,基于 HAL 系统库的程序和目标硬件是同步的。

2. 系统描述文件 system. h

system. h 文件提供了完整的 Nios Ⅱ系统硬件的描述,包括:外设的硬件配置、外设的基地址、外设的中断请求优先级、外设的符号名。

用户不用编辑 system. h 文件,Nios Ⅱ IDE 自动为 HAL 系统库工程产生 system. h 文件。系统库文件的内容不仅依赖于硬件配置,而且也与 Nios Ⅱ IDE 中 HAL 系统库属性设置有关。

下面的代码为一个 system. h 文件的引用:

```
/*   sys_clk_timer configuration  */
# define SYS_CLK_TIMER_NAME    "/dev/sys_clk_timer"
# define SYS_CLK_TIMER_TYPE    "altera_avalon_timer"
# define SYS_CLK_TIMER_BASE 0x00920800
# define SYS_CLK_TIMER_IRQ 0
# define SYS_CLK_TIMER_ALWAYS_RUN 0
# define SYS_CLK_TIMER_FIXED_PERIOD 0
/*   jtag_uart configuration  */
# define JTAG_UART_NAME "/dev/jtag_uart"
# define JTAG_UART_TYPE "altera_avalon_jtag_uart"
# define JTAG_UART_BASE 0x00920820
# define JTAG_UART_IRQ 1
```

3. 数据宽度和 HAL 类型定义

对于嵌入式处理器,准确的数据宽度和精度定义是非常重要的,而标准 C 的数据类型宽度取决于编译器的约定。由于 ANSIC 数据类型不能明确地定义数据宽度,所以 HAL 使用一套标准类型定义来代替。ANSIC 数据宽度依赖于编译器。头文件 alt_types. h 定义了 HAL 类型。

alt_types. h 头文件定义了 HAL 类型定义,表 6. 6 为 HAL 类型定义,表 6. 7 为 Altera 提供的 GNU 工具链所使用的数据宽度。

表 6. 6　HAL 数据类型定义

类别	说明
alt_8	signed char
alt_u8	unsigned char

表 6.6(续)

类别	说明
alt_16	signed short
alt_u16	unsigned short
alt_32	signed long
alt_u32	usigned long
alt_64	long long
alt_u64	unsigned long long

表 6.7 altera IDE 采样的 GNU 编译器的数据类型

类别	说明
char	8 bs
short	16 bs
long	32 bs
int	32 bs

4. 文件系统

HAL 提供支持 UNIX 风格的文件访问机制,这些函数为初次进行 Nios Ⅱ 开发的用户提供了一个熟悉的开发环境,HAL 主要使用这些函数提供系统和 ANSIC 标准库接口。用户可使用文件系统来操作字符模式设备和数据文件。用户可使用由 C 标准库文件 I/O 函数来访问文件系统中的文件,也可使用由 HAL 系统库提供 UNIX 风格的文件 I/O 来访问文件。

用户能够在基于 HAL 的文件系统中访问文件:

(1)可以使用 newlib C 库中的文件 I/O 函数;

(2)可以使用 HAL 系统库提供的 UNIX 风格的文件 I/O 函数,UNIX 风格函数有_exit( ),close( ),fstat( ),getpid( ),gettimeofday( ),ioctl( ),isatty( ),kill( ),lseek( ),open( ),read( ),sbrk( ),settimeofday( ),stat( ),usleep( ),wait( )和 write( );

(3)HAL 将一个子文件系统注册为 HAL 文件系统的一个挂载点(mount point);

(4)HAL 文件系统没有当前目录的概念,访问文件时必须使用绝对路径;

(5)HAL 文件系统允许通过 UNIX 风格的路径名管理字符型设备,HAL 将字符型设备注册为 HAL 文件系统的节点。

5. 对字符型设备的访问

字符模式设备是可以串行接收和发送字符的硬件设备。字符模式设备在 HAL 文件系统中被登记为节点。

一般而言,程序把文件描述符和设备名联系在一起,然后使用定义为 file. h 的 ANSIC 文件操作从文件中读字符,或把字符写到文件中去。HAL 也支持标准输入、标准输出和标准错误的概念,允许程序调用 stdio. h 的 I/O 函数。

使用标准输入(stdin)、标准输出(stdout)和标准错误(stderr)通道访问字符型设备,用户可以通过在系统库属性设置中将标准输入、标准输出和标准错误通道与某一特定的字符型设备关联起来。HAL 系统库在后台管理 stdio，stdout 和 stderr，允许用户通过这些通道来发送和接收字符而不用明确管理文件描述符。

下面的程序为典型的“Hello World”程序。当在 Nios Ⅱ IDE 编译后，该程序会发送字符到与 stdout 相关的任何一种设备。

```
# include  <stdio. h >
int main ( )
{
printf ( " Hello World!" ) ;
return 0
}
```

当使用 UNIX 风格的 API 时，用户可使用定义为 unistd. h 中的文件描述符 STDIN_FILENO，STDOUT_FILENO 和 STDERR_FILENO 来分别访问 stdio，stdout 和 stderr。

6. 定时器设备的使用

HAL API 提供了两种定时器设备的驱动程序：

系统时钟驱动程序：支持报警功能，用于调度程序；

时间戳驱动程序：支持高精度时间测量。

使用定时器设备，系统硬件中必须包含定时器外设，某个定时器外设不能同时作为系统时钟和时间戳。

(1)系统时钟驱动程序

用户通过在 Nios Ⅱ IDE 的系统库属性中设置来指定系统时钟的定时器外设。针对系统时钟，HAL 提供的标准 UNIX 函数包括：

gettimeofday( )：获得当前时间；

settimeofday( )：设置当前时间；

times( )：获得已经发生的 ticks 数目；

alt_nticks( )：获得系统时钟的当前值(系统复位后经历的时间)；

alt_ticks_per_second( )：获得系统时钟的速率。

基于系统时钟的报警注册：在指定的时刻执行某个函数，可以通过调用 alt_alarm_stop( ) 取消一个报警。

(2)时间戳驱动程序

时间戳测量比系统时钟精度高的时间间隔，HAL 只支持一个时间戳驱动程序，用户可以在 Nios Ⅱ IDE 的系统库属性中指定时间戳设备的定时器外设。

时间戳驱动程序相关的函数包括：

alt_timestamp_start( )：启动时间戳计数器；

alt_timestamp( )：返回时间戳计数器的当前值；

alt_timestamp_start( )：alt_timestamp( )之后的调用，复位计数器为 0；

alt_timestamp_freq( )：获得时间戳计数器的速率(一般为系统主频)。

7. FLASH 设备的使用

HAL 对 FLASH 设备的支持包括：

(1)提供写 FLASH 的 HAL API：FLASH 存储器的存储协议一般比较特殊。

(2)提供读 FLASH 的 HAL API：大多数 FLASH 的读操作可将 FLASH 看成简单的存储

器，无需调用 HAL API，但访问具有特殊读数据协议的 FLASH 时（如 EPCS FLASH），必须调用 HAL API。

HAL API 提供两种层次的 FLASH 访问：简单的 FLASH 访问和精细的 FLASH 访问。

简单 FLASH 访问：函数写缓冲数据到 FLASH 和从 FLASH 读数据都是以分区（block）的层次进行的，写 FLASH 时，若缓冲器比一个完整的分区小，函数会擦除整个分区。

Alt_flash_open_dev( )：打开 FLASH 设备，获得 FLASH 设备的文件句柄；

alt_write_flash( )：写数据到 FLASH 设备（会先擦除一个分区，导致不期望的数据擦除）；

alt_read_flash( )：从 FLASH 设备读数据；

alt_flash_close_dev( )：关闭一个 FLASH 设备。

精细 FLASH 访问：函数写缓冲数据到 FLASH 和从 FLASH 读数据都是以缓冲器的层次进行的，写 FLASH 时，若缓冲器比一个完整的分区小，函数保留之前存在于 FLASH 中的新写数据单元之上和之下的数据。

精细 FLASH 访问是将写 FLASH 过程自动化。从 FLASH 器件的本质来说，用户是不能清除一个分区的单独地址的，用户要改变一个分区内特定位置的内容而不改变分区内其他位置的内容，只能是先读出分区的整个内容到缓冲器中，在缓冲器中改变相应的内容，将整个分区擦除，最后将整个缓冲器内容写到 FLASH 的整个分区中。

精细 FLASH 访问的相关函数：

alt_get_flash_info( )：获得擦除区域的数目、每个区域内分区的数目、每个分区的大小；

alt_erase_flash( )：擦除 FLASH 的一个单独分区；

alt_write_flash_block( )：写 FLASH 的一个单独分区。

8. DMA 设备的使用

在 HAL DMA 设备模型中，DMA 传输有两种分类：发送或接收。

HAL 提供两个设备驱动来实现发送通道和接收通道：发送通道从数据源的缓冲器获得数据，发送数据到目的设备；接收通道接收数据，并将数据存到目的缓冲器中。

(1) DMA 发送通道

与 DMA 发送通道相关的 HAL 函数包括：

alt_dma_txchan_open( )：获得 DMA 发送句柄；

alt_dma_txchan_send( )：发送一个发送请求；

alt_dma_txchan_space( )：返回当前还有多少个发送请求可以加入到发送队列中；

alt_dma_txchan_ioctl( )：执行发送设备中与设备相关的操作。

(2) DMA 接收通道

与 DMA 接收通道相关的 HAL 函数包括：

alt_dma_rxchan_open( )：获得 DMA 接收句柄；

alt_dma_rxchan_prepare( )：发送一个接收请求；

alt_dma_rxchan_depth( )：返回设备可允许的最大接收请求数；

alt_dma_txchan_ioctl( )：执行接收设备中与设备相关的操作。

(3) 存储器到存储器的 DMA 传输

存储器到存储器的 DMA 传输同时包括 DMA 接收通道和 DMA 发送通道。

9. 程序的入口点和启动顺序

程序的入口点有两个：main( )，alt_main( )。

main( ):一种系统托管的应用,在 main( )开始时,一个托管的应用运行环境和系统服务均已准备好,HAL 负责初始化系统。

alt_main( ):一种独立的应用,用户可以对系统初始化进行完全控制。

一般而言,程序的入口点为 main ( )函数,也可使用 alt_main( )函数作为程序的入口点,这样用户可使用该函数获得对启动顺序的更高级控制。

(1)托管应用程序和独立应用程序

ANSIC 标准定义一个主应用程序,用户调用 main( )函数时开始执行。在 main( )函数开始,托管应用程序假定运行环境和所有系统服务都已经被初始化。事实上,对于新的 Nios Ⅱ程序开发者来说,托管环境是 HAL 的最大好处之一,因为用户可以不去考虑系统中有什么设备,如何初始化每个设备,而是由 HAL 自动初始化整个系统。

ANSIC 标准也提供另外一个入口点,避免了自动初始化,由 Nios Ⅱ开发者手动初始化所有硬件。alt_main( )函数提供一个独立的环境,在系统初始化上给用户一个完全的控制。使用独立环境增加了书写 Nios Ⅱ程序的复杂度。

(2)基于 HAL 程序的启动顺序

HAL 提供了系统初始化代码,这些代码用于执行下面的启动顺序:

●刷新指令和数据高速缓存;

●配置堆栈指针;

●配置全局指针;

●使用_bss_start 和_bss_end 来零初始化 BSS 区;

●复制. rwdata,. rodata 和异常区到 RAM;

●调用 alt_main( )函数。

如果用户没有提供 alt_main( )函数,则缺省执行下面的步骤:

●调用 alt_os_init( )执行操作系统初始化,如果系统中没有操作系统调度,则该宏没有作用;

●如果 HAL 使用了操作系统,则初始化 alt_fd_list_lock 信号量来控制访问 HAL 文件系统;

●初始化中断控制器,使能中断;

●调用 alt_sysinit( )函数,初始化系统中所有设备驱动和软件部件,Nios Ⅱ IDE 自动创建和管理 alt_sys_init. c 文件;

●改变 C 标准 I/O 通道以便使用合适的设备;

●使用_do_ctors( )函数调用 C + +构造函数;

●在系统关闭时调用 C + +析构函数;

●调用 main( )函数;

●调用 exit( )函数,把 main( )函数的返回码作为 exit( )的输入参数。

缺省的实现是由存放在 Nios Ⅱ开发工具安装路径下的 alt_main. c 文件提供的。

此外,用户还可在 Nios Ⅱ IDE 工程中通过自己定义的 alt_main( )函数来提供启动顺序的实现。这种方式提供用户对启动顺序的完全控制,而且提供用户有选择地使用 HAL 服务。alt_main( )函数的原型为 void alt_main(void),用户可将缺省的实现作为开始点复制到函数中,然后按照自己的需求进行定制。

6.4.3 基于 HAL 的 Nios Ⅱ系统的异常处理

1. Nios Ⅱ异常处理概述

Nios Ⅱ异常处理以经典的 RISC 方式实现:所有的异常类型都由一个位于异常地址(exception address)的异常处理程序处理,而没有采用中断向量表的方式。异常类型包括硬件中断、软件异常(未实现指令、软件陷阱、其他异常)。

2. Nios Ⅱ异常处理相关概念

application context(应用语境) 在正常的程序执行过程中 Nios Ⅱ处理器和 HAL 的状态,在异常处理程序之外。

context switch(语境切换) 发出异常时保存 Nios Ⅱ处理器寄存器的过程,在从中断服务程序返回时进行恢复。

exception(异常) 任何的中断正常程序执行的条件或是信号。

exception handler(异常处理程序) 完整的软件程序系统,服务所有的异常,在必要的情况下将控制权交给 ISR。

exception overhead(异常开销) 异常处理需要的附近的处理。一个程序的异常开销是被所有的 context switches 占用的时间的总和。

hardware interrupt(硬件异常) 由硬件设备的信号引起的异常。

implementation - dependent instruction(和处理器实现相关的指令) 不被 Nios Ⅱ内核所有实现支持的 Nios Ⅱ处理器指令。

interrupt context(中断语境) 当异常处理程序执行时 Nios Ⅱ处理器和 HAL 的状态。

interrupt request(JRQ:中断请求) 来自外设的请求硬件中断的信号。

interrupt service routine(ISR:中断服务程序) 处理一个单独的硬件中断的软件程序。

invalid instruction(无效的指令) 在任何的 Nios Ⅱ处理器的实现中都没有定义的指令。

software exception(软件异常) 由软件条件引起的异常。包括未实现的指令和陷阱指令。

unimplemented instruction(未实现的指令) 用户系统的特定的 Nios Ⅱ内核不支持的实现相关的指令。

other exception(其他异常) 不是硬件中断或陷阱的异常。

3. Nios Ⅱ响应一个异常时所做的工作

(1)保存状态寄存器到 estatus 寄存器。这意味着如果硬件中断被使能了,estatus 寄存器的 EPIE 位为有效。

(2)禁止硬件中断。

(3)保存下一个执行地址到 ea(r29)寄存器。

(4)将控制权交到 Nios Ⅱ处理器异常地址。

4. 中断服务程序 ISR 的相关内容

(1)HAL 提供的硬件中断处理函数

alt_irq_disable_all()

alt_irq_enable_all()

alt_irq_interruptible()

alt_irq_non_interruptible( )

alt_irq_enabled( )

(2)编写 ISR

viod isr(viod * context, alt_u32id)

context 和 id 参数的定义是和 alt_irq_register( )函数是相同的。ISR 最重要的功能是清除相关的外设的中断条件,当 ISR 完成中断服务之后,必须返回到 HAL 异常处理程序。ISR 在一个受限的环境中运行,许多的 HAL API 调用是不可用的。要避免使用 C 标准库中的 I/O API。

(3)注册 ISR

```
int_alt_irq_register(   alt_u32id,
  void *  context,
  void( * isr)( void * , alt_u32) ) ;
```

id 是设备的硬件中断号,在 system. h 中定义。中断优先级和 IRQ 号成反比,中断号越低,优先级越高。因此,IRQ0 代表最高的优先级中断,而 IRQ31 为优先级的中断。

context 是一个用来向 ISR 传递语境(context) 相关信息的指针,可以指向任意 ISR 相关的信息。context 的值对 HAL 是不透明的。context 完全是为了用户定义 ISR 方便而提供的。

isr 是响应 IRQ id 而被调用的函数指针。提供给该函数两个参数 context 指针和 id。注册 isr 为 null 指针,导致中断被禁止。

(4)使能和禁止 ISR

alt_irq_disable( )

alt_irq_enable( )

alt_irq_disable_all( )

alt_irq_enable_all( )

alt_irq_enabled( )

5. Nios Ⅱ处理器 ISR 性能数据

ISR 性能评价指标:

(1)中断延迟　中断产生到处理器执行异常地址处的第一条指令的时间。

(2)中断响应时间　中断产生到处理器执行 ISR 第一条指令的时间

(3)中断恢复时间　从 ISR 最后一条指令到返回正常的处理的时间。

Nios Ⅱ处理器的 ISR 性能数据如表 6.8 所示。

表 6.8　ISR 性能数据

内核	延迟	响应时间	恢复时间
Nios Ⅱ/f	10	105	62
Nios Ⅱ/s	10	128	130
Nios Ⅱ/e	15	485	222

注:时间是以 CPU 时钟周期为单位。

所有的代码和数据存储在片上存储器。

ISR 代码不驻留在指令缓存中。

测试的软件基于 altera 提供的 HAL 异常处理系统。

代码编译时使用编码器的优化水平为“-O3”或高级优化。

ISR 性能改善的措施

(1)软件性能改进

①将长的处理移到应用程序中

②将长的过程移到硬件

③增大缓冲器的容量

④使用双缓冲

⑤保持中断使能

⑥使用快速存储器

⑦使用嵌套的 ISR

(2)硬件性能改进

①添加快速存储器

②添加 DMA 控制器

③将异常处理程序地址放入快速存储器

④使用快速 Nios Ⅱ内核

⑤选择中断优先级

⑥使用中断向量定制指令

6.4.4 μClinux 操作系统

μClinux 是目前比较普及的 Linux 版本之一，他的功能很多，并且随着低成本化，可运行 μClinux 的 32 位 CPU 的激增，以及 μClinux 首次成为 Linux2.6 内核的一部分，μClinux 将更加流行。在 μClinux 这个英文单词中 μ 表示 Micro，小的意思，C 表示 Control，控制的意思，故 μClinux 就是 Micro - Control - Linux，字面上的理解就是“针对微控制领而设计的 Linux 系统”。

μClinux 以其优异的性能、免费开放的代码等优点，博得众多嵌入式开发者的青睐。和过去基于简单 RTOS 甚至没有使用任何操作系统的嵌入式程序设计相比，采用 μClinux 这样的成熟的、高效的、可靠的、模块化的、易于配置的操作系统来开发自己的应用程序，无疑能进一步提高效率，并具有很好的可移植性。

1. 嵌入式操作系统概述

从 20 世纪 80 年代起，国际上就有一些 IT 组织、公司，开始进行商用嵌入式操作系统和专用操作系统的研发。这其中涌现了一些著名的嵌入式操作系统，如 Microsoft 公司的 WinCE 和 Wind River System 公司的 VxWorks 就分别是非实时和实时嵌入式操作系统的代表。但是商用产品的造价都十分昂贵，购买费用高，并且要付版权费。用于一般用途会提高产品成本从而失去竞争力。而 μClinux，μC/OS 等源码开放的嵌入式操作系统近年来受到很多公司的重视，发展十分迅速。

由表 6.9 可以看出，对于嵌入式应用，高端平台可直接采用 Linux 系统，其兼容性和可移植度都较高，但对硬件处理速度和存储空间要求较高。低端比较有竞争力的为 μC/OS 和 μClinux 操作系统，μC/OS 的可移植性比较差，并且对硬件的支持也比较少。但是 μC/OS 的内核可以精简到很小，这样可以很大程度上节省硬件空间，适用于低端处理器。μClinux 是一个折中的选择，一般的系统都能够满足 500 K 的内核需求，如果对实时性要求较高、应用相对简单,则可采用 μC/OS 操作系统,如果对硬件支持要求比较高,则可以选用 Linux 操作系统,本系统采用 μClinux 操作系统,系统硬件均能满足该操作系统的需求。

表 6.9　三种常用嵌入式操作系统比较

三种常用嵌入式操作系统比较			
参数	μC/OS	μClinux	Linux
开放源代码	开放	开放	开放
内核大小	50 KB	500 K 左右	1 000 K 左右
实时性	实时操作系统	通过改进可实现	通过改进可实现
程序可移植度	低	中	高
硬件支持	较少	一般	多
常用文件系统	无或非常简单	romfs,yaffs,jffs2	ext2,ext3
网络支持	简单	完全支持	完全支持
进程调度	可剥夺型	分时调度	分时调度

2. 嵌入式 μClinux 操作系统内核

μClinux 是针对控制领域的嵌入式 linux 操作系统,它从 Linux2.0/2.4 内核派生而来,沿袭了主流 Linux 的绝大部分特性。适合不具备内存管理单元(MMU)的微处理器/微控制器。没有 MMU 支持是 μClinux 与主流 Linux 的基本差异。标准 Linux 是针对有 MMU 的处理器设计的。在这种处理器上,虚拟地址被送到 MMU,把虚拟地址映射为物理地址。通过赋予每个任务不同的虚拟地址到物理地址转换映射,支持不同任务之间的保护。对 μClinux 来说,其设计针对没有 MMU 的处理器,不能使用处理器的虚拟内存管理技术。μClinux 仍然采用存储器的分页管理,系统在启动时把实际存储器进行分页。在加载应用程序时程序分页加载。但是由于没有 MMU 管理,所以实际上 μClinux 采用实存储器管理策略。μClinux 系统对于内存的访问是直接的,所有程序中访问的地址都是实际的物理地址。操作系统对内存空间没有保护,各个进程实际上共享一个运行空间。一个进程在执行前,系统必须为进程分配足够的连续地址空间,然后全部载入主存储器的连续空间中。

同时,μClinux 有着特别小的内核和用户软件空间。如果熟悉主流 Linux 会注意到在 μClinux 下工作的微小差异,但同样也可以很快熟悉 μClinux 的一些特性。设计内核或系统空间的应用程序,要特别注意 μClinux 既没有内存保护,也没有虚拟内存模型,而且有些内核的系统调用也有差异。

3. μClinux 内核的引入

有很多的理由使 μClinux 作为嵌入式操作系统,其中大部分认为 μClinux 有以下好处。

(1)轻便

可以编译 linux2.6 的内核得到一个 300 k 以下的内核镜像,它包括终端和一些基本的设备驱动以及只读文件系统。并且由于使用了较少标准的 C 语言和 C 语言库,flat 格式的二进制 zImage 和应用程序要比 linux 传统使用的 elf 二进制小 30% ~50%。

(2)快速

可以在一个较小的 RAM 中执行内核镜像,甚至是应用程序。它能帮助快速的启动,尽管 FLASH 的存取时间或是 ROM 启动镜像足够快以及有足够的缓存大小，但相对于 RAM 速度还是要慢些（如果想找到它们最优化的平衡点，可以交换两者之间这些变量）。

（3）便宜

MMU 核心大小大约占典型的 ARM SoC wafer（晶体）的 30%。但是在典型的网络和嵌入式系统里有一半以上的应用程序不需要 MMU。只有一个 CPU 的许多 RTOS 在默认情况下也不使用 MMU。不使用 MMU，μClinux 就可以在完成大部分的应用程序的同时，节约了可观的资源。

（4）完全的 Linux 应用程序接口

除少数情况外，可以在 μClinux 平台上完全使用 Linux 应用程序接口。可以在 uClibc 里使用多线程以及使用标准的系统调用。

4. μClinux 开发环境的建立

（1）GNU 开发套件

GNU 开发套件作为通用的 Linux 开放套件，包括一系列的开发调试工具。主要套件：

Gcc　编译器，可以做成交叉编译的形式，即在宿主机上开发编译目标上可运行的二进制文件；

Binutils　一些辅助工具，包括 objdump（可以反编译二进制文件），as（汇编编译器），ld（连接器）等；

Gdb　调试器，可使用多种交叉调试方式，gdb - bdm（背景调试工具），gdbserver（使用以太网络调试）。

（2）交叉编译调试工具

支持一种新的处理器，必须具备一些编译、汇编工具，使用这些工具可以形成可运行于这种处理器的二进制文件。内核使用的编译工具同应用程序使用的有所不同。在解释不同点之前，需要对 gcc 连接做一些说明：

ld（link description）文件　ld 文件是指出连接时内存映象格式的文件。

crt0. S　应用程序编译连接时需要的启动文件，主要是初始化应用程序栈。

pic　position independence code，与位置无关的二进制格式文件，在程序段中必须包括 reloc段，从而使得代码加载时可以进行重新定位。

内核编译连接时，使用 ucsimm. ld 文件，形成可执行文件映象，所形成的代码段既可以使用间接寻址方式（即使用 reloc 段进行寻址），也可以使用绝对寻址方式。这样可以给编译器更多的优化空间。因为内核可能使用绝对寻址，所以内核加载到的内存地址空间必须与 ld 文件中给定的内存空间完全相同。

应用程序的连接与内核连接方式不同。应用程序由内核加载，由于应用程序的 ld 文件给出的内存空间与应用程序实际被加载的内存位置可能不同，这样在应用程序加载的过程中需要一个重新定位的过程，即对段进行修正，使得程序进行间接寻址时不至于出错（这个问题在 i386 等高级处理器上方法有所不同）。

由上述讨论，至少需要两套编译连接工具：

①二进制工具（Binutils）

GNU binutils 包中包括了汇编工具、链接器和基本的目标文件处理工具。对 binutils 包的设置定义了所需的目标文件的格式和字节顺序。Binutils 包中的工具都使用了二进制文件描述符库（BFD）来交换数据。通过设置文件 config. bfd，可以指定默认的二进制文件格式和任何工具可用的格式。

②C 编译器

GNU 编译器 GCC 是通过使用一种叫作“寄存器转换语言”(RTL)的方式实现的。假定现在有一种基本的机器描述性文件,它已经能满足需要。现在要做的仅仅是设置默认情况下使用的参数和如何将文件组合成可执行文件的方式。GNU 的文档提供了所有必需的资料,使得用户可以为新型的处理器的指令集合提供支持。如果要针对体系的机器建立一个新的目标机器,那么就必须指定默认编译参数和定制系统的特定参数。对于特定的目标系统,可以使用 TARGET_DEFAULT 宏来在 target. h 文件中定义编译器的开关。目标 t - makefile 段指定了应该构建哪一个额外的例程和其编译的方式。

5. μClinux 内核硬件结构

(1)内存管理

和其他应用程序一样,设备驱动程序在运行时也需要一定的内存空间来存放临时数据,但由于驱动程序是在内核中运行,所以它的内存管理有其特殊性。这里使用内核的动态内存分配,由函数对 kmalloc( )和 kfree( )来实现。kmalloc( )函数的原型为 void kmalloc(size_t size,int priority),参数 size 为要分配内存容量的字节数,返回正确时指向已分配内存的起始地址,出错时,返回 0;参数 priority 说明若 kmalloc( )不能马上分配内存时用户进程要采用的动作,GFP_KERNEL 表示等待,等 kmalloc( )函数将一些内存安排到交换区来满足内存需要,GFP_ATOMIC 表示不等待,如不能立即分配到内存则返回 0 值,用 kmalloc( )分配的内存块可以用 kfree( )函数来释放。

(2)中断处理

设备驱动程序通过调用 request_irq( )函数申请中断,将一个硬件处理函数挂到相应的处理队列中。μClinux 系统中对中断的处理属于系统的核心部分,因此,如果外部设备与系统之间以中断方式进行数据交换,就必须把该设备的驱动程序作为系统内核的一部分,通过调用 request_irq 函数就可以把相关的中断号和具体的中断处理程序相关联。

6. μClinux 设备驱动程序开发

设备驱动程序是操作系统内核和机器硬件之间的接口。设备驱动程序为应用程序屏蔽了硬件的细节,这样在应用程序看来,硬件设备只是一个设备文件,应用程序可以像操作普通文件一样对硬件设备进行操作。设备驱动程序是内核的一部分,它完成以下的功能:对设备初始化和释放;把数据从内核传送到硬件和从硬件读取数据;读取应用程序传送给设备文件的数据和回送应用程序请求的数据;检测和处理设备出现的错误。Linux 操作系统下有 2 类主要的设备文件类型,一种是字符设备,另一种是块设备。字符设备是能够像字节流(比如文件)一样被访问的设备,由字符设备驱动程序来实现这种特性。字符设备和块设备的主要区别是:在对字符设备发出读、写请求时,实际的硬件 I/O 一般就紧接着发生了,字符终端(/dev/console)和串口(/dev/ttys0 以及类似设备)就是字符设备的 2 个例子,它们能够用“流”很好地表示;块设备则不然,它利用一块系统内存作缓冲区,当用户进程对设备请求能满足用户的要求,就返回请求的数据,如果不能,就调用请求函数来进行实际的 I/O 操作。块设备是主要针对磁盘等慢速设备设计的,以免耗费过多的 CPU 时间来等待。驱动程序内部结构和功能驱动程序从主体上来讲是一组例程,包括文件访问和控制例程、中断处理例程等以及一些与模块化相关的处理函数。总的说来,其基本组成部分包括:

(1)模块初始化函数 init_module( ). 该函数是每个内核模块加载的时候首先调用的一

个默认函数。一般在该函数中完成设备的注册，当模块加载完毕之后，内核即知晓设备的存在；

(2)模块卸载函数 cleanup_module()，该函数与 init module()做相反的工作，在内核中取消设备的登记，该函数在模块卸载的时候自动调用；

(3)设备驱动程序的 file_operations 结构，由于用户进程是通过设备驱动程序与硬件打交道，内核使用 file_operations 结构访问驱动程序的函数。file_operations 结构是一个定义在 <linux/fs. h> 中的数据结构。

通过了解了设备驱动程序的基本原理，就可以编写设备驱动程序。下面给出编写驱动程序的几个主要步骤：

(1)确定设备的设备名称和主设备号

主设备号标识设备对应的驱动程序，内核利用主设备号将设备与相应的驱动程序对应起来。开发新的驱动程序，必须找到一个还未被使用的主设备号，分配给自己的字符设备；

(2)确定编写需要的 file_operations 数据结构中的功能函数；

(3)确定编写需要的初始化函数：void Nios_VGA_init(void)。

需要将上述的 file_operations 中的操作函数的地址赋给某个 file_ operations 的结构变量的相应域；然后调用标准内核函数登记该设备：register console(&Nios_VGA)，然后对必要的变量(例如读写忙标志、跟踪标志等)赋初值。

7. μClinux 应用程序开发

在 μClinux 环境下开发应用程序和 Linux 下基本一致，μClinux 下的应用程序多数都用 C 语言进行编写，首先使用文本编辑器编写应用程序，一般在应用程序编写后，先在宿主机上进行调试，使用 GNU 项目的 gdb 工具来进行调试，在调试通过后就可以利用 Nios Ⅱ的交叉编译工具对应用程序进行编译，再加载到 μClinux 的文件系统中，最后完成整个系统的生成，烧写到目标系统中，就完成应用程序的编写。

在程序的编写过程中，因为 μClinux 使用了精简的 uClibc 库，所以，很可能在应用中所用的函数 uClibc 库并没有提供，这时候就需要自己实现这个库函数。系统缺省的 uClibc 库中，有一些库并没有加上，这需要对 uClibc 库进行定制，在 make menuconfig 中选择 uClibc，再进入 uClibc 的目录，完成相关的操作。

8. μClinux 系统移植

要把 μClinux 放到 Nios Ⅱ中运行首先必须把 μClinux 代码编译成 Nios Ⅱ的指令。这个编译的过程需要相应的程序来完成，并且要对 μClinux 的分区结构以及地址映射根据自己的电路板的 SDRAM 和 FLASH 的大小进行相应的重新分配，这些工作完成后即可以进行 μClinux 的编译，并生成可以烧写到 FPGA 存储器中的镜像文件，过程如下：

(1)下载 nios2gcc. tar. bz2 软件包　进入 μClinux 操作系统，打开一个 shell 界面，执行如下操作，把下载的 nios2gcc. tar. bz2 软件包放到/home/nios/目录下；

(2)tar jxvf /home/nios/nios2gcc. tar. bz2　交叉编译工具链就会安装到/opt/nios 目录下，我们需要把这个目录加入到 PATH 变量中去，让 shell 能自动寻找。打开 home 目录下的. bash _ profile 文件，把 PATH 变量修改为 PATH = MYMPATH:/opt/nios2/bin:MYMHOME/bin；

(3)为 μClinux 内核打补丁　首先下载一个 μClinux 的代码包，然后下载 μClinux - dist - 20070130 - nios2 - 02. diff. gz 软件包，这是把 μClinux 移植到 Nios Ⅱ CPU 上的补丁，利用

下面的指令为内核打补丁,注意只能打一次补丁:

zcat　~/download/μClinux - dist - 20070130 - nios2 - 02. diff. gz | patch　- p0

交叉编译环境安装好以后,就可以编译 μClinux 了;

(4)make menuconfig,对内核的相关选项就行配置;

(5)把在 Quatus Ⅱ下生成的系统的 ptf 文件拷贝到一个目录,然后执行指令 make vendor_hwselect SYSPTF = "/home/duckfly/"sys. ptf,这里将 Nios Ⅱ的硬件配置参数传递给了 μClinux 操作系统,包括内存分配,复位地址,内核结构,时钟以及功能模块等;

(6)make romfs　建立 μClinux 操作系统的文件系统;

(7)make linux image　μClinux 的镜像文件就产生了,这里镜像文件包含系统的内核和文件系统,把它拷贝到 windows 下面下载并运行。

9. μClinux 驱动程序设计

设备驱动程序是操作系统内核和机器硬件之间的接口。设备驱动程序为应用程序屏蔽了硬件的细节,这样在应用程序看来,硬件设备只是一个设备文件,应用程序可以像操作普通文件一样对硬件设备进行操作。设备驱动程序是内核的一部分,它完成以下的功能:对设备初始化和释放;把数据从内核传送到硬件和从硬件读取数据;读取应用程序传送给设备文件的数据和回送应用程序请求的数据;检测和处理设备出现的错误。

驱动程序从主体上来讲是一组例程,包括文件访问和控制例程、中断处理例程等以及一些与模块化相关的处理函数。总的说来,其基本组成部分包括模块初始化函数 init_module(),该函数是在 Nios Ⅱ的 HAL DMA 设备模式中,DMA 传输被分为两类:transmit 和 receive。Nios Ⅱ提供两种设备驱动实现 transmit channels 和 receive channels,transmit channels 把缓冲区数据发送到目标设备,receive channels 读取设备数据存放到缓冲区。

10. μClinux 应用程序设计

在 μClinux 系统内所有东西都是以文件的形式来表示的,除一般的磁盘文件外,还有设备文件,如硬盘、声卡、串口、打印机等。设备文件又可分为字符设备文件(character devices)和块设备文件(block devices)。使用相关命令可以查看 Linux 文件系统的分层结构。文件的处理方法一般有五种,分别是:

(1)open:打开一个文件或设备;

(2)close:关闭一个打开的文件或设备;

(3)read:从一个打开的文件或者设备中读取信息;

(4)write:写入一个文件或设备;

(5)ioctl:把控制信息传递给设备驱动程序。

open,close,read,write 和 ioctl 都是低级,没有缓冲的文件操作函数,在实际程序开发中较少使用,一般我们使用标准 I/O 函数库来处理文件操作。如:fopen,fclose,fread,fwrite,fflush 等。在使用标准 I/O 库时,需用到 stdio. h 头文件。fcntl 用于维护文件描述符,mmap 用于分享内存。

编写应用程序当涉及底层的硬件操作的时候,都是通过调用驱动程序来进行操作的。利用上述函数来完成硬件设备的打开、关闭、读写和控制操作。

第 7 章　SOPC 开发实例——基于 FPGA 的车路协同智能路侧系统的设计与实现

7.1　软件系统结构

车路协同智能路侧系统是车路协同系统的重要组成部分，它是介于控制中心与车载系统的中间枢纽，有着举足轻重的地位，此系统的设计促进了整个交通系统运行效率的提高。其系统的场景示意图如图 7.1 所示。

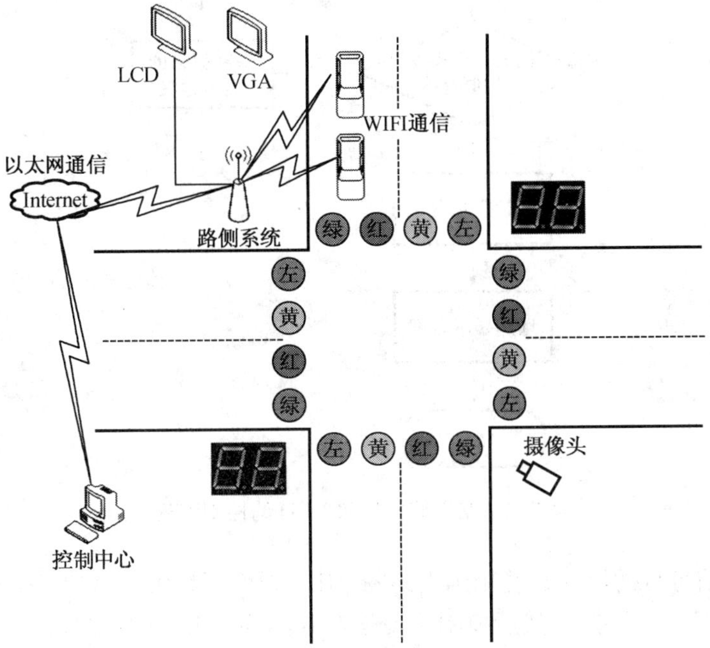

图 7.1　智能路侧系统场景示意图

图中，路侧系统通过与车辆的 wifi 通信，获取车辆的信息，再将车辆的信息存储起来经过以太网通信发送给控制中心，控制中心获取到车辆信息后进行信息的汇总处理，然后发送控制指令给路侧系统，路侧系统接收指令，控制交通灯、数码管和 LCD 液晶的工作状态。同时摄像头采集十字路口的图像信息，将其显示在 VGA 屏幕上，供驾驶员参考。这也是本章系统设计的大体流程。

本章中，将智能路侧系统的整体设计划分成了三个部分，如图 7.2 所示，三个部分协调工作，缺一不可。下面将着重讨论这三个部分的设计流程。

此部分的设计，主要是对交通信号灯和 LCD 路侧引导标识进行控制，其两者的控制流程都可以表示为图 7.3 所示。

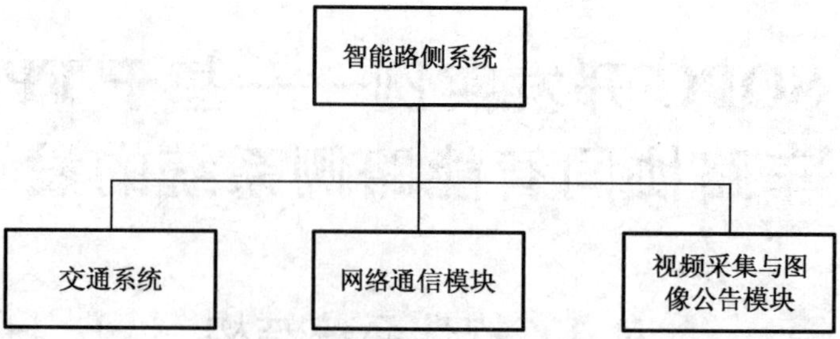

图 7.2　智能路侧系统的设计划分

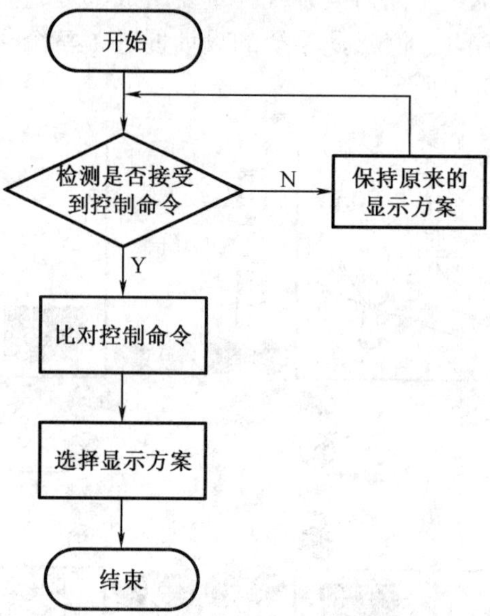

图 7.3　交通信号灯和 LCD 的控制流程

其中,交通信号灯的设计是使用纯 Verilog HDL 硬件语言编写,LCD 的显示是先在软核构建的时候加入 LCD 的端口,然后控制实现是在 Nios Ⅱ IDE 下通过 C 语言编写实现。

网络通信模块的设计需要分为路侧系统与车载设备的通信以及路侧系统与控制中心的通信,前者需要接入互联网进行远程通信,后者只需使用一个 wifi 无线路由器建立一个 wifi 热点,接入局域网即可,两者使用的传输协议都是 TCP/IP 协议。此部分的设计是先在软核上添加 SPI 总线控制接口,然后在 Nios Ⅱ IDE 下通过 C 语言编写通信传输程序,两者的设计流程如图 7.4 所示。

左侧是路侧系统与车载系统的通信,右侧是路侧系统与控制中心的通信。车载系统我们使用了手持设备下载了 TCP 调试软件进行连接通信,控制中心我们使用 Qt 界面编程技术编程实现了控制中心的控制界面,使得信息交互变得清楚、直观。

此部分的设计关键在于摄像头的采集、图像信息的存储和图像信息的显示三部分的实现,其中涉及到 I^2C 总线技术、SDRAM 的乒乓操作以及 VGA 的显示,这些都会在下面的章节介绍。此模块的设计,是使用纯 Verilog HDL 硬件语言设计,流程图如图 7.5 所示。

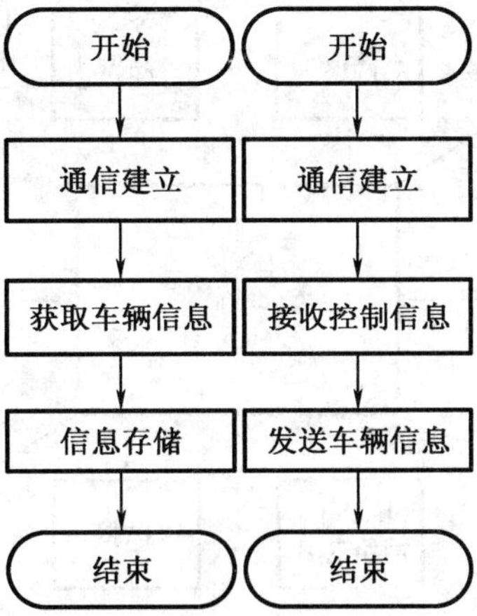

图 7.4　路侧与车载和控制中心的通信流程

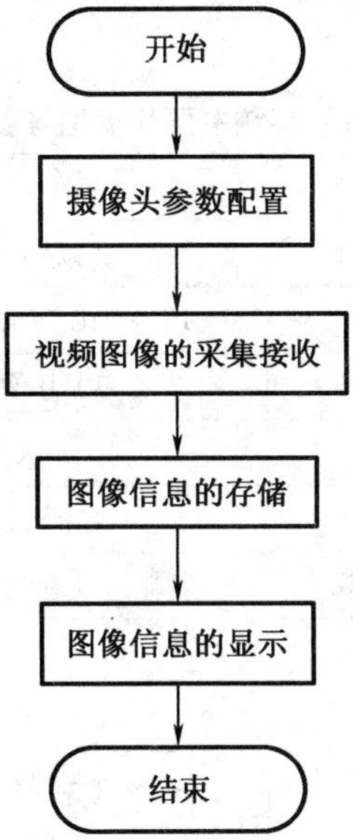

图 7.5　视频采集与图像公告模块的设计流程

7.2　硬件环境搭建

选择了 Altera 公司的 EP4CE15F17C8 芯片作为我们设计的主控芯片，其他的外围电路与 FPGA 的硬件连接图如图 7.6 所示。

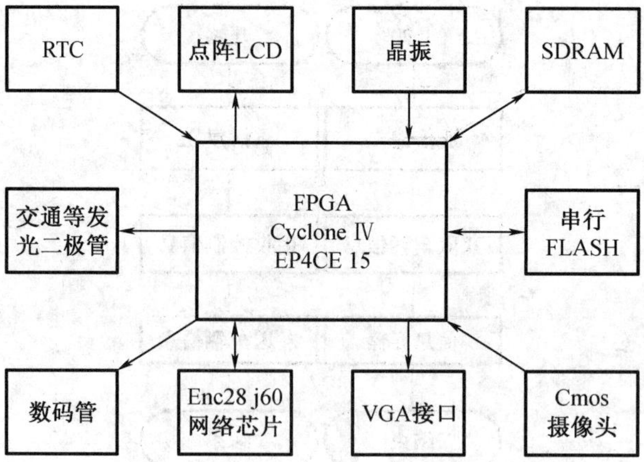

图 7.6 系统各部分外设连接图

其中各部分外设的型号和参数特性如表 7.1 所示。

表 7.1 系统主要外设型号参数表

外设	型号	参数
SDRAM	H57V2562GTR	2 块,内存大小:256 b = 16 M * 16 b
网络芯片	ENC28J60	10 M 网络芯片,可进行网络数据通信
CMOS 摄像头	OV7670	30 万像素 8 位数据接口的数字摄像头
实时时钟	DS1302	支持年月日星期的实时时钟
点阵液晶屏	ST7565P	支持 128 * 64 分辨率的 COG 点阵液晶
串行 FLASH	M25P64	64 Mb
晶振	有源晶振	50 MHz
数码管		6 位高亮数码管,动态扫描模式
交通灯发光二极管		4 个红黄发光二极管,8 个绿色发光二极管
VGA 接口		支持 64 K 种颜色显示

7.3 Quartus Ⅱ中相关组件的添加和配置

在系统设计当中,我们需要在 Quartus Ⅱ软件中添加一些组件,目的是为了实现软硬件协同开发,这些组件既有我们自己设计的模块,比如交通信号灯的控制模块、视频采集与图像信息公告模块,这两个都是使用 Verilog HDL 硬件语言实现的,我们需要将其例化成图元模块的形式,配合其他组件完成整个系统的设计;还有 Quartus Ⅱ自带的一些宏模块,比如 PLL 锁相环等;还有使用 SOPC Builder 构建的软核处理器及其外设组件,以下对每个组件的添加和配置做一下简单的介绍。

7.3.1 自定义模块的组件添加

自定义模块的组件就是我们使用 Verilog HDL 硬件语言设计的模块,交通信号灯的控制模块和视频采集与图像信息公告模块。添加方式是选中我们所设计模块的顶层模块,单击 File→Creat/Update→Symbol Files For Current File 命令,生成. bsf 格式的图元文件,然后添加到整个工程的顶层原理图上,其中交通信号灯模块生成的图元文件如图 7.7 所示,视频采集与图像信息公告模块生成的图元模块如图 7.8 所示。

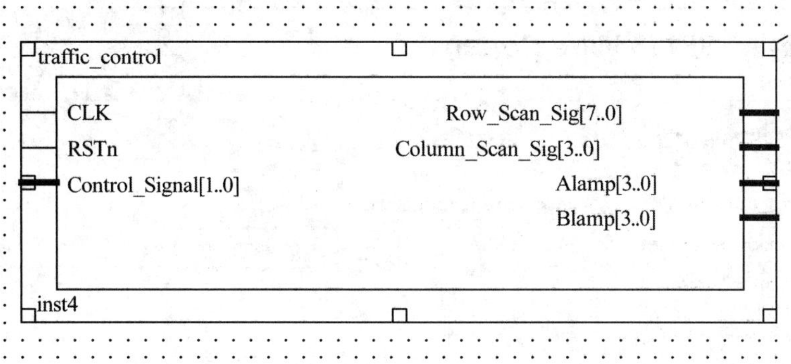

图 7.7　交通信号灯模块生成的图元模块

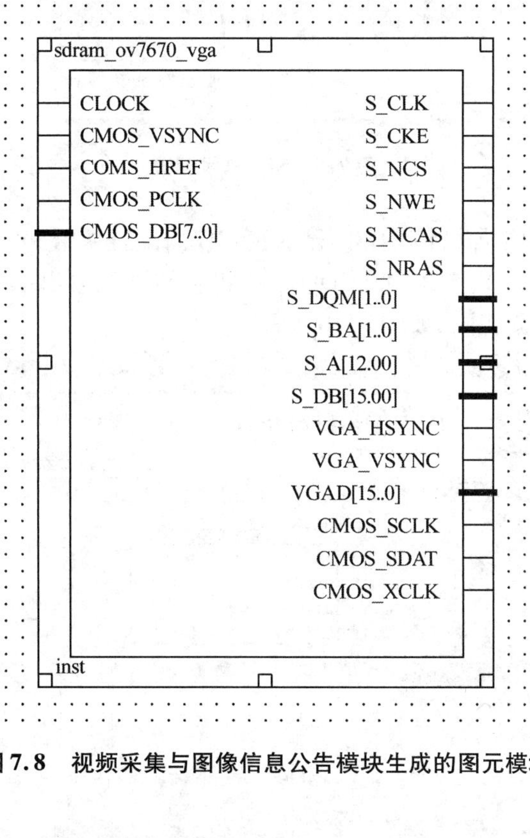

图 7.8　视频采集与图像信息公告模块生成的图元模块

7.3.2　Nios 软核及其相关外设的添加

软核的构建需要使用 Quartus Ⅱ 软件中 SOPC Builder 工具,其中 Nios Ⅱ Processor,System ID,SDRAM,EPCS,JTAG UART 是构建一个软核的几个基本外设,此处不再赘述。在此,我们只介绍本课题所需其他几个关键外设的添加。

首先是网口 SPI 总线的添加,其配置如图 7.9 所示。这里有 5 个地方需要注意:方框 1

处是选择主模式还是从模式，我们 FPGA 上选择的是主模式（Master）；方框 2 处是从设备的个数，我们选择 1；方框 3 处是 SPI 时钟速率，我们填入 10 M；方框 4 处是数据的位数，我们选择 8；方框 5 处是移位的方向，我们选择 MSB first。

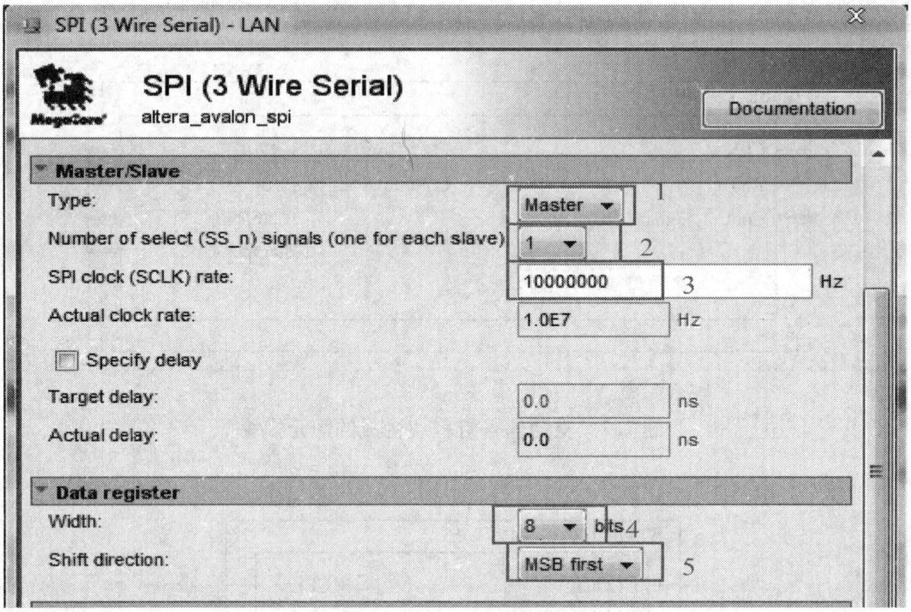

图 7.9　SPI 总线配置

其次是 LCD 组件的添加，针对 LCD 显示我们仅需配置 4 个 PIO 端口分别对应 LCD4 个引脚 LCD_CS，LCD_A0，LCD_SCL 和 LCD_SI，并将它们设为输出端口即可，其配置以 LCD_CS 为例，其他三个均与其相同，如图 7.10 所示。

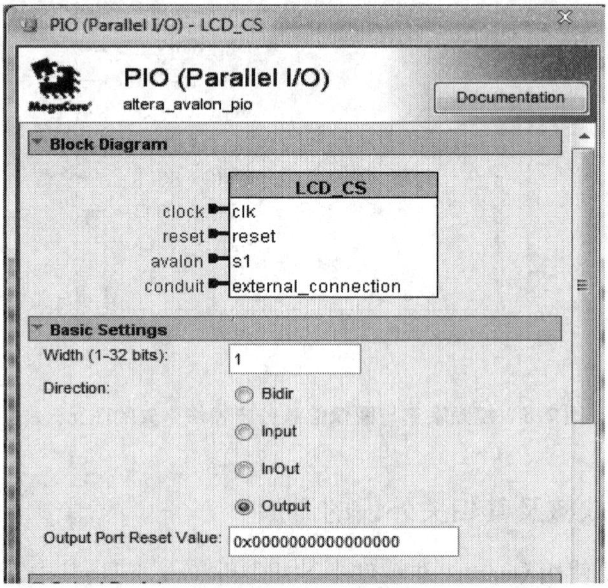

图 7.10　LCD 配置

图 7.11 是所构建软核的处理器和部分外设列表。

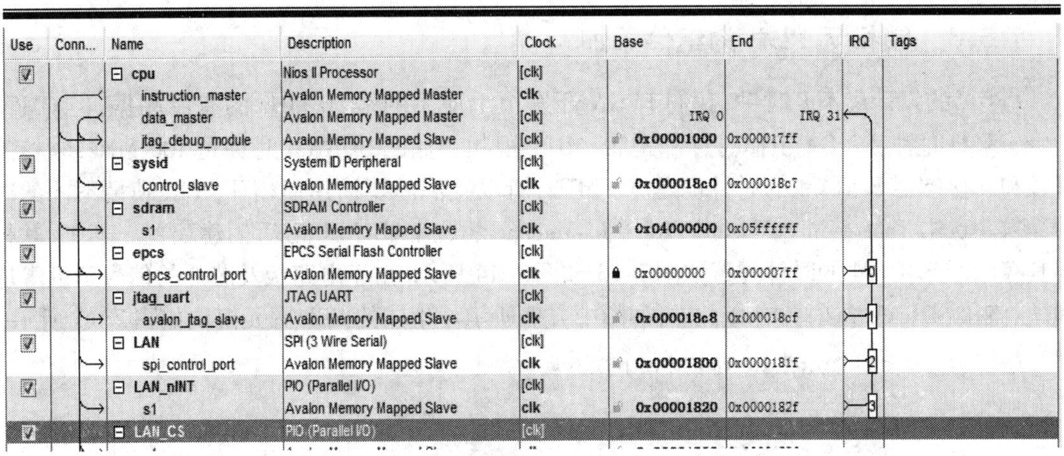

图 7.11　软核处理器和相关部分外设

构建完的软核图元模块如图 7.12 所示。

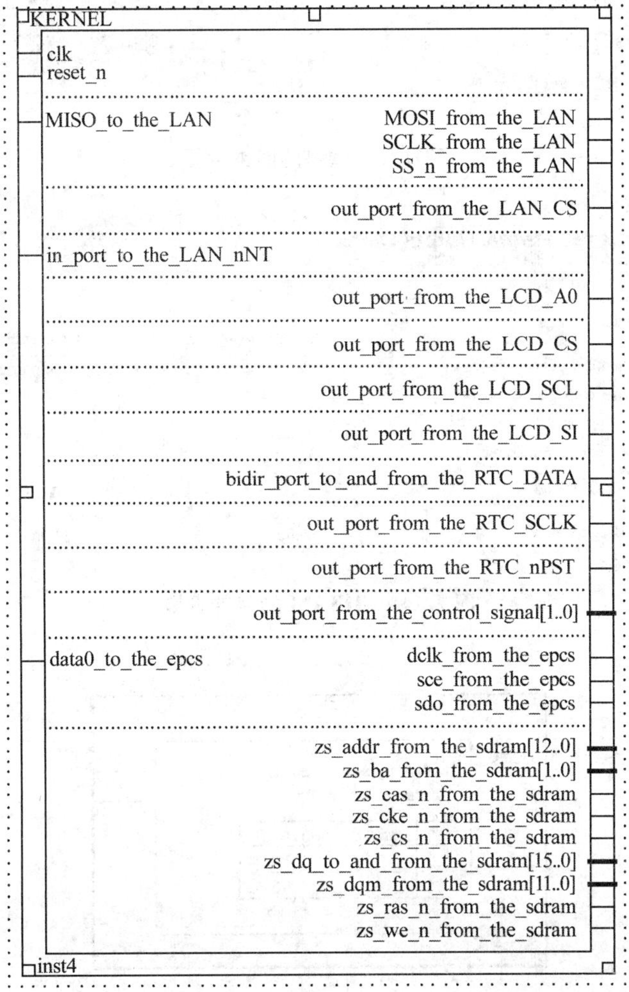

图 7.12　软核顶层图元模块

7.3.3 锁相环 PLL 的组件添加

FPGA 的设计离不开时钟,我们 FPGA 开发板上使用的是 50 MHz 的有源晶振,但 CMOS 摄像头采集时钟和 VGA 工作时钟都是 25 MHz,视频存储的 SDRAM 时钟是 100 MHz,软核的时钟和其存储器 SDRAM 的时钟也是 100 MHz,所以我们需要构建锁相环 PLL,满足不同的时钟需求。点击 Tools→MegaWizard Plug - In Manager,找到 ALTPLL 之后创建配置。其中,软核和其存储器 SDRAM 的时钟配置如图 7.13 和图 7.14 所示,由于电路板及芯片的信号延迟等原因,软核和 SDRAM 的时钟有相位差,如图中方框所示。生成的 PLL 图元模块如图 7.15 所示。

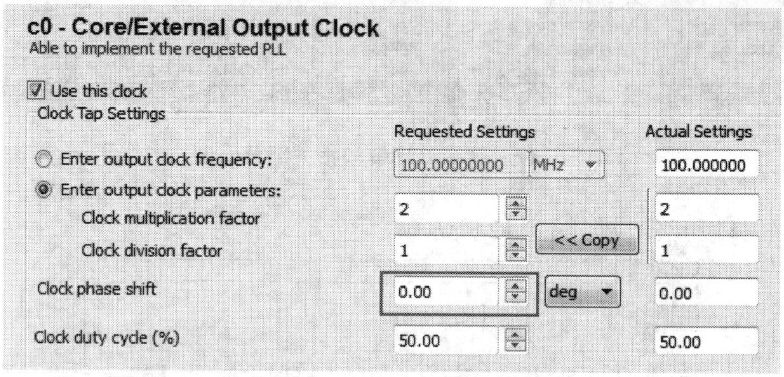

图 7.13 软核的时钟设置

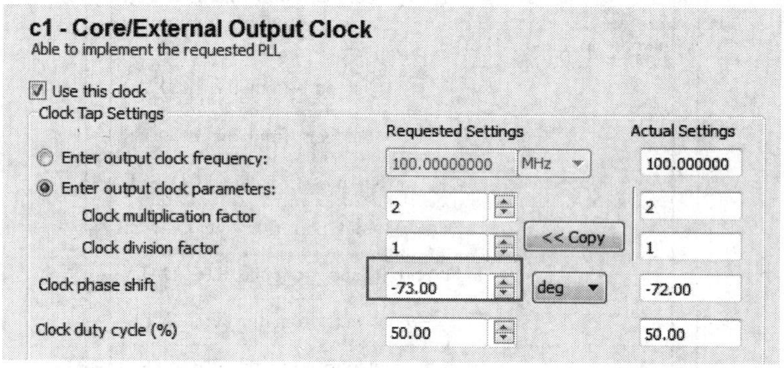

图 7.14 SDRAM 的时钟设置

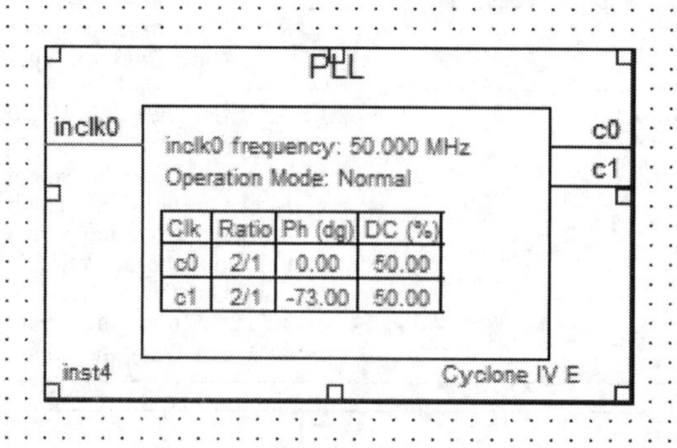

图 7.15 锁相环 PLL 图元模块

由于 CMOS 采集时钟、VGA 工作时钟和视频存储的 SDRAM 工作时钟的 PLL 配置是直接加入到了视频采集与图像信息公告模块中，不需要生成图形化模块，且与以上配置类似，所以在此不再赘述。

7.4　智能路侧交通控制系统设计

7.4.1　交通控制系统硬件电路的设计

根据实际交通控制系统的组成，本章的硬件电路设计可以分为两个部分：一个是交通信号灯，另一个是路侧引导标识。以下根据这两个部分分别阐述。

1. 交通信号灯

实际交通信号灯模块包括交通红绿灯和倒计时数码管两部分，其中交通红绿灯采用的是三色发光二极管模拟，倒计时数码管是共阳八段数码管，多位显示采取的是动态扫描方法。

交通红绿灯需要 8 个绿色发光二极管，4 个红色发光二极管和 4 个黄色发光二极管，一共 16 个发光二极管，每个二极管都需要串联一个 470 欧姆的限流电阻。发光二极管的正极与其相对的发光二极管的正极同时接入一个共同的用户自定义 I/O 口，发光二极管的负极经过限流电阻接到 FPGA 开发板的“地”端。其整体硬件电路结构如图 7.16 所示。

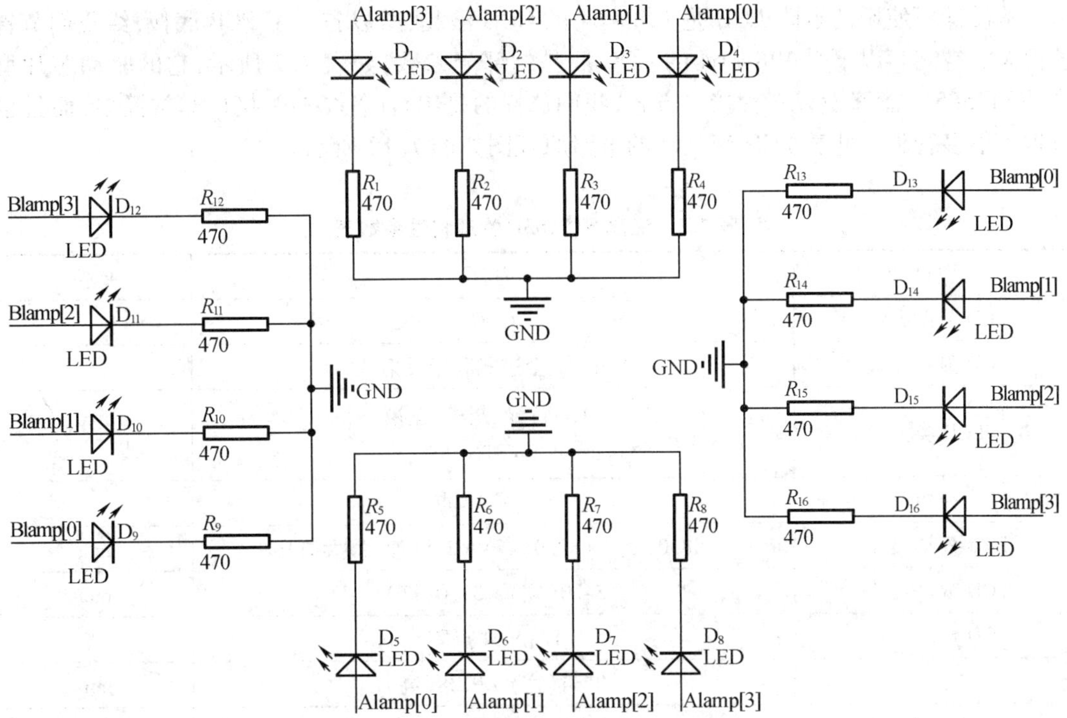

图 7.16　交通红绿灯电路原理图

倒计时数码管采用的是共阳极的，因此，数码中的每一段与 FPGA 的接口 DIG［0..7］都是低电平亮，高电平灭。例如“11000000”表示的就是 0 的数码，SEL［0..5］相当于每一段数码管的片选信号，本系统中相对路口的交通灯变化完全一致，所以可以共用一组数码管，所以一共只需要 2 对 4 个数码管,我们选择 SEL[0],SEL[1]片选的数码管作为一对路口的倒计时显示,选择 SEL[4],SEL[5]片选的数码管作为另一对路口的倒计时显示,电路原理图如图 7.17 所示。

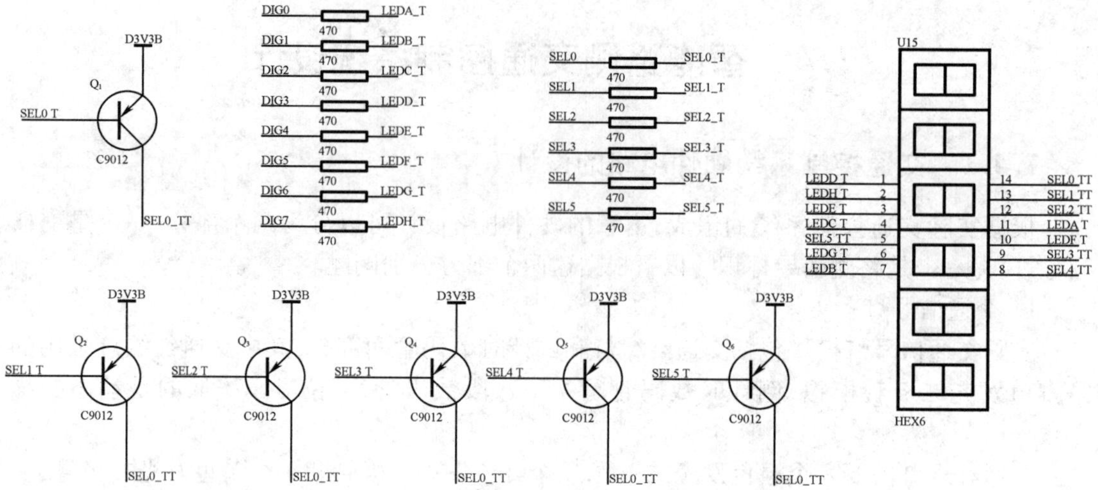

图 7.17　数码管电路原理图

2. 路侧引导标识

本设计所使用的点阵 LCD 是 128 * 64 的 COG 液晶,所以省去了 PCB 底板,给我们节省了很大的空间。以下是 128 * 64 的 COG 液晶的部分参数,如表 7.2 所示,它的驱动芯片型号是 ST7565P,能够设置三种接口方式,我们选择的是串行时序方式,接口非常简单,而且也节省了很多管脚。此款 LCD 液晶屏的电路原理图如图 7.18 所示。

表 7.2　液晶 ST7565P 物理特性参数表

项目	内容	单位
LCD 装配方式	COG	
LCD 显示方式	反射式、全透式和半反射式	
LCD 类型	STN:黄绿、灰模、蓝模 FSTN	
视角	6 点或 12 点	
LCD 模块尺寸	58.0(宽)×39.0(高)×2.8(厚,最大值)	mm
LCD 视区尺寸	54.0(宽)×31.0(高)	mm
LCD 点阵方式	128×64 点阵	
点尺寸	0.34(宽)×0.38(高)	mm
点间距	0.37(宽)×0.41(高)	mm
LCD duty	1/64	
LCD 偏压	1/9	
LCD 控制器	ST7565P(COG) or EQUIVELENT	

表 7.2(续)

项目	内容	单位
LCM 工作温度(常温)	0 ~ +50	℃
LCM 存储温度(常温)	-10 ~ +60	℃
LCM 工作温度(宽温)	-20 ~ +70	℃
LCM 存储温度(宽温)	-30 ~ +80	℃
可选背光方式	LED	
自由设置接口方式	8080 时序方式 6800 时序方式 串行时序方式	
供电电源	2.8 V ~ 5.5 V 内有 DC/DC 电路,对比度可以通过软件设置	V
预期寿命	50 000	Hours

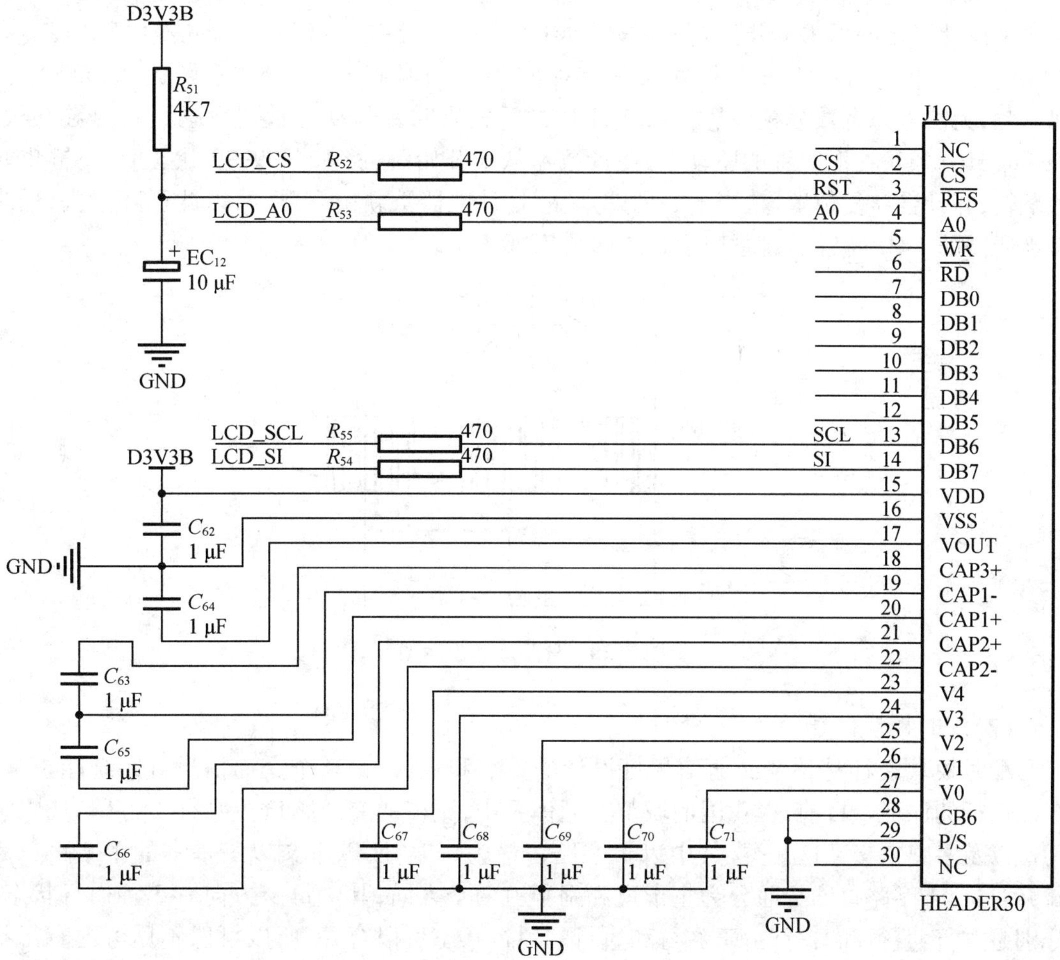

图 7.18　ST7565P 液晶电路原理图

7.4.2 交通控制系统软件设计

1. 交通信号灯模块

整个交通信号灯的设计可以分为三大部分实现,包括分频计数、配时和显示,这三个部分都是使用 Verilog HDL 硬件语言设计实现的,三个部分协同工作缺一不可,其系统结构图如图 7.19 所示。

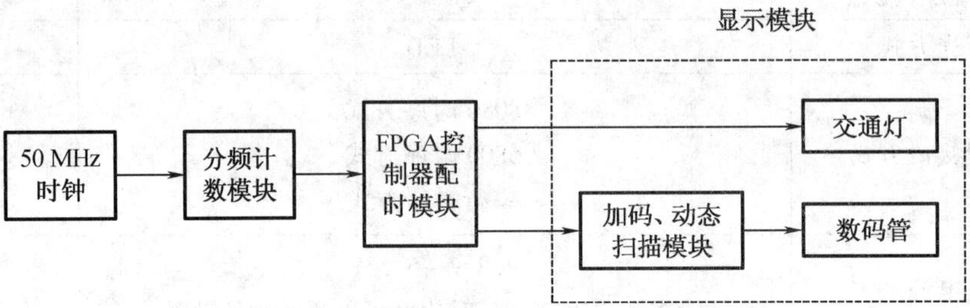

图 7.19 交通信号灯设计结构图

(1)分频计数模块设计

本设计采用的 FPGA 开发板使用 50 MHz 频率的时钟,本模块交通信号灯运转需要 FPGA进行 1 秒钟为单位的计时,本文是针对 50 MHz 分频到 1 Hz,分频系数是 50000000,为偶分频,无需考虑奇数分频,只需将 50 MHz 的源输入时钟驱动计数器跳动进行计数,通过 Verilog HDL模块在源时钟的驱动下,使计数器从 0 开始跳变到 24999999 状态时,将输出时钟翻转,并计数器复位置零,当下一周期来临时,计数器重新由 0 跳动,以此循环下去,最终实现所需的 1 Hz 时钟。其原理示意图如图 7.20 所示。

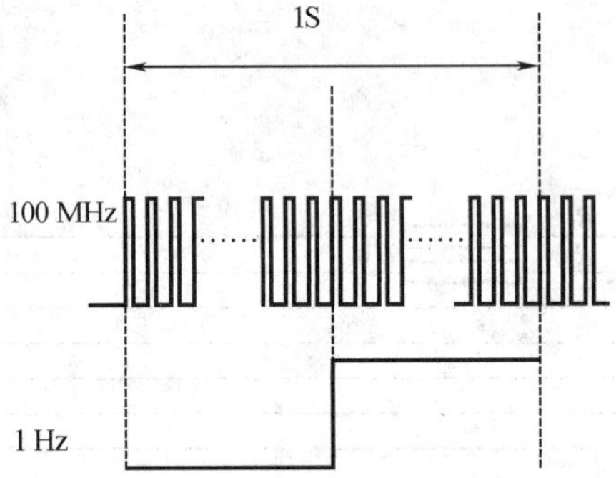

图 7.20 分频原理示意图

(2)配时模块设计

配时模块设计是整个交通信号灯设计的重点和核心,是整个交通信号灯系统能正常、有效运行的保证。目前,在我国的城市交通体系中,城市的交通路口主要有 T 字路口、十字路口以及多路口交叉这几类,其中以十字路口最为普遍,所以本文以最基本的十字路口为研究对象,十字路口的交通分为主干道和副干道两个方向,其中每个方向有 3 种通行状态,分别是左行、直行和右行,由于右行和直行的通行状态可以合并,所以可以不用考虑右行状态。根据以上分析,主干道方向和副干道方向只需 4 盏灯即可保证交通系统的正常运行,它们分别是红灯(R)、黄灯(Y)、直行绿灯(G)和左转绿灯(L)。十字路口两个方向的灯必须按照一定的顺序亮灭，根据实际情况，此时交通信号灯的运行情况可以设置如下：

主干道方向的交通信号灯运行流程：绿灯→黄灯→左转绿灯→黄灯→红灯。

副干道方向的交通信号灯运行流程：红灯→绿灯→黄灯→左转绿灯→黄灯。

在实际交通中，两个方向交通信号灯的状态有着密切的联系，一个方向的交通信号灯状态影响着另一个方向的交通信号灯状态，只有这样才能协调好两个方向的车流，如果两个方向的交通信号灯都各自独立变化，交通系统就会混乱，造成严重的后果，交通信号灯管理交通和协调交通的作用也就失去意义。

其一个周期的交通状态对应情况如表 7.3 所示，其中 1 表示灯亮，0 表示灯灭。在我们编程实现时，可以将主干道和副干道的状态分开进行，所以针对主干道 S4 ~ S7 状态可以合并，针对副干道 S0 ~ S3 状态可以合并。

表 7.3　交通状态对应表

状态	主干道方向				副干道方向			
	G	Y	L	R	G	Y	L	R
S0	1	0	0	0	0	0	0	1
S1	0	1	0	0	0	0	0	1
S2	0	0	1	0	0	0	0	1
S3	0	1	0	0	0	0	0	1
S4	0	0	0	1	1	0	0	0
S5	0	0	0	1	0	1	0	0
S6	0	0	0	1	0	0	1	0
S7	0	0	0	1	0	1	0	0

实际交通中，白天和夜间的车流量相差很大，同时白天期间的主副干道车流量也会出现不均衡的现象，这就要求准备多套配时方案，以适应不同的需求。针对白天正常情况下，主干道车流量大于副干道车流量时，配时时间设置如表 7.4 所示，视为方案一；针对白天主干道车流量小于副干道车流量时，配时时间如表 7.5 所示，视为方案二；针对夜间车流量较小的情况下，配时时间可以如表 7.6 所示设置，视为方案三；当发生交通事故或者有救护车、消防车等应急车辆需要优先通行时，所有路口都将红灯置亮，保证应急车辆的通行。这 3 种配时方案的选择并非由智能路侧系统本身来控制，而是由控制中心综合各种信息之后，远程控制选择，选择完毕之后也并非立刻按照配时方案改变交通红绿灯的运行状态，而是等待一个周期结束之后即从状态 S0 ~ S7 之后才开始改变配时方案，否则交通红绿灯显示时间突变会造成交通事故。

表 7.4　日间主干道车流量多于副干道各信号灯配时时间

时间(s)	Y	G	L	R
主干道	5	40	15	55
副干道	5	30	15	65

表 7.5 日间主干道车流量少于副干道各信号灯配时时间

时间(s)	Y	G	L	R
主干道	5	30	15	65
副干道	5	40	15	55

表 7.6 夜间各信号灯配时时间

时间(s)	Y	G	L	R
主干道	3	20	10	36
副干道	3	20	10	36

本系统此模块以以上 3 种配时方案中的 1 种先按照状态 S0 对主干道绿灯和副干道红灯进行计数,计数采用减法计数器按照倒计时的方式当主干道绿灯计数到 1 时,然后进入状态 S1,此时副干道红灯继续递减计数,不受影响,而主干道绿灯熄灭,对黄灯进行计数,依次执行直到状态 S7,然后进入下一个周期的计数,往复循环。

(3)显示模块设计

本次设计的显示模块部分主要是交通红绿灯的显示和数码管的显示,其中交通红绿灯的显示比较简单,FPGA 以 4 位 Alamp 变量控制主干道上的四盏灯,其中 Alamp[0]控制左转绿灯,Alamp[1]控制黄灯,Alamp[2]控制红灯,Alamp[3]控制绿灯,其值为 1 则表示相应的灯亮,如 Alamp 为 4′b0001 表示左转绿灯亮;同时以 4 位 Blamp 变量控制副干道上的四盏灯,其设置与 Alamp 类似。每个灯的亮灭时间都是按照配时模块的部分设置的,此处就不赘述了。

数码管的显示相比于交通红绿灯的显示要复杂一点,因为需要加上加码、动态扫描等部分。整个交通信号灯系统实际需要 4 对共 8 个数码管,由于相对的路口倒计时完全相同,所以为了节省逻辑资源,简化设计,可以让相对路口共用一对数码管,所以只需对 2 对共 4 个数码管的显示进行阐述。数码管是共阳的,而且 4 个数码管的段选信号都共用同样的引脚,全都是低电平有效。我们将主干道的倒计时时间设置成 Number_Data1,副干道的倒计时时间设置成 Number_Data2,数码管的显示设计思路如图 7.21 所示。

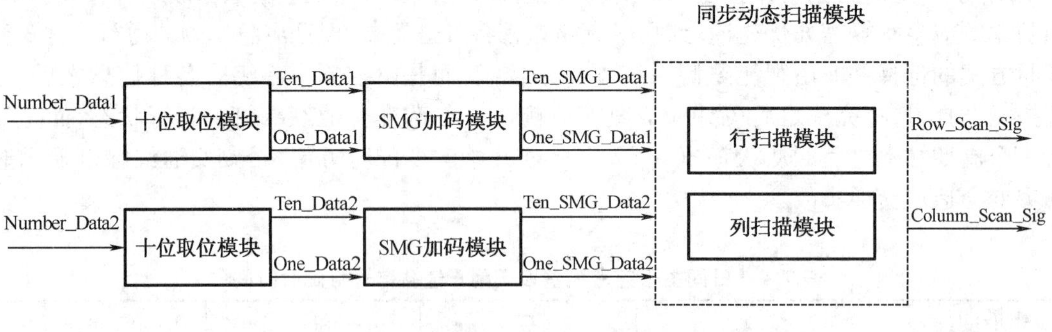

图 7.21 数码管显示设计模块图

由图中可以看出,通过"十位取位模块"分别对 Number_Data1 和 Number_Data2 进行取位的操作,将它们十位和个位划分,然后输出各自的信号线 Ten_Data 和 One_Data。之后通过“SMG 加码模块”,将每个路口的十位和个位数字转成 SMG 码,即数码管显示码。Ten_Data 和 One_Data 被转换后,再经 Ten_SMG_Data 和 One_SMG_Data 输出。最后由“同步动态扫描模块”驱动点亮数码管。现针对每一个模块进行分析。

①十位取位模块　就是利用数学运算符“%”和“/”分别取得主副干道计时时间的十位和个位,将十位和个位分开进行处理。

②SMG 加码模块　就是分别将两个路口倒计时时间的十位与个位的数字转换成数码管可以显示的码型,每一个数字都是八段数码管 a,b,c,d,e,f,g 每段置亮置灭组合而成的,数码管显示示意图如图 7.22 所示。

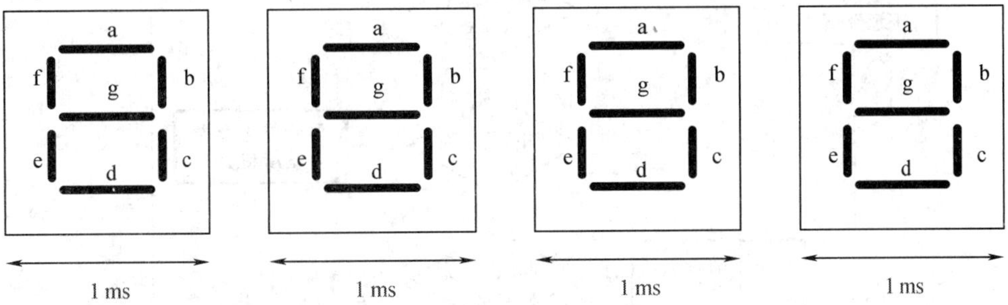

图 7.22　数码管显示示意图

③同步动态扫描模块　此模块由两部分组成,分别是行扫描模块和列扫描模块,由于 FPGA 是可以并行操作的,所以这两个模块可以并行执行,达到真正的同步。同步动态扫描模块利用的是时分原理和人类的视觉暂留效应,轮流驱动点亮 4 个数码管,由于每个数码管点亮时间为 1 ms,人眼无法识别,所以看起来是 4 个数码管同时点亮。无论是列扫描模块还是行扫描模块扫描频率都需要设置成 1 kHz,这样就对应了每个数码管的点亮时间 1 ms,至于如何得到 1 kHz 时钟信号,可以参考 3.3.1 节分频计数模块设计。同步动态扫描模块当中,列扫描模块相当于对数码管进行片选,每隔 1 ms 就使能不同的数码管。而行扫描模块是输出不同的 SMG 码,根据列扫描对数码管的片选使能,输出当前数码管的 SMG 码。

2. 路侧引导标识模块

路侧引导标识一般都架设在路边或者交通要道,是智能路侧系统不可或缺的一部分。它可以与交通信号灯有一定的距离,这样就能将前方交通路口的信息发布给每一个驾驶员,驾驶员根据引导标识提供的信息决定驾驶策略,是直行还是绕道。同时路侧引导标识还可以将控制中心发来的一些重要信息传达给每个驾驶员,提醒驾驶员一些注意事项等。考虑到成本以及能动态显示信息的问题,本章使用点阵液晶屏作为路侧引导标识,其具体实施方案流程如图 7.23 所示。

图中 start1,start2,start3,stop 几个变量是我们自定义的控制变量,控制中心的信息发送过来之后要分别与这 4 个变量做比较,与其中一个变量相同,就显示与这个变量相应的显示信息,驾驶员会依据这些信息,选择行车路线。图中主干道、副干道通畅信息,在实际交通中会标明主干道、副干道的实际道路名称,这个需要确定路侧引导标识的实际设置位置,所以在此不做考虑,仅以主干道、副干道代替。LCD 屏的相关显示还加入了实时时钟,能够实时显示当前时间。以下是对 LCD 显示的相关技术进行阐述。

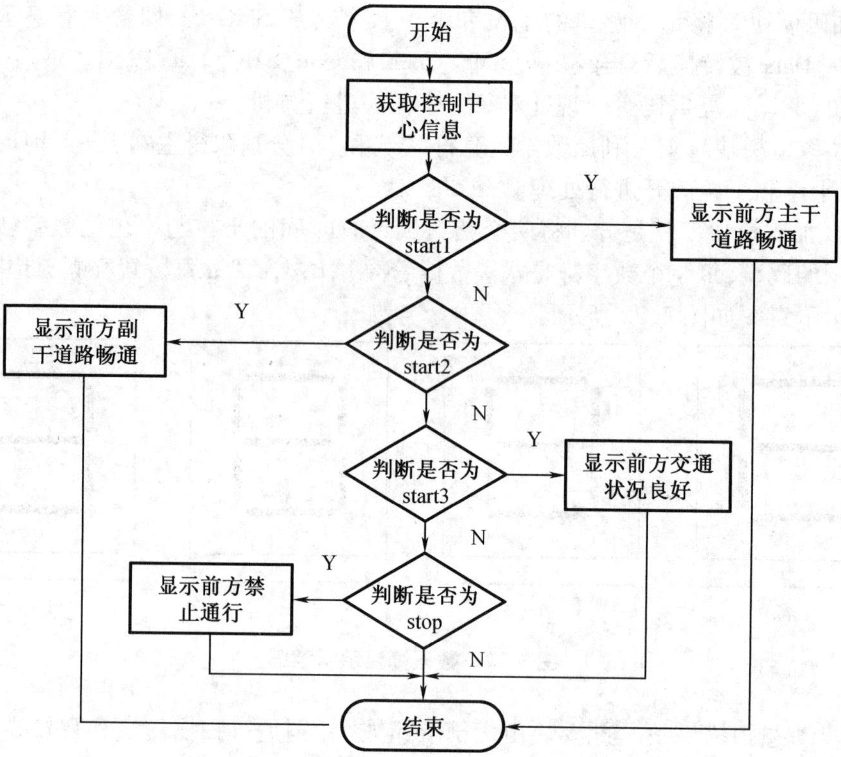

图 7.23　路侧引导标识设计流程图

(1)LCD 液晶屏扫描实现

我们所使用的液晶屏是 64 高×128 宽的,它被分成 8 页 128 宽的 8 位数据。至于液晶的扫描次序就与 4 个命令有关系,分别是 0xA0,0xA1,0xC0,0xC8。当我们写入命令 0xA0,控制列填充是"从左向右"的,但如果命令是 0xA1,控制列填充是"从右向左"的。除了控制列扫描的命令,还有控制"页扫描顺序"的命令(每一页的高度是一个字节)。如果命令是 0xC0,页扫描就是"从下向上"的,但如果命令是 0xC8,页扫描就是"从上向下"的。其中,一页的高度是 8 位一个字节,每一页的列扫描,都是从低位到高位。在本设计中,列扫描次序是从左向右,页扫描次序是从上向下,程序中可设置如下:

write_command(0xa0);

write_command(0xc8)。

假设填充的值都是 0x0f,那么列扫描 128 次以后,一页的扫描结果就是如图 7.24 所示。

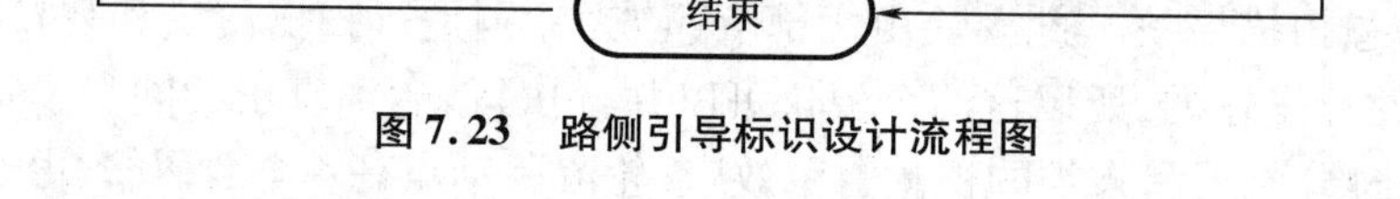

图 7.24　LCD 一页的扫描结果

由上图可知,整个 LCD 扫描分布就是 8 页 * 8 位 * 128 列,而事实上是不可能的,因为第 8 页和第 128 ~ 131 列是无法显示的,如图 7.25 所示,所以每完成列扫描 128 次之后,就要重新设置起始列地址和下一个页地址。

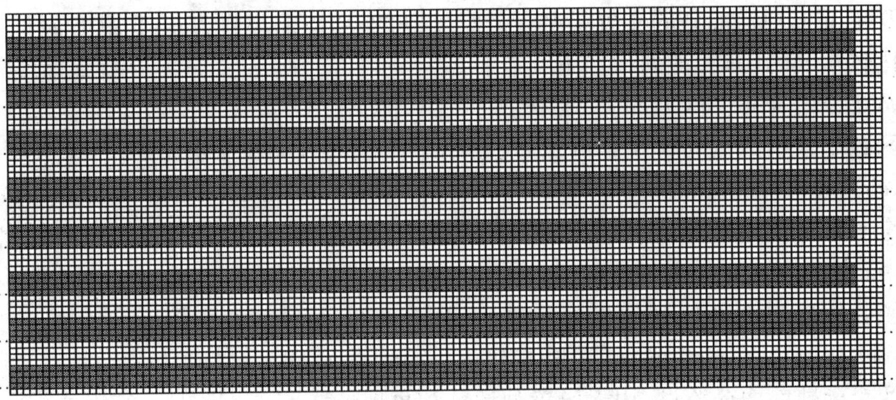

图 7.25 LCD 整体扫描结果

设置页地址的命令就是 0xb?,其中“?”就是页地址的设置值。假设输入 0xb0，也就是页地址 0。关于设置列地址的命令是 0x1？和 0x0?。命令 0x1？的“?”是列地址的“高四位”,而 0x0？的“?”是列地址的“低四位”。程序中,设置地址的方式如下,其中 set_x 函数是设置列地址,set_y 函数是设置页地址:

```
void set_x( unsigned char x)
{
    write_command( x > >4|0x10) ;
    write_command( x&0xf) ;
}
void set_y( unsigned char y)
{
    write_command( y|0xb0) ;
}
```

由于我们采用的传输方式是串行传输,所以需要考虑时序问题,针对本系统,FPGA 是主机,12864 液晶屏是从机,所以是从 FPGA 向液晶屏写数据,不存在双向传输的问题,在 SOPC 配置构建软核的时候一共仅需 4 根输出线即可,它们是 LCD_CS,LCD_A0,LCD_SCL 和 LCD_SI,后面简称 CS,A0,SCL,SI。A0 是用来判断读取的是命令还是数据,为 0 是数据,为 1 是命令。从机读取数据时,CS 片选信号会被拉低,并且发生在 SCL 信号的上升沿。SCL 信号是时钟信号,SI 是数据信号,SCL 信号在空闲的时候总是处于高电平。当主机开始向从机写入数据,主机会先拉低 CS 信号,再拉低 SCL 信号,然后“设置”数据,亦即主机更新 SI 的数据,最后再拉高 SCL 信号。同一时间,从机会因为 SCL 的上升沿变化,从机“锁存”SI 上的数据,其时序图如图 7.26 所示。

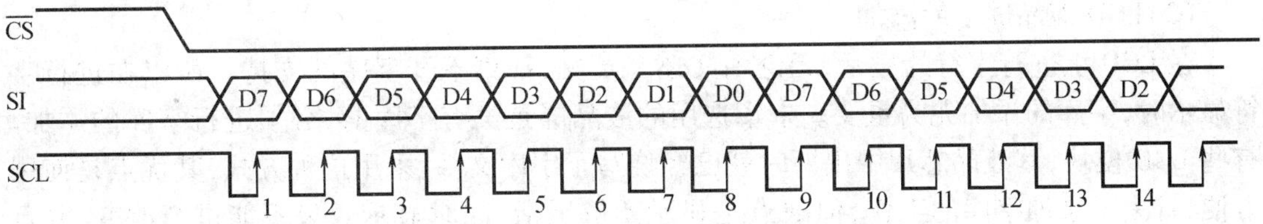

图 7.26 LCD 写入时序图

LCD 液晶屏扫描部分的实现是基于软核实现的,所以需要在 Nios Ⅱ IDE 软件下实现以下一些比较重要的函数,现列举如下:

①void data_send(unsigned char dat)

此函数是根据以上的时序分析,实现往 LCD 里面写入一个字节。

②void write_command(unsigned char com)和 void write_data(unsigned char dat)

两个函数都调用了 data_send 函数,前者写入 8 位的命令,后者写入 8 位的数据。

③void initialize_lcd(void)

此函数用来初始化 LCD 的相关参数,调用了 write_command 函数。

④void set_x(unsigned char x)和 void set_y(unsigned char y)

这两个函数前面介绍过,用于设置列地址和页地址。

⑤void clear(void)

此函数实现清屏,调用了 write_command 和 write_data 函数。

整个液晶屏的扫描流程如图 7.27 所示。

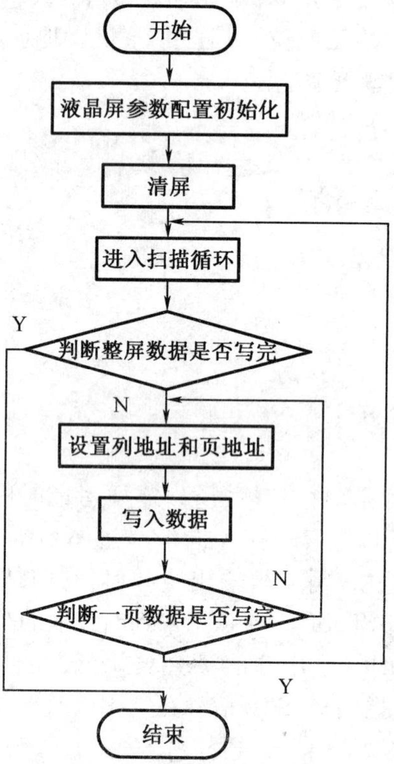

图 7.27　液晶屏的扫描流程

(2)LCD 液晶屏字库添加

在 LCD 上进行字符的显示,无论中文还是英文,都离不开字库的支持。所以在进行字符显示时,字库的添加尤为重要。本章选用的液晶屏是没有字库的,必须进行字库的添加。有些 LCD 模块,其液晶芯片中出厂时就已经烧写了字库文件,采用这种方式,其优点是使用方便,省去了添加字库的工作,但缺点是显示不够灵活,同时显示效果不能进行改变,并且价格也相对较高。

①英文字库

我们液晶屏上有数字显示，所以需要添加英文字库，我们添加的英文字库是 tahoma 字库，它是一个不定宽度的字库，其中每一个字符的偏移量如图 7.28 所示。

其字符宽度就是用后一个字符的偏移量减去自身的偏移量，然后再根据图 7.29 寻找这个字符的点阵码输出即可。

```
unsigned  int   tahoma_font_offset [ ] ={
      //    !    "    #    S    %    &    '    (
   0   ,3   ,7   ,11  ,19  ,25  ,36  ,43  ,45  ,49  ,
// )    *    +    ,    ,    ,    /    0    2    2
   53  ,59  ,67  ,71  ,75  ,79  ,83  ,89  ,95  ,101 ,
// 3    4    5    6    7    8    9    :    ;    <
   107 ,113 ,119 ,119 ,131 ,137 ,143 ,147 ,152 ,159 ,
// =    >    ?    @    A    B    C    D    E    F
   168 ,175 ,180 ,190 ,197 ,203 ,210 ,217 ,223 ,229 ,
// G    H    I    J    K    L    M    N    O    P
   236 ,243 ,247R,247R,258 ,263 ,271 ,278 ,286 ,292 ,
// Q    R    S    T    U    V    W    X    Y    Z
   300 ,307 ,313 ,319 ,326 ,332 ,342 ,348 ,354 ,360 ,
// [    \    ]    ^    _    '    a    b    c    d
   364 ,368 ,372 ,380 ,387 ,392 ,398 ,404 ,409 ,415 ,
// e    f    g    h    i    j    k    l    m    n
   421 ,425 ,431 ,437 ,439 ,442 ,437 ,449 ,457 ,463 ,
// o    p    q    r    s    t    u    v    w    x
   469 ,475 ,481 ,485 ,490 ,494 ,500 ,506 ,514 ,520 ,
// y    z    {    |    }    ~
   526 ,531 ,536 ,540 ,545 ,556 ,};
```

图 7.28 tahoma 字库字符的偏移量

```
const  char   font_tahoma_8[]={

0x00,0x00,0x00,0x00,0x00,0x00,0x00,0x00,0x0B,0xF0,0x00,0x00,0x00,0x00,0x00,0x38,
0x00,0x00,0x00,0x38,0x08,0x00,0x02,0x00,0x0E,0x40,0x03,0xC0,0x0E,0x70,0x03,0xC0,
0x02,0x70,0x00,0x40,0x00,0x00,0x08,0xC0,0x09,0x20,0x3F,0xF8,0x09,0x20,0x06,0x20,
0x00,0x00,0x00,0x60,0x00,0x90,0x00,0x90,0x0C,0x60,0x03,0x00,0x00,0xC0,0x06,0x30,
0x09,0x00,0x09,0x00,0x06,0x00,0x00,0x00,0x07,0x60,0x08,0x90,0x08,0x90,0x09,0x60,
0x06,0x00,0x05,0x80,0x08,0x00,0x00,0x38,0x00,0x00,0x07,0xC0,0x18,0x30,0x20,0x08,
0x00,0x00,0x20,0x08,0x18,0x30,0x07,0xC0,0x00,0x00,0x02,0x80,0x01,0x00,0x07,0xC0,
0x01,0x00,0x02,0x80,0x00,0x00,0x01,0x00,0x01,0x00,0x01,0x00,0x0F,0xE0,0x01,0x00,
0x01,0x00,0x01,0x00,0x00,0x00,0x20,0x00,0x1C,0x00,0x00,0x00,0x00,0x00,0x01,0x00,
0x01,0x00,0x01,0x00,0x00,0x00,0x08,0x00,0x00,0x00,0x00,0x00,0x00,0x00,0x38,0x00,
0x07,0xC0,0x00,0x38,0x00,0x00,0x07,0xE0,0x08,0x10,0x08,0x10,0x08,0x10,0x07,0xE0,
0x00,0x00,0x00,0x00,0x08,0x20,0x0F,0xF0,0x08,0x00,0x00,0x00,0x00,0x00,0x0C,0x20,
0x0A,0x10,0x09,0x10,0x08,0x90,0x08,0x60,0x00,0x00,0x04,0x20,0x08,0x10,0x08,0x90,
0x08,0x90,0x07,0x60,0x00,0x00,0x01,0x80,0x01,0x40,0x01,0x20,0x0F,0xF0,0x01,0x00,
0x00,0x00,0x04,0xF0,0x08,0x90,0x08,0x90,0x08,0x90,0x07,0x10,0x00,0x00,0x07,0xC0,
0x08,0xA0,0x08,0x90,0x08,0x90,0x07,0x00,0x00,0x00,0x00,0x10,0x0C,0x10,0x03,0x10,
0x00,0xD0,0x00,0x30,0x00,0x00,0x07,0x60,0x08,0x90,0x08,0x90,0x08,0x90,0x07,0x60,
0x00,0x00,0x00,0xE0,0x09,0x10,0x09,0x10,0x05,0x10,0x03,0xE0,0x00,0x00,0x00,0x00,
0x0C,0xC0,0x00,0x00,0x00,0x00,0x20,0x00,0x1C,0xC0,0x00,0x00,0x00,0x00,0x00,0x00,
```

图 7.29 tahoma 字库部分字符的点阵码

②中文字库

本章中需要进行中文字符的显示，中文字库的添加也就必不可少。国标中文字库一般将所有的国标汉字和符号分配在 94 行、94 列的方阵中，其中一行代表一个区，一列代表一个位,这就是区位码,每一个字符都有唯一的区位码与之对应。

为了避免与英文字库冲突,我们汉字字符区号和位号都加上了 A0H,这样就可以和英文字库区分开来,这就是机内码,但是再计算汉字字符的偏移量时,我们区号和位号都需要减去 A1H,多减了 1 是因为偏移量是从 0 开始计算的。汉字在汉字库中的具体位置可以使用以下计算公式

$$94*(区号-0xA0-1)+(位号-0xA0-1)$$

我们使用的汉字字库是 HZK12,它是 12 * 12 的点阵字库,为了使用方便,我们将其补成 16 * 16,多余的位用 0 补上,显示效果不受影响。其中一个汉字字模所占用的字节数是 32 * 32/8 = 128。如果想得到该汉字以字节为单位,在整个汉字库中的位置,只需在上面公式计算的结果乘以 128 即可,字库 HZK12 的部分点阵码如图 7.30 所示。

```
unsigned  char  achzk12 [] = {
  0x00, 0x00, 0x00, 0x00, 0x00, 0x00, 0x00, 0x00, 0x00, 0x00, 0x00, 0x00, 0x00, 0x00,
  0x00, 0x00, 0x00, 0x00, 0x00, 0x00, 0x00, 0x00, 0x00, 0x00, 0x80, 0x00, 0x60, 0x00,
  0x00, 0x00, 0x70, 0x70, 0x50, 0x00, 0x70, 0x00, 0x00, 0x00, 0x00, 0x00, 0x00, 0x00,
  0x00, 0x00, 0x00, 0x00, 0x00, 0x00, 0x00, 0x00, 0x00, 0x00, 0x00, 0x00, 0x00, 0x00,
  0x00, 0x00, 0x00, 0x00, 0x00, 0x00, 0x11, 0x00, 0x0A,
  0x00, 0x04, 0x00, 0x00, 0x00, 0x00, 0x00, 0x00, 0x00, 0x00, 0x00, 0x00, 0x00, 0x00,
  0x00, 0x00, 0x00, 0x00, 0x00, 0x00, 0x00, 0x00, 0x00, 0x00, 0x00, 0x00, 0x00, 0x00,
  0x00, 0x0A,
  0x00, 0x14, 0x00, 0x00, 0x00, 0x00, 0x00, 0x00, 0x00, 0x00, 0x00, 0x00, 0x00, 0x00,
  0x00, 0x04, 0x00, 0x02, 0x00, 0x02, 0x00, 0x00, 0x00, 0x00, 0x00, 0x00, 0x00, 0x00,
  0x00, 0x00, 0x00, 0x00, 0x00, 0x00, 0x00, 0x00, 0x00, 0x00, 0x00, 0x00, 0x00, 0x00,
  0x00, 0x00, 0x00, 0x0A,
  0x00, 0x0A,
  0x00, 0x0A,
  0x00, 0x0A,
  0x00, 0x0A,
  0x00, 0x0A,
  0x00, 0x0A,
  0x00, 0x0A,
  0x00, 0x0A,
  0x00, 0x0A,
  0x00, 0x0A,
```

图 7.30 HZK12 字库的部分点阵码

7.5 智能路侧系统网络通信模块设计

7.5.1 以太网控制器芯片选择与硬件电路设计

以太网控制器,也就是我们常说的网卡或者网络芯片,它是一种介于嵌入式设备和网络接口之间的芯片。网卡性能的好坏会对网络的通信速率、准确率和使用网络的应用软件产生影响,是网络通信好坏的硬件支持。

本文的设计中,数据量并不是很大,所以选用最高速度 10 Mb/s 的 ENC28J60 网络芯片即可。ENC28J60 是一款兼容 IEEE802.3 的独立以太网控制器,能帮助用户实现嵌入式系统的以太网接入,并且任何拥有 SPI(行业标准串行化外设接口)的设备都能够通过该芯片进行以太网的接入。该芯片还支持全双工和半双工通信方式,适用于不同的通信条件,本章采用全双工通信模式,该控制器体积小,占用供电电平一般选用 3.3 V,拥有双色 LED 灯提示该控制器的工作状态。此网络芯片的硬件电路原理图如图 7.31 所示。

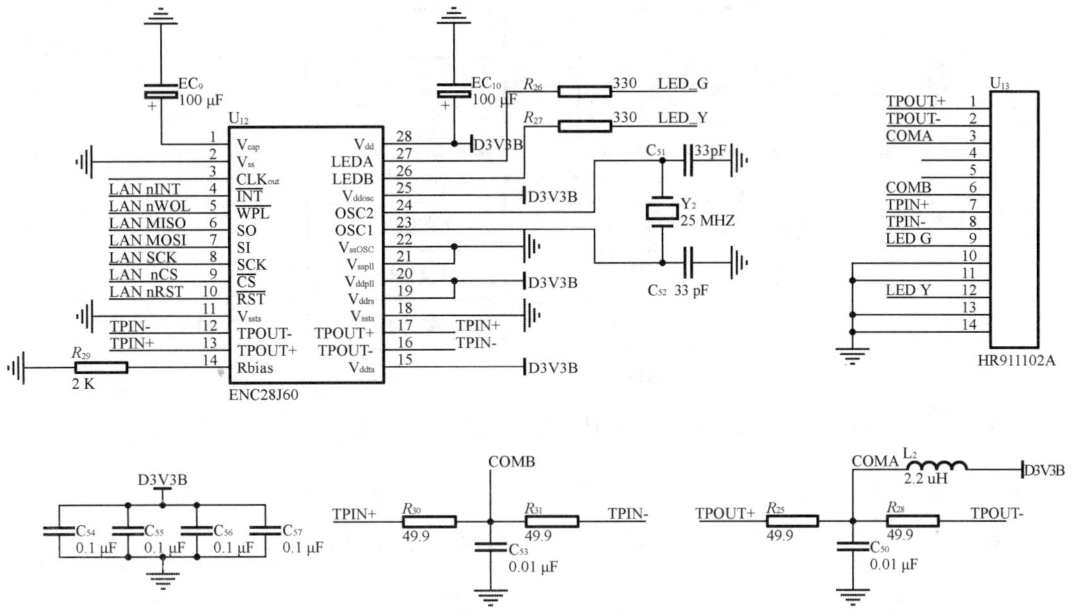

图 7.31 ENC28J60 电路连接原理图

图中,LAN_SCK,LAN_MOSI,LAN_MISO,LAN_nINT,LAN_nCS 端口需要与我们在 FPGA 上构建的 Nios 软核相连,前三者是与软核上 SPI 总线组件连接起来,后两者与软核的 PIO 口连接起来,LAN_nINT 作为中断信号需设置成输入端口,LAN_nCS 需设置成输出端口,其他的端口一部分是接入 RJ45 接口,另一部分无须设置。关于在 Nios 软核上添加 SPI 总线,在第 2.3.2 节已阐述,此处不再多做介绍。

7.5.2 网络通信的软件实现

1. TCP/IP 协议模型

TCP/IP 是目前全世界使用最广泛的一种网络通信协议标准。其实 TCP/IP 是一个协议系列,它至少包含了上百个各种功能各种内容的协议,用于将所有通信设备组成一个庞大的计算机网络。其中最根本、最主要的两个协议就是传输控制协议 TCP 和网络协议 IP,因此通常用 TCP/IP 来代表整个协议系列。TCP/IP 使所有的网络连接都有了标准化的网络协议系列,实现了不同协议间的整合。

TCP/IP 协议不依赖于计算机的硬件配置和选用的操作系统平台,其协议标准是开放的,而且也不依赖于特殊的网络传输器件,用户几乎能够使用所有的网络硬件实现数据之间的交互。并且,TCP/IP 通信协议中的设备的地址不会发生冲突,因为其地址的分配方案是统一的。

国际标准化组织定义的开放式系统互联(OSI),将网络协议分为七个层次,分别是应用层、数据链路层、物理层、网络层、传输层、表示层和会话层。而 TCP/IP 通信协议相当于一个简单 OSI 模型,它总共有四层,分别是应用层、传输层、互联层和链路层。TCP/IP 结构对应的 OSI 模型如图 7.32 所示。

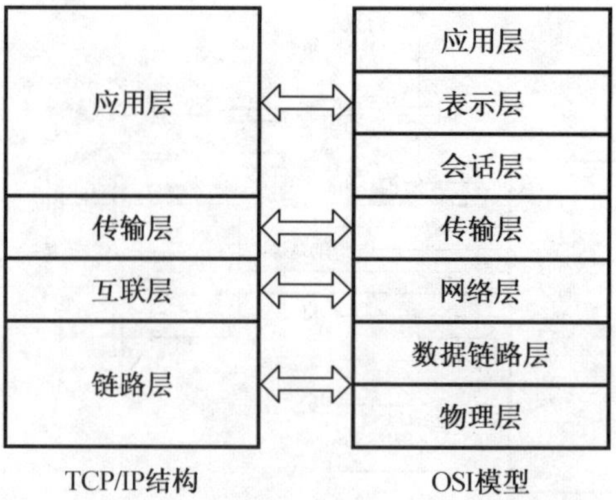

图 7.32 TCP/IP 协议与 OSI 模型对比图

各层之间只有相邻的层才可以进行信息传递,不可以跨层传输,而且每一层都有自己的协议栈。在 TCP/IP 分层模型中其中一些常用协议所处的位置如表 7.7 所示。

表 7.7 各个协议所在层级

层级	相关协议
应用层	HTTP,FTP,Telnet,DNS 等
传输层	TCP,UDP
互联层	IP,ICMP,ARP 等
链路层	MAC 等

经过协议的分层,我们可以清楚了解到在 TCP/IP 下的数据包的流向,方便我们解析数据包。为了正确解析数据包,下面我们详细介绍 TCP 数据包的报文格式。TCP 报文段主要由 TCP 首部和 TCP 数据部分组成,他们共同构成了 IP 数据部分,如图 7.33 所示。

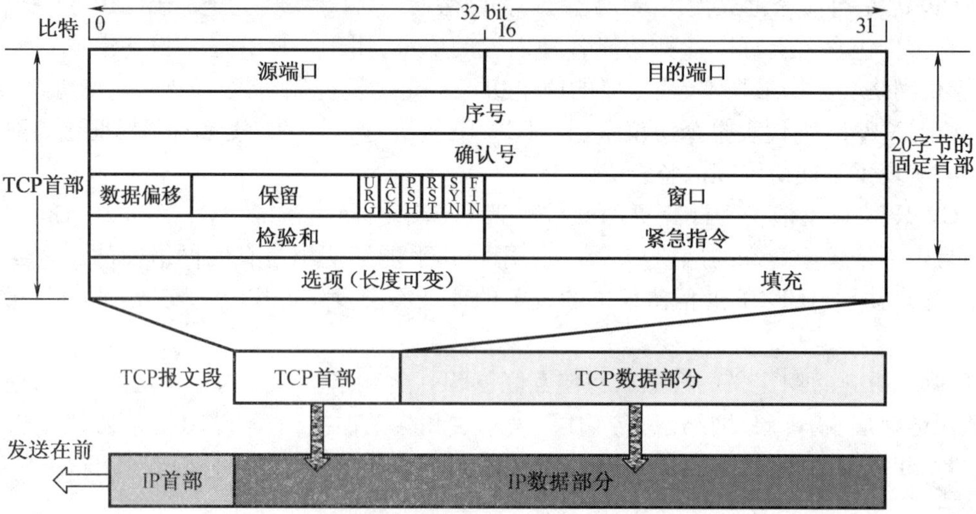

图 7.33 TCP 报文段格式

图中,TCP 首部报文段几个重要的部分介绍如下:

(1)源端口和目的端口字段:各占 2 字节。传输层通过端口来实现复用和分用,是与应用层进行通信的服务接口。

(2)序号字段:占 4 字节。此报文段数据的首个字节的序号,该序号由 TCP 传输时对数据的字节流统一自动标号所得。

(3)确认号字段:占 4 字节。对方的下一个报文段的数据的序号字段。

(4)数据偏移:占 4 b,即 4 位,单位是 32 b 字,它是实际有效数据与报文段第一位之间的距离。

(5)确认比特 ACK:当 ACK = 1 时,确认号字段有效,相当于应答信号。

(6)同步比特 SYN:当 SYN = 1 时,就表示这是一个连接请求。

(7)终止比特 FIN:用来释放一个连接。当 FIN = 1 时,表明数据已发送完毕。

2. TCP/IP 传输实现

现今的 TCP/IP 协议较为复杂,内容很多,主要是适合 PC 机的通信,针对本设计,我们采用精简的 TCP/IP 协议,此协议没有嵌入操作系统,由于本文系统都是顺序执行单线程任务,FPGA 路侧端分别与控制中心和车载系统的通信只需将两者设为不同的通信端口即可放入一个线程当中,所以操作系统意义不大,然后配合 SOPC 技术构建的软核实现了路侧端与控制中心和车载的实时通信。

此协议栈,有几个函数比较重要,以下分别做简要概述。

(1) void init_ip_arp_udp_tcp(unsigned char * mymac,unsigned char * myip,unsigned char wwwp)

此函数为初始化传输,主要用于填写 MAC,IP,端口参数。函数返回值为空。

(2) unsigned char eth_type_is_arp_and_my_ip(unsigned char * buf,unsigned int len)

此函数为数据包解析,是否接收到指向本地 IP 的 ARP 请求,若是返回值为 1,若不是返回值为 0。

(3) char eth_type_is_ip_and_my_ip(unsigned char * buf,unsigned int len)

此函数为数据包解析,是否接收到发送给本地 IP 的 IP 数据包,若是返回值为 1,若不是返回值为 0。

(4) unsigned int get_tcp_data_pointer(void)

此函数为获取有效数据位置,若有数据返回值为有效数据位置,若无数据返回值为 0。

(5) unsigned int fill_tcp_data_p(unsigned char * buf,unsigned int pos, const unsigned char * progmem_s)

此函数是将字符缓存到数组 buf 当中,用于发送给外部设备。返回值为在数据包中的位置信息。

(6) void make_tcp_ack_from_any(unsigned char * buf)

此函数为向外部设备发送 ACK 响应包,返回值为空。

(7) void make_tcp_ack_with_data(unsigned char * buf,unsigned int dlen)

此函数为将 IP 报文首部、TCP 首部以及有效数据进行封装,发送给外部设备,返回值为空。

FPGA 上数据传输通信流程图如图 7.34 所示,此精简的 TCP/IP 协议栈与 PC 控制中心和车载系统的网络传输对接良好。

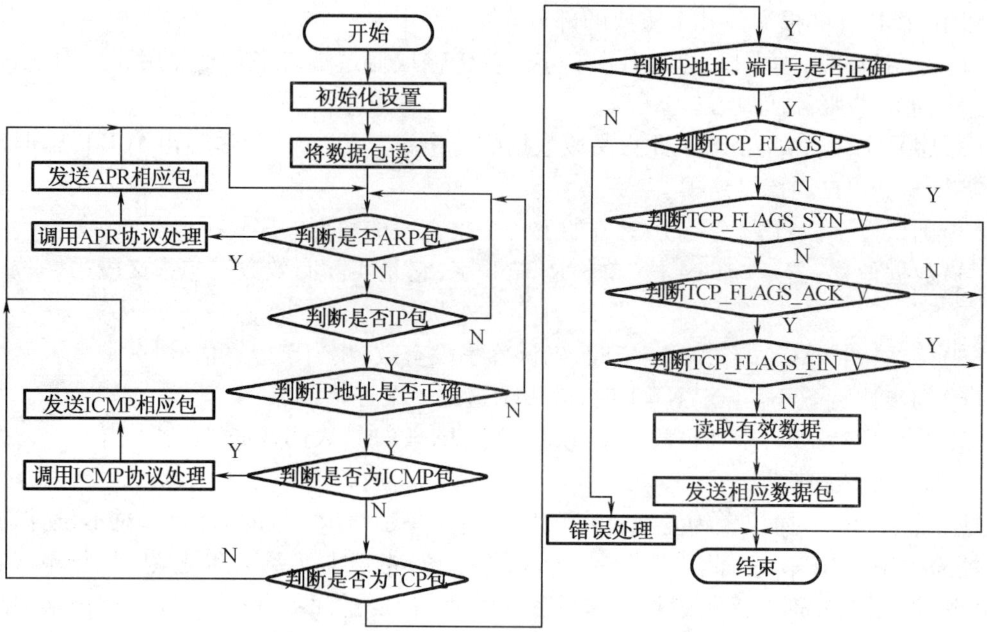

图 7.34　智能路侧系统端网络通信流程图

控制中心的网络传输是在 PC 机下实现,操作系统是 Windows 7,有完备的 TCP/IP 协议栈,而且还提供了名为套接字(Socket)的接口。应用程序和连接通过连接这个 Socket 进行网络通信。其网络通信框图如图 7.35 所示。具体实现是采用 Qt 界面的库函数来实现的。手持车载设备使用的是安卓系统,其通信流程与 PC 机类似。

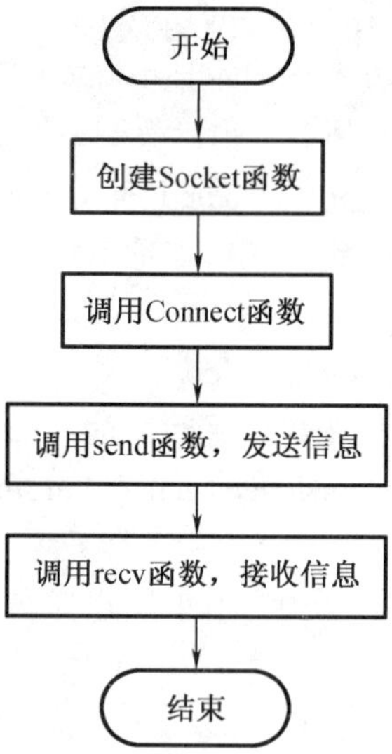

图 7.35　控制中心网络通信框图

7.6　视频采集与图像信息公告模块设计

对于智能路侧系统,为了获取准确的交通参数信息,就必须加入传感器,比如电感线圈、红外线传感器、超声波传感器等,但是这些传感器,有的成本太高,有的架设困难,有的检测可能并不准确。考虑到这些因素,本章使用一种视频采集传感器,此传感器价格不高,检测准确,架设起来也很方便。

7.6.1 视频采集与图像公告模块的硬件电路设计

此模块的硬件部分主要包含摄像头 OV7670,SDRAM 以及 VGA 接口,再加上 FPGA 对这 3 个外部模块的控制就能构成一个视频采集显示系统。以下对这 3 个模块的硬件结构和电路加以介绍。

1. 摄像头 OV7670

OV7670 是一款高度集成的 CMOS 传感器,其具有高灵敏度,能够在低光照下使用,供电电压无需要求太高等优点,OV7670 摄像头模块的内部构成比较复杂,主要有 5 大部分组成,包括 1:图像模数转换;2:测试图案发生器;3:数据输出;4:656 × 488 的感光阵列(其有效像素是 640 × 480);5:SCCB 通信接口等,如图 7.36 所示。

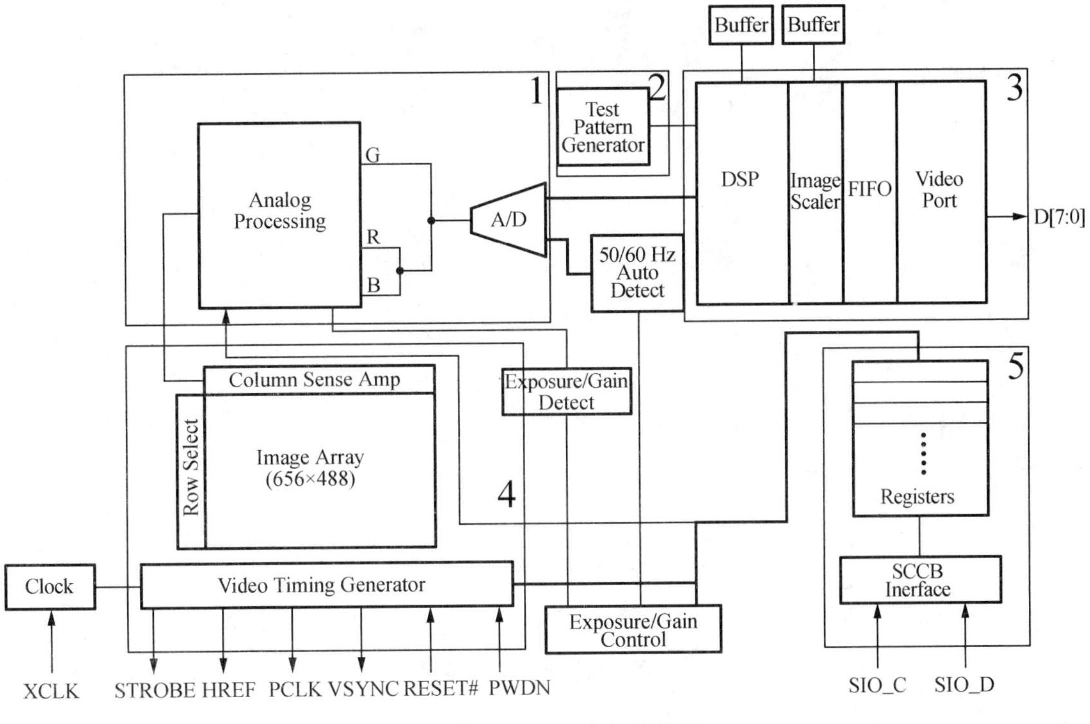

图 7.36 OV7670 内部结构图

OV7670 通过 SCCB 总线控制,支持多种数据输出格式,如 RawRGB,RGB565,YUV422 与 YCbCr 等。由于内部集成了模拟信号处理电路,所以还可以完成曝光、自动增益控制,色度调节等,并且具有降噪调节、坏点补偿等功能。OV7670 芯片虽然集成了很多电路,但它仍然保持了非常小的尺寸。

OV7670 的硬件电路原理图如图 7.37 所示。U1 是 OV7670 摄像头视频采集传感器,采用的是球状引脚栅格阵列封装技术(BGA)封装。P1 是外部接口,VCC 为 3.3 V 电压。在电路上特别要注意的是,SCCB 的两根信号线时钟线和数据线都必须上拉一个 4.7 k 的电阻,否则会因为电路内部结构本身的问题,使得数据线和时钟线一直输出低电平。

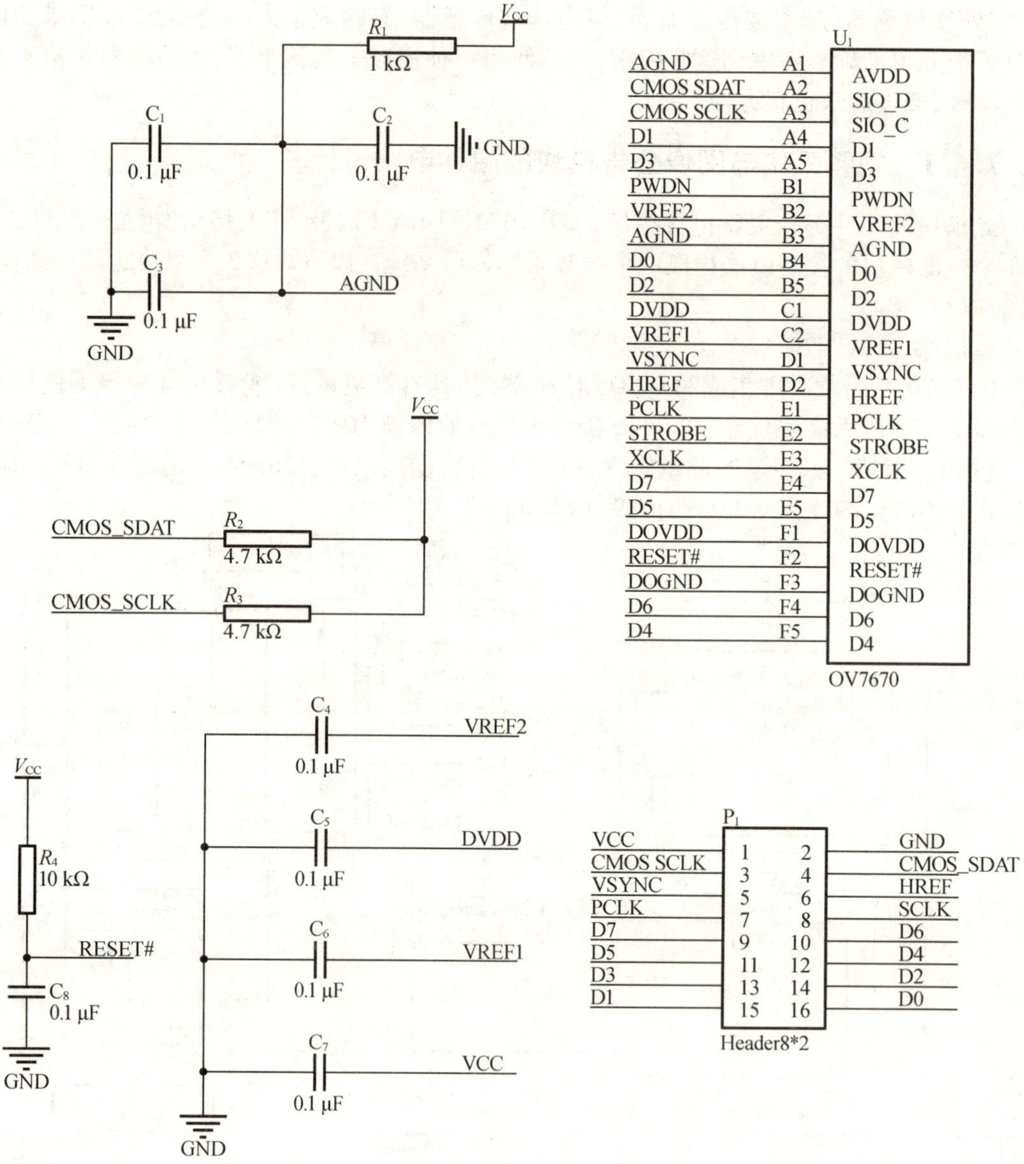

图 7.37　OV7670 电路原理图

2. SDRAM

我们 SDRAM 芯片采用的是 Hynix 公司生产的 H57V2562GTR 芯片，其内存大小为 256 Mb(16M * 16b)，其电路连接原理图如图 7.38 所示。

3. VGA 接口

VGA 是一种视频传输标准，其接口有 15 个接口针孔，每排 5 个孔，共分 3 排，其中最主要的是红基色、绿基色、蓝基色、行同步和场同步，通过编程控制这几个信号端口，就能使得 VGA 显示器正常显示。由于本系统采集的图像是 RGB565 格式的，一个像素是 16 位的数字信号，红色和蓝色分量都占 5 位，绿色分量占 6 位，为了转换成 VGA 可以接受的三基色模拟信号，所以需要加入 DAC 电路，实现数模转换，考虑到成本问题，本文采用的是搭建电阻网络来实现数模转换的，其具体电路设计如图 7.39 所示。

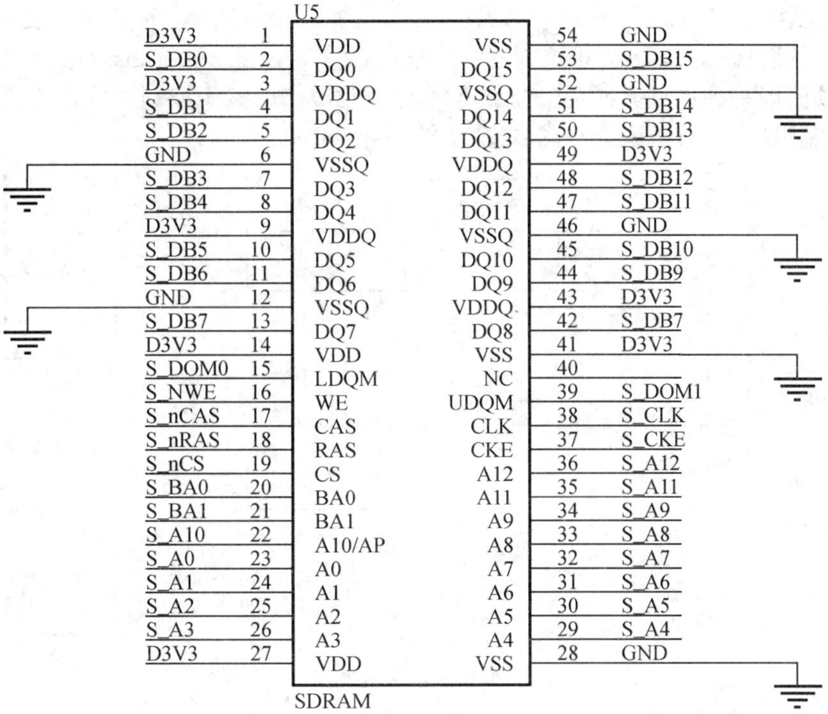

图 7.38　SDRAM 电路原理图

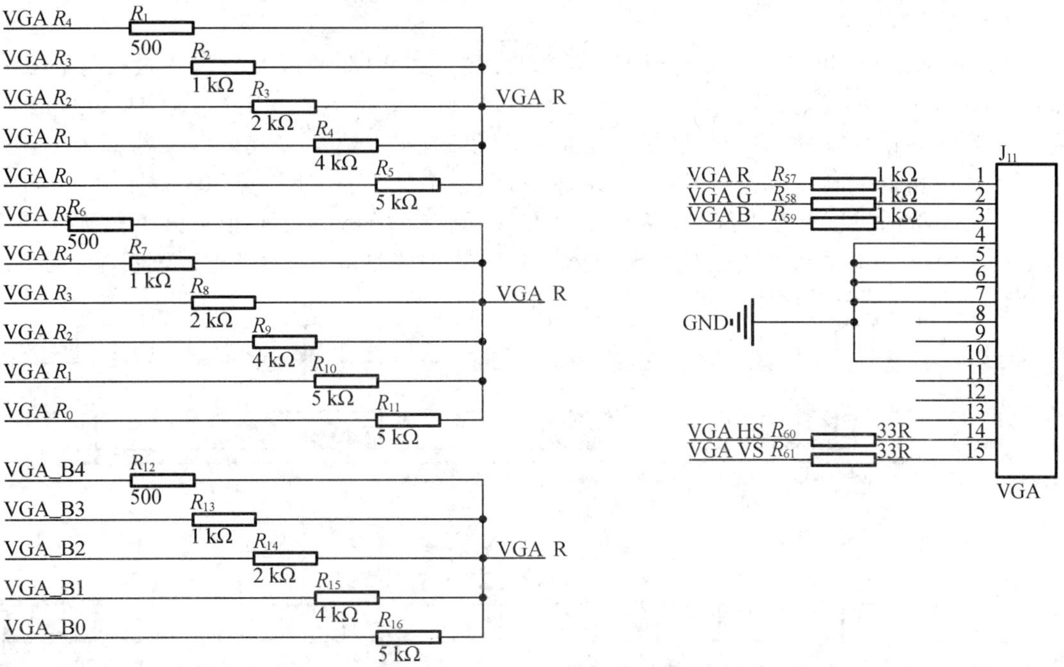

图 7.39　VGA 接口电路原理图

7.6.2　视频采集与图像公告模块的模块化设计

在设计中，OV7670 摄像头用来实时采集图像信息，其内部相关寄存器的配置信息被写入到 I²C 控制模块，通过 I²C 总线将 OV7670 配置为 VGA 分辨率，图像数据格式为 RGB565 等。采集到的图像送入 SDRAM 控制器，经过处理，实现内部 2 个 bank 的乒乓操作，使得输入输出视频流读写加速且无冲突，之后 VGA 控制器从 SDRAM 控制器中读取图像信息，显示在 VGA 显示器上，整体设计框图如图 7.40 所示。

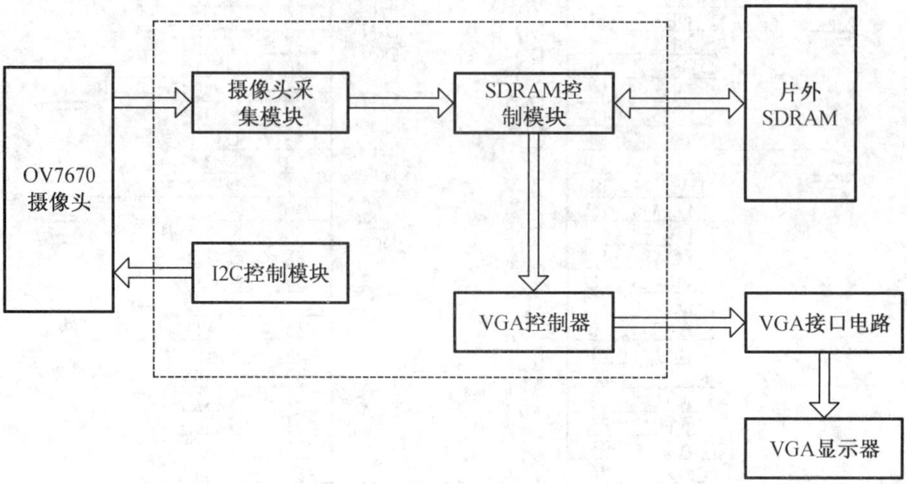

图 7.40　视频采集系统整体设计框图

图中虚线方框外部是独立的外设电路，在第 5.2 节已经对每一个外设详细介绍过，虚线方框内部是使用 Verilog HDL 设计的控制模块，此部分是使系统能正常工作的重点。

1. I²C 控制模块

FPGA 通过 SCCB 总线电路完成 OV7670 的初始化，SCCB 总线是一种串行摄像机控制总线，由 OmniVision 公司开发，是一种 3 线的总线，它由 SCCB_E，SIO_C 和 SIO_D 所构成，第一个是使能信号，后面两个分别是时钟信号和数据信号，这个总线可以实现一个主设备对多个从设备的控制，本系统只有一个摄像头，即一个从设备，所以可以不需要使能信号，只需要两根线时钟线和数据线，所以 SCCB 的时序就与 I²C 几乎完全相同，我们重新定义时钟线是 CMOS_SCLK，数据线是 CMOS_SDAT，其中数据线是双向的，既可以读传输，也可以写传输。I²C 的读写时序图如图 7.41，7.42 所示。

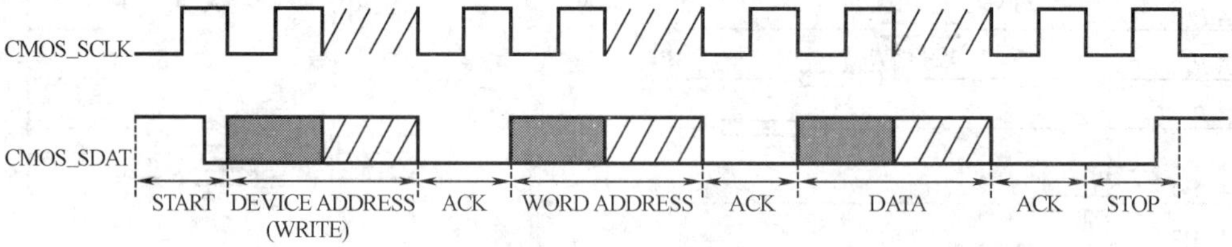

图 7.41　I²C 写时序

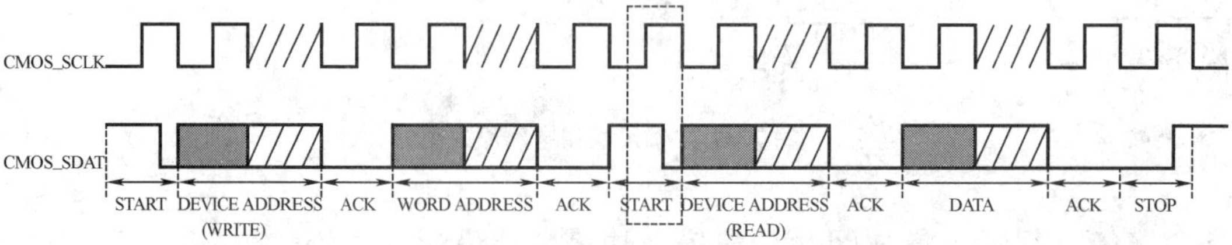

图 7.42　I²C 读时序

两图中前面的 START 是 I^2C 的起始信号，后面的 STOP 是 I^2C 的终止信号，中间的部分是 I^2C 数据传输的部分。读时序和写时序的区别在于，写入的第一个设备地址的最后一位如果为 0 就是写，为 1 就是读，同时当发送完寄存器数据地址后，接收到应答信号后，如果想要执行读命令，那还要再进行一次开始信号 START，然后再发送一次设备地址，当再收到应答信号后就可以从里面读数据了。

实际视频采集，我们是用 I^2C 配置 OV7670，所以大部分用到的是 I^2C 的写传输，只有厂商识别字节是需要读的。摄像头的写传输，根据时序图，需要先写设备地址，再写寄存器地址，最后写入寄存器的数据。OV7670 的设备地址是 0x42，需要配置的寄存器比较多，其中关键的寄存器地址和需要配置的值如表 7.8 所示，配置完成之后 OV7670 就可以采集图像了。

表 7.8　寄存器相关配置

地址	寄存器名称	配置数值	功能描述
00	AGC	00	AGC 自动增益控制
01	BLUE	40	蓝色通道增益
02	RE	40	红色通道增益
03	VREF	0A	帧竖直方向控制
11	CLKRC	80	内部时钟
12	COM7	04	复位，选择图像输出模式
1C	MIDH	7F	厂商识别字节 - 高位（只读）
1D	MIDL	A2	厂商识别字节 - 低位（只读）
32	HREF	B6	HREF 控制
37	ADC	1D	ADC 控制
3A	TSLB	04	行缓冲测试选项
40	COM15	D0	设置数据位 RGB565
6B	DBLV	00	旁路 PLL 倍频

2. 摄像头采集模块

在 I^2C 控制模块中，已经将 OV7670 配置成 VGA 分辨率，RGB565 模式。在 VGA 分辨率模式下，VSYNC（垂直场帧信号）、HREF（水平场帧信号）、PCLK（像素时钟）等起着重要的作用。此 3 个信号的时序关系如图 7.43 所示，图中 PCLK 是连续的，为了能直观地看出图像接收的区域，做了一点的简化。

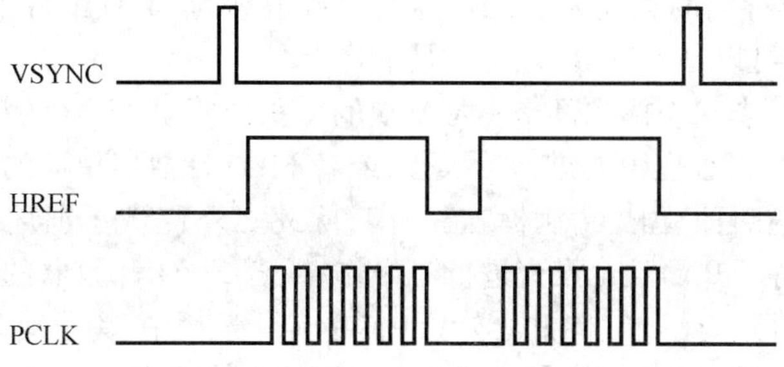

图 7.43　摄像头采集各信号时序关系

输出的每一帧图像数据里都包含有数以万计的像素，因此判断一帧图像的开始和结束就十分重要。在本系统中采用检测 VSYNC 信号上升沿的方法来判断一帧图像的开始和结束，即检测到一个 VSYNC 信号上升沿至下一个 VSYNC 上升沿为一帧图像数据的接收时刻。OV7670 图像的时序和 VGA 十分相似，但 OV7670 摄像头采集时序是主动输出的，VGA 时序是需要 FPGA 来产生的。在 HREF 信号为高电平时图像数据才能有效接收，PCLK 才会发挥作用，PCLK 频率接近 25 MHz，此时 FPGA 可以在 PCLK 上升沿读取一个 RGB565 格式 16 位像素的高 8 位，在下一个时钟周期再读低 8 位，数据拼接的具体实现如下：

```
if( ~CMOS_VSYNC & CMOS_HREF)
  begin
    byte_state <= byte_state + 1'b1;
    case(byte_state)
    1'b0 :  Pre_CMOS_iDATA[7:0] <= CMOS_iDATA;
    1'b1 :   CMOS_oDATA[15:0] <= {Pre_CMOS_iDATA[7:0], CMOS_iDATA[7:
0]};
    endcase
  end
```

在 OV7670 配置完毕之后，采集到的图像的前 10 帧会很不稳定，所以建议舍弃。

3. SDRAM 控制模块

在本文中，SDRAM 控制模块主要分为 FIFO 缓冲模块和 SDRAM 读写控制器，其中为了实现图像数据的无缝缓冲与处理，SDRAM 读写控制器采用了乒乓操作。FIFO 与 SDRAM 读写控制器的连接关系如图 7.44 所示。

图 7.44　FIFO 与 SDRAM 读写控制器的连接

FIFO 模块

FIFO 是先入先出队列，可以在具有相同的时钟域（同步 FIFO）和不同的时钟域（异步 FIFO）系统中作数据缓存器，解决了匹配速率等问题。本文 SDRAM 与 VGA 和 OV7670 图像采集的时钟频率不相同，前者时钟频率 100 MHz，后两者时钟频率都接近于 25 MHz，所以需要引入异步 FIFO。FIFO 可以不需要外部的读写地址线，其主要参数有宽度、深度、读时钟、写时钟以及空标志和满标志。FIFO 一次能够读写的数据位数被称作 FIFO 的宽度，我们设为 N，FIFO 中能够存储的宽度为 N 的数据的个数被称为 FIFO 的深度。读写数据动作发生在每一个时钟沿，可以是上升沿，也可以是下降沿。

在 FIFO 中，空标志和满标志都是不可或缺的。我们假设 FIFO 的深度是 N，在 FIFO 计数器里面的值等于 N 而且也没有进行读操作，或者 FIFO 计数器里面的值已经等于 N－1 但是还在进行写操作的两种情况下，满标志置为 1，除此之外置 0。同样，在 FIFO 计数器里面的值已经全部读完等于 0 而且也没有进行写操作，或者 FIFO 计数器的值等于 1 时，但是还要进行读操作，则空标志置为 1，除此之外置 0。在实际运用中，为了有效避免读空和写溢出的情况，可能还需要设置更多的信号来提前预知 FIFO 的状态。图 7.45 给出了一种 FIFO 的原理图。

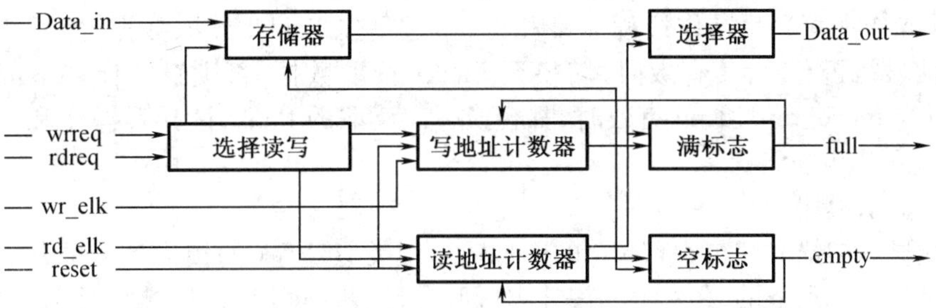

图 7.45　FIFO 原理图

本章通过 Quartus Ⅱ中自带的 FIFO 模块添加了宽度为 16 位,深度为 512 的 SDRAM 读 FIFO 和写 FIFO。在写 FIFO 模块中,模块当中使用 rdusedw 来标志 FIFO 的计数状态,表示当前 SDRAM 有多少字可以读取;在读 FIFO 模块中,模块当中使用 wrusedw 来标志 FIFO 的计数状态,表示当前 SDRAM 向 FIFO 已经写入了多少字。本文中 FIFO 的深度为 16,所以当 wrusedw 等于 15 时表示 FIFO 已经完全写满。FIFO 是一种环形结构,因此此时若继续写入数据,在下一个有效时钟沿到来时,wrusedw 会等于 0,而不是保持 15 不变。同理,当 rdusedw 为 0 继续进行读操作,rdusedw 会在下一时刻变为 15。

SDRAM 乒乓操作

为了提高 SDRAM 中数据的读取和写入速度,本节中采用基于 SDRAM 的乒乓操作来进行读写,所以摄像头采集的图片信息可以几乎无延时地显示在 VGA 显示器上,这是 FPGA 中面积换取速度的一种体现。所谓乒乓操作是一个主要用于数据流的处理技巧,其具体实现如图 7.46 所示。

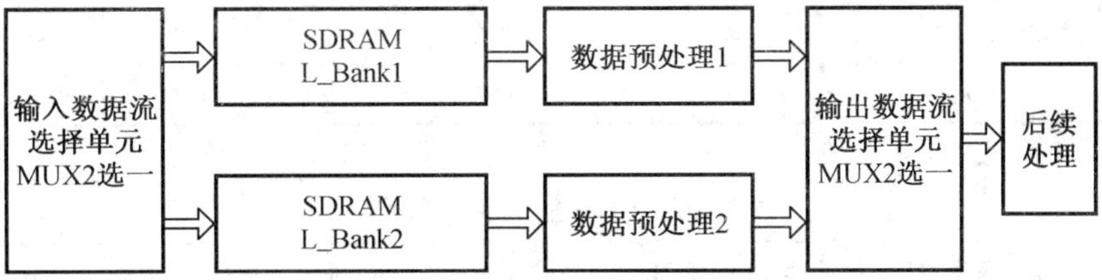

图 7.46　基于 SDRAM 乒乓操作

本章数据流也即图像流通过输入数据流选择单元模块送入 SDRAM 的 Bank1 和 Bank2 中,在第 1 个缓存时间周期内,将输入的图像流缓存到 SDRAM 的 Bank1。在第二个缓存时间周期内,输入数据流选择单元模块将输入的图像流缓存到 SDRAM 的 Bank2,同时,在第一个周期 SDRAM 的 Bank1 缓存的数据流经过预处理,再通过输出数据流选择单元模块送到后续处理中,进行后续的数据处理。在第 3 个缓存时间周期内,输入数据流又缓存到 SDRAM 的 Bank1,与此同时,SDRAM 的 Bank2 缓存的图像流经过预处理,通过输出数据流选择单元模块,送到后续处理,然后循环往复。

根据 SDRAM 控制模块中读确认信号和写确认信号有效的标志,当我们接收到读确认信号的时候置 frame_read_done 信号有效,接收到写确认信号的时候置 frame_write_done 信号有效。当 SDRAM 初始化完成并且进入写状态时,写乒乓操作控制模块首先将数据写入 Bank1 中并判断 frame_write_done 是否有效。若有效,则继续将数据写入 Bank2,若无效则继续保持 Bank1 的写状态。其后当 frame_write_done 再次有效时,再将数据写入到 Bank1,依次循环。

读乒乓操作和写乒乓操作过程非常相似,不过是先 Bank2 读取数据,然后判断 frame_read_done 信号是否有效,其有效时,转换至 Bank1 读取数据,否则继续保持 Bank2 的读状态。其后每当 frame_read_done 有效时,都转换一次读取的 Bank,读乒乓操作和写乒乓操作正好错开,互不影响。

4. VGA 显示模块

VGA 的显示扫描时序与 OV7670 的图像时序很类似,VGA 的扫描是从屏幕的左上方开始,从左到右,由上到下的,每扫描完一行对行进行同步,每扫描完一帧,对场进行同步,常用的几种 VGA 显示模式的水平时序和垂直时序分别如表 7.9 和表 7.10 所示,VGA 的正常显示只能在水平时序与垂直时序的有效时间中。我们使用的是分辨率为 640×480,刷新速率为 60 Hz 的显示模式。

表 7.9　VGA 显示的水平时序

分辨率	刷新速率/Hz	像素频率/MHz	同步脉冲	后沿	有效时间	前沿	帧长
640×480	60	25	96	48	640	16	800
640×480	75	31.5	64	120	640	16	840
800×600	60	40	128	88	800	40	1 056
800×600	75	50	80	160	800	16	1 056
1 024×768	60	65	136	160	1 024	24	1 344
1 024×768	75	78.8	176	176	1 024	48	1 312
1 280×1024	60	108	112	248	1 280	48	1 688
1 208×800	60	84	136	200	1 280	64	1 680
1 440×900	60	106	152	232	1 440	80	1 904

表 7.10　VGA 显示的垂直时序

分辨率	刷新速率/Hz	像素频率/MHz	同步脉冲	后沿	有效时间	前沿	帧长
640×480	60	25	2	33	480	10	525
640×480	75	31.5	3	16	480	1	500
800×600	60	40	4	23	600	1	628
800×600	75	50	3	21	600	1	625
1 024×768	60	65	6	29	768	3	806
1 024×768	75	78.8	3	28	768	1	800
1 280×1 024	60	108	3	38	1024	1	1 066
1 208×800	60	84	3	24	800	1	828
1 440×900	60	106	3	28	900	1	932

7.7 系统调试与结果分析

7.7.1 系统调试方案

系统的所有设计完成之后,我们需要不断调试各个模块的运行情况以及系统的整体运行情况。系统中很多模块的测试可以预先用 modelsim 工具仿真,预测结果,本文这部分没有阐述,直接用实际电路进行调试。测试环境是实验室,模拟实际交通环境,搭建了智能路侧调试系统。系统的整体调试图如图 7.47 所示。

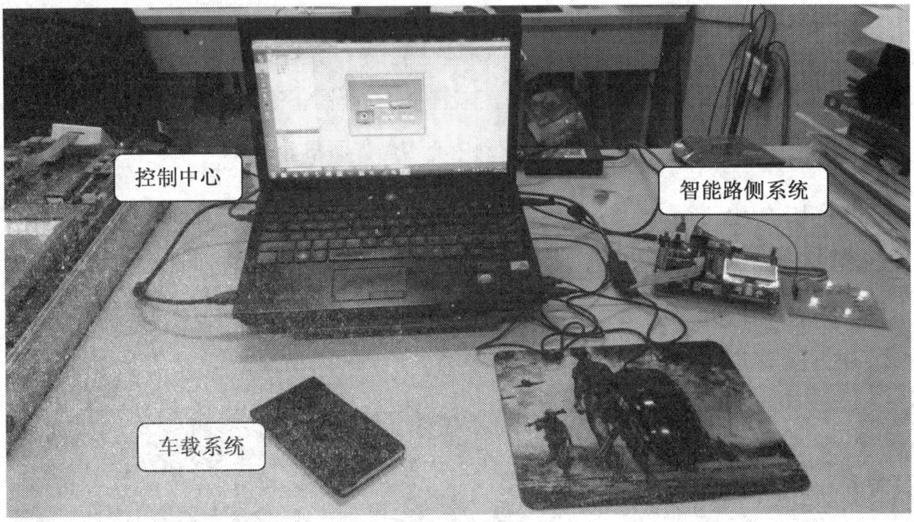

图 7.47 系统调试图

图中,FPGA 及其外设构成了智能路侧系统,安卓手持设备模拟的是车载系统,笔记本电脑作为控制中心,同时用来调试 FPGA。由于本系统调试比较繁琐,所以本章分以下几个模块介绍。

7.7.2 智能路侧交通控制系统的调试

智能路侧交通系统主要包括交通信号灯和 LCD 路侧引导标识,交通信号灯一般都架设在交通十字路口上,控制车辆的通行,而 LCD 路侧引导标识为了能够提前引导车辆的行驶,所以需要架设在十字路口之前的路边。两者的运行情况都需要基于控制中心发来的控制信息,其中控制中心的控制界面如图 7.48 所示。

如图 7.48 中点击“日间模式 1”会触发 start1 信号,点击“日间模式 2”会触发 start2 信号,点击“夜间模式”会触发 start3 信号,点击“紧急停止”会触发 stop 信号。这 4 个信号是控制整个系统运行状况的重要信号。其中,接收到 start1 信号说明主干道车流量大于副干道车流量,接收到 start2 信号说明副干道车流量大于主干道车流量,接收到 start3 信号说明是夜间车流量较小的情况,当接收到 stop 信号说明发生交通事故或者急车强通的情况。

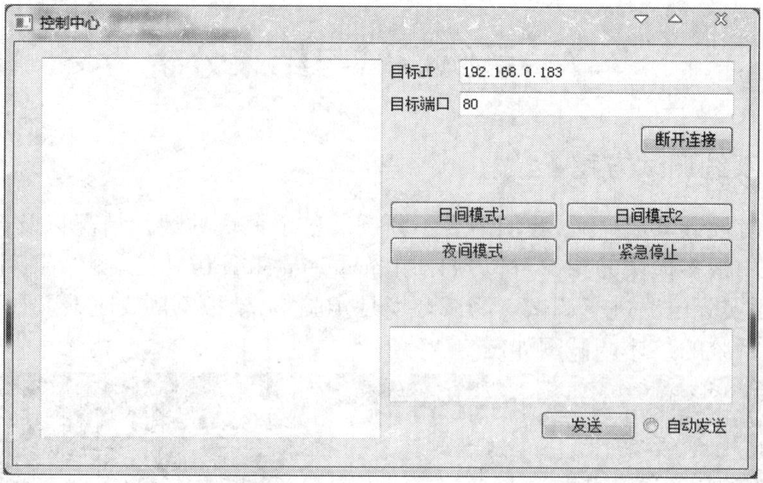

图 7.48　控制中心控制界面图

根据以上分析,比对第 3 章交通信号灯的配时方案进行调试,其运行结果正常且稳定,结果如图 7.49 所示。

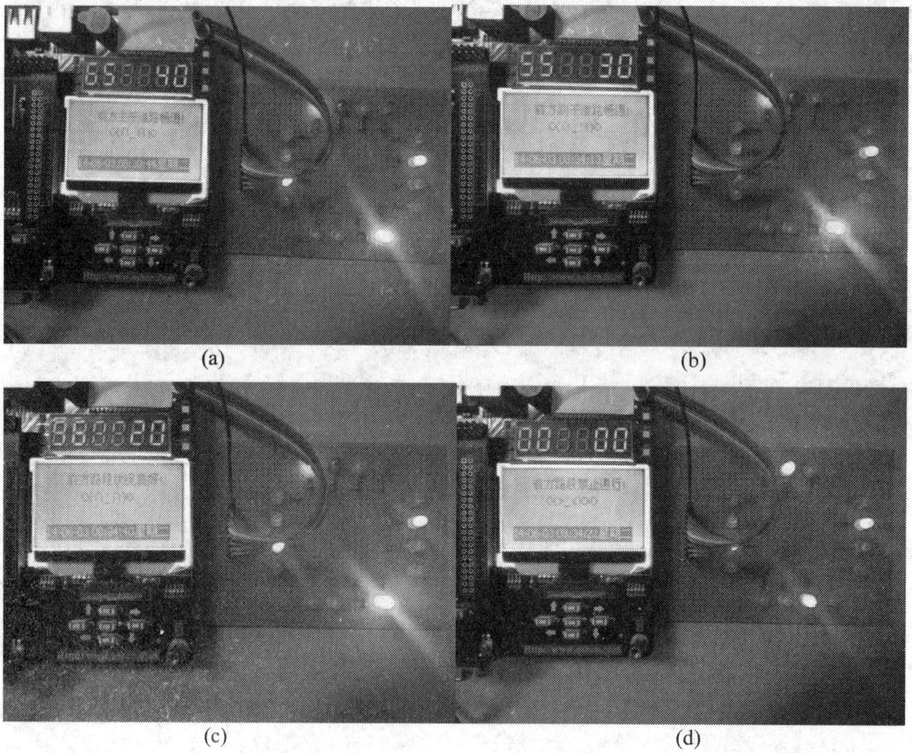

图 7.49　路侧交通控制系统的调试情况

如图 7.50 所示,(a),(b),(c),(d)的结果分别对应的是 start1,start2,start3 和 stop 信号的初始状态,LCD 路侧引导标识的调试与之类似。

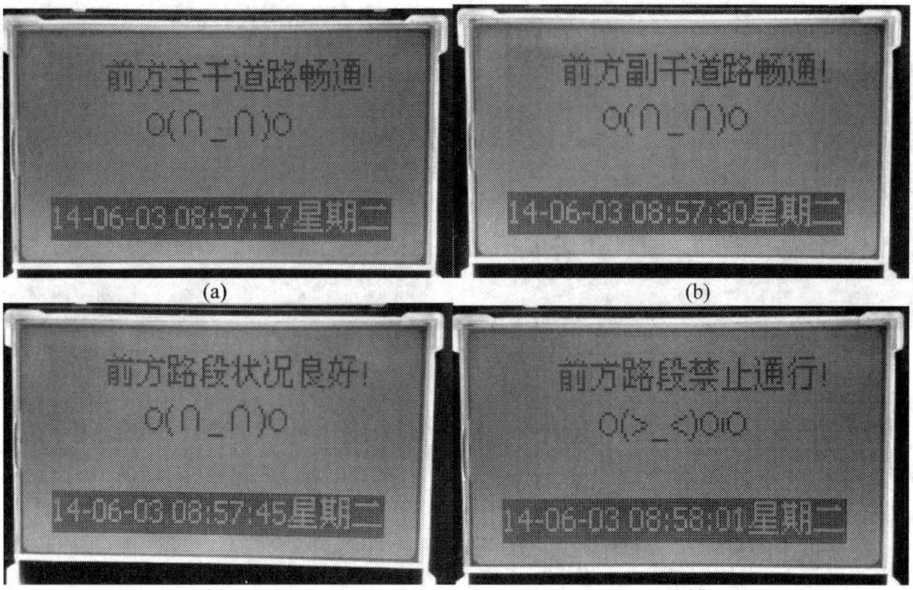

(a)　(b)　(c)　(d)

图 7.50　LCD 路侧引导标识的调试情况

LCD 屏的显示信息中,我们加入了一些表情字符符号,还使用了实时时钟显示当前时间,由于实时时钟中没有加入电池,不能记忆,所以时钟信号需要提前编程设置好,且不能断电。

7.7.3　智能路侧系统网络通信模块的调试

智能路侧系统网络通信模块是智能路侧系统非常重要的一部分,没有通信部分的设计,智能路侧系统的控制也就无从谈起。此部分调试主要分为两部分进行,一部分是对智能路侧系统与车载系统的通信进行调试,另一部分是对智能路侧系统与控制中心的通信进行调试。

1. 智能路侧系统与车载系统的通信调试

在进行调试之前,由于安卓手持设备并不是实际的车载系统,所以我们需要将车辆信息预先存储到手持设备上,然后再给手持设备下载一款 TCP 调试软件,此软件能够方便我们与智能路侧系统建立可靠的网络连接,同时还需要一款无线 wifi 设备,因为在车载系统上使用有线通信是不现实的,其他无线通信方式相比于 wifi 有所不足。本节中无线 wifi 名称是“Dlink－150”,路由速度 100 Mbps,FPGA 的接入 IP 地址设置为 192.168.0.183。首先将手持设备连接上此 wifi 热点,然后打开 TCP 调试软件,输入 FPGA 的 IP 地址和它们之间通信的端口号,其设置如图 7.51 所示。

设置完毕点击连接,这样就完成了 FPGA 与手持设备的连接。之后,就可以将车辆信息传输给 FPGA,FPGA 获取车辆信息并存储到数组中。

本系统使用 4 部手持设备模拟 4 个车载系统,分别命名为车辆 1,车辆 2,车辆 3 和车辆 4。其模拟终端界面相同如图 7.52 所示。

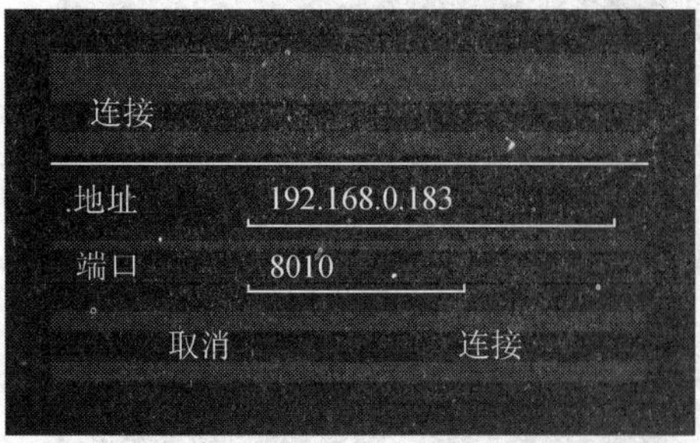

图 7.51 手持设备的连接

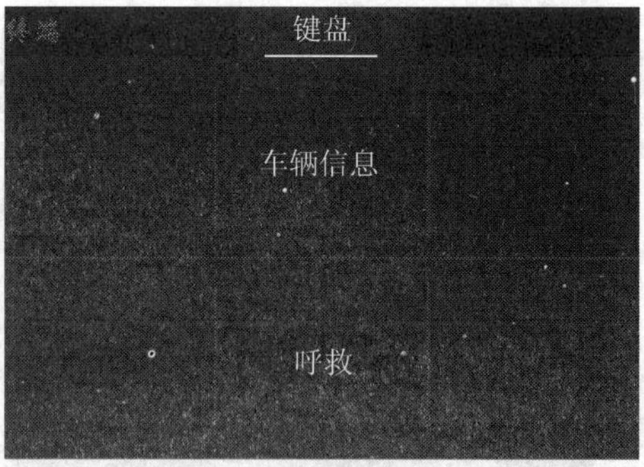

图 7.52 手持设备的终端界面

图中“车辆信息”按钮存储了车载系统的信息，包括车牌、车速、位置等，“呼救”按钮的设置是针对车辆遭遇交通事故或者此车辆是紧急车辆而预设的，当点击此按钮时，就会将紧急信息发送给 FPGA，FPGA 会立刻将此信息发送给笔记本电脑模拟的控制中心，控制中心得到信息后会做出回应，FPGA 和控制中心的通信调试在下一节介绍。

2. 智能路侧系统与控制中心的通信调试

在控制中心处，首先需要进入登陆界面，正确输入用户名、密码进行身份验证，如图 7.53所示。

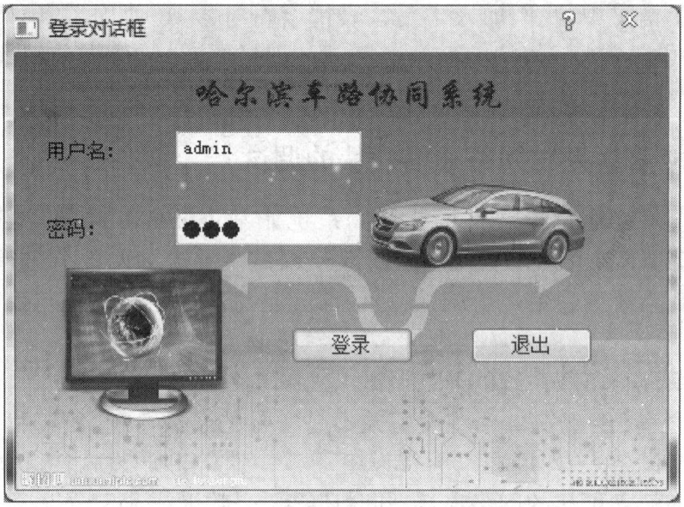

图 7.53 控制中心登陆界面

点击“登录”后，进入控制中心的工作环境，如图 7.54 所示。

输入 FPGA 的 IP 地址和它们之间的端口号，点击“连接”，就建立起了 FPGA 与控制中心的通信。这里，目标端口不能跟手持设备设置的一样。此时，点击“自动发送”就可以在方框 1 中接收到 FPGA 从 4 个手持设备上接收到的各个车辆信息，还有接收到的当前时间，如图 7.55 所示。其中还预留了一块信息输入框，为图中的方框 2，留作备用。

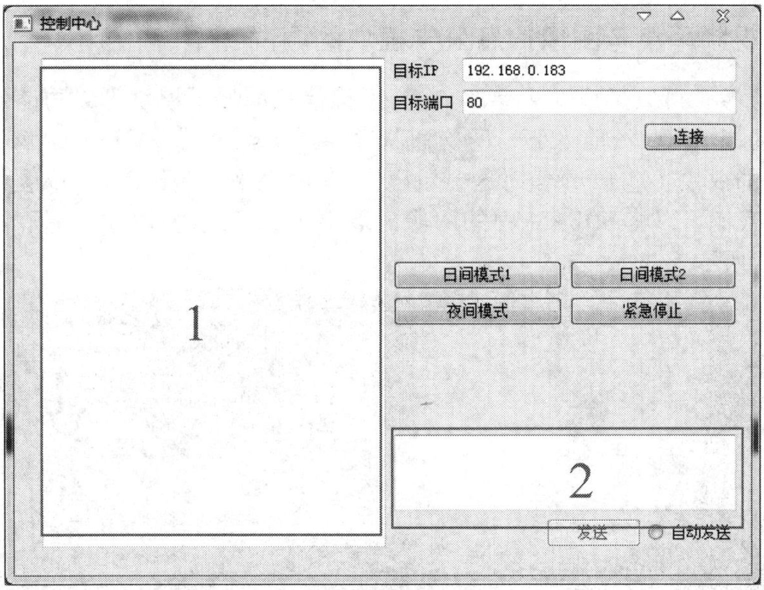

图 7.54　控制中心工作界面

图 7.55　车辆信息的接收界面

根据图 7.55，可以看出先前主干道车流量大于副干道车流量，所以我们点击“日间模式 1”，触发 start1 信号，其 FPGA 控制的模拟交通系统的运行结果如第 6.2 节图 6.3(a)所示。之后，图中出现车辆 1 的呼救信息，所以我们需要点击“紧急停止”，此时模拟交通的运行结果如第 6.2 节图 6.3(d)所示。

7.7.4 视频采集与图像信息公告模块的调试

实际中,摄像头可以架设在十字路口上,图像信息的显示模块可以与路侧引导标识架设在一起,提前告知驾驶员前方路口的交通状况。在实验中,我们通过 OV7670 采集视频,然后将采集到的视频通过 VGA 实时地显示出来,其中每采集一帧图像,都会将图像信息缓存到 SDRAM,我们可以将 SDRAM 中的图像再取出来做后续的处理。视频的 VGA 显示测试图如图 7.56 所示。

图 7.56 视频采集显示

图中,图像实时性很好,显示较为流畅,画面质量依据 VGA 显示的分辨率来看,效果良好,后续还可以继续对图像进行处理,比如使用 JPEG 压缩编码实现网络传输等。

参考文献

[1] 李兰英. Nios Ⅱ嵌入式软核SOPC设计原理及应用[M]. 北京:北京航空航天大学出版社,2006.

[2] 徐光辉. 基于FPGA的嵌入式开发与应用[M]. 北京:电子工业出版社,2006.

[3] 汤书森. 嵌入式FPGA/SOPC技术实验与实践教程[M]. 北京:清华大学出版社,2011.

[4] 杨晓慧. 基于FPGA的EDA/SOPC技术与VHDL[M]. 北京:国防工业出版社,2007.

[5] 杨军. 基于FPGA的SOPC实践教程[M]. 北京:科学出版社,2010.

[6] 杨军. 面向SOPC的FPGA设计与应用[M]. 北京:科学出版社,2012.

[7] 王建校. SOPC设计基础与实践西安[M]. 成都:电子科技大学出版社,2006.

[8] 张志刚. FPGA与SOPC设计教程:DE2实践[M]. 西安:西安电子科技大学出版社,2007.

[9] 周立功. SOPC嵌入式系统实验教程[M]. 北京:北京航空航天大学出版社,2006.

[10] 周立功. SOPC嵌入式系统基础教程[M]. 北京:北京航空航天大学出版社,2006.

[11] 蔡伟纲. Nios Ⅱ软件架构解析[M]. 西安:西安电子科技大学出版社,2007.

[12] 任爱锋. 基于FPGA的嵌入式系统设计[M]. 西安:西安电子科技大学出版社,2004.